Pythonによる機械学習
予測解析の必須テクニック

Michael Bowles ■著
露崎博之・山本康平・大草孝介 ■訳

Machine Learning in Python

Essential Techniques for Predictive Analysis

共立出版

Machine Learning in Python:
Essential Techniques for Predictive Analysis
By Michael Bowles

Copyright © 2015 by John Wiley & Sons, Inc., Indianapolis, Indiana
All Rights Reserved.

This translation published under license with the original publisher John Wiley & Sons International Rights, Inc. through Japan UNI Agency, Inc., Tokyo

Japanese language edition published by KYORITSU SHUPPAN CO., LTD.

私の愛する子どもたち，Scott，Seth，Cayley へ．
君たちの素晴らしき人生は，私の人生に何よりも素晴らしい喜びを与えてくれます．

私の親友 David と Ron へ．
あなた方の親切で寛大な不動の友情に感謝します．

カリフォルニア州マウンテンビューの Hacker Dojo の友人や同門の友らへ．
あなたたちの技術に対するチャレンジ精神と当意即妙の精神に敬意を表します．

私の登山仲間――最高の友人たちへ．
仲間の一人の Katherine は，登山仲間とは「恐怖に直面し，それを克服したときに互いに心から祝い合える」最高の友人であると教えてくれました．

訳者序文

「ビッグデータ」，「データサイエンティスト」，「AI」といった言葉がよく聞かれるようになってきた昨今，アクセスログや株価情報など，日々蓄積されるさまざまなデータの利活用が推進されている．その中で，「機械学習」は，これらの言葉と切っても切れない存在となっている．

Michael Bowles による本書の原著，*Machine Learning in Python: Essential Techniques for Predictive Analysis* は，さまざまなデータから未来を予測する"回帰問題"や"分類問題"に焦点を当て，多くの Python のコードとともに，機械学習の効率的なアルゴリズムを取り上げている．本書は，アルゴリズムがどのように振る舞うかをプログラムから理解し，結果を適切に解釈することに重点を置いており，動作を理解するためのコードと，実践で利用する最適化されたコードの 2 種類を用意している．数学的な視点よりも，この方法がなぜ，どのように役立つのかという実践的な視点を重視して書かれていることも，本書の特徴である．さらに，無償で入手可能なデータセットに対してアルゴリズムを適用し，その実行結果から解釈の仕方に至るまでを丁寧に解説している．この一連の流れをなぞることで，解析に必要な考え方を一通り身につけられるだろう．

データ解析でよく遭遇する予測問題では，過学習を避けつつその精度をいかに高めていくかといった議論を，特に学術的な観点でよく耳にする．一方で，ビジネス的な観点からは，ただ精度を上げればよいといった議論ではなく，むしろ精度を多少犠牲にしてでも，どういった変数が予測に寄与しているのか，得られた知見をもとにどのように次につなげていけばよいのかといった議論が重要視されることもあるだろう．本書では，さまざまな種類や特性を持つデータについて，どのようにすれば重要な変数を特定できるのかについても丁寧に記述しており，まさにそういったニーズにも合致している．また，紹介されている実践的なコードを利用することで，解析のテクニックを自身の問題へとすぐに展開することができ，現場での問題解決の一助となるだろう．

データ解析の手順を料理の手順にたとえると，世の中はデータという食材を収穫する段階から，どのように美味しく調理するかを考える段階に移ってきていると感じる．本書を手に取られた読者は，まさにその過渡期にいる方だろう．本書は，その下ごしらえから調理の仕方まで丁寧に説明しているため，データ解析の入門書として読んでいただ

くには，ぴったりの1冊である．本文を読み進めていくだけではなく，ぜひ実際に手を動かしながら理解を深めていっていただきたい．

2019年2月

訳者一同

はじめに

　データから使える情報を抽出することは，プログラマに直接影響を及ぼす形で，ビジネスの構造を部分的に変化させている．一面が，新しいプログラミングスキルの需要である．マーケットアナリストは，高度な統計分析や機械学習のスキルを持った人々は，2018 年までに，14 万人から 19 万人不足するだろうと予測している．これらの必須スキルを持っている人にとっては，このことは高給と選択できるプロジェクトの幅の広さを意味している．プログラマに影響を及ぼす別の発展として，統計や機械学習の核となるツールの進展がある．これにより，プログラマは，新しいことを試すたびに一から複雑なアルゴリズムをプログラムする必要性から開放される．汎用プログラミング言語の中でも，Python は，最先端の機械学習用ツールを提供し続けている．しかし，ツールがあることと，そのツールを効果的に使うことの間には隔たりがある．

　プログラマは機械学習に関する一般的な知識を，オンラインの授業や優れた文献など，たくさんの方法で得ることができる．これらの多くは，機械学習アルゴリズムとその使用例の，素晴らしい概要を与えている．しかし，あまりに多くの異なるアルゴリズムが利用できるため，概要において利用法の細部を取り扱うことは難しい．

　このことは，実務者にとって，隔たりとして残される．利用できる多くのアルゴリズムは，機械学習をよく知らないプログラマが試行錯誤を繰り返さない限りたどり着けないであろう選択を要求する．そして，そのことが，全体にわたる問題の定式化と解決という文脈で，これらのアルゴリズムの利用法の細部を補おうとするプログラマを置き去りにしている．

　本書は，その隔たりを埋めるよう試みる．本書では，広範な問題に最適な精度を発揮できることが証明済みのアルゴリズムのうち，取り扱うアルゴリズムを二つの種類に制限するアプローチをとる．この主張は，機械学習のコンペティションにおいてそれらのアルゴリズムが最有力な使用法であることや，機械学習用に新しく開発されたパッケージにおいてそれらのアルゴリズムが早期に採用されていること，そして比較研究におけるそれらのアルゴリズムの精度（第 1 章で議論する）によって裏づけられている．二つのアルゴリズムに制限することによって，動作原理を学ぶ範囲を最適化でき構造が異なる問題へのアルゴリズムの適用方法を多数の詳細な事例を通じて提示することを可能にしている．

本書におけるアルゴリズムの動作原理の説明は，コード例に大きく依存している．このことは，カリフォルニア州マウンテンビューのハッカー道場における私の授業で，プログラマが一般に，数学的に考察するよりも，簡単なコードの実例を見ることによって，より良く原理を理解するという経験に基づいている．

　本書がPythonに焦点を当てた理由は，機能性と機械学習アルゴリズムを含む専門的なパッケージが適度に混ぜ合わされて提供されているためである．Pythonは，コンパクトで読みやすいコードを作り出すことで人気の高い言語である．その事実により，多くの一流企業がPythonを試作や開発に取り入れている．Pythonの開発は，開発者たちの大きなコミュニティ，開発ツール，拡張ツールなどにより支えられている．Pythonは，産業用途や科学的なプログラミングにも広く使用されている．機械学習のような計算集約的用途を支える多くのパッケージを提供するとともに，主な機械学習アルゴリズムの良質な集合体となっている（そのため，自分でコードを書く必要がない）．Pythonは，RやSAS（Statistical Analysis System）のような専門の統計言語よりも，より良い汎用プログラミング言語である．その機械学習アルゴリズムの集合は，数多の一流のアルゴリズムに組み入れられており，また拡張し続けている．

本書の対象

　本書は，具体的なプロジェクトでの使用や，もしくはツール群の一つとして，機械学習をレパートリーに加えたいPythonのプログラマ向けの書籍である．おそらく，機械学習を必要とする仕事ではさまざまな問題に直面するだろう．機械学習が今日のニュースで大変多く取り扱われていることから，これは履歴書に記述すると有益なスキルである．

　本書は，Pythonのプログラマに以下を提供する．

- ■ 機械学習を用いるべき基本的な問題の記述
- ■ いくつかの最先端のアルゴリズム
- ■ これらのアルゴリズムの動作原理
- ■ 機械学習システムを規定し，設計し，承認するといった工程段階
- ■ 工程とアルゴリズムの例
- ■ ハッカブルなコード

　本書を通じて主に要求される基礎知識としては，プログラミングやコンピュータサイエンスの理解，そしてコードを読み書きする能力が挙げられる．コード例，ライブラリ，パッケージはすべてPythonのものである．それゆえ，本書はPythonのプログラミングに最も役に立つであろう．いくつかの場合には，動作原理を説明するためにアルゴリズムの核となるコードをざっと調べる．そのとき，アルゴリズムを問題に適用するために，そのアルゴリズムが組み込まれたPythonのパッケージを使うこともある．数学的

にアルゴリズムを眺めて理解する人がいる一方で，たいていのプログラマは，コードを調べることによって直観的にアルゴリズムを把握することができる．アルゴリズムの適切な理解を与えた上で，より高度なPythonパッケージをコード例で示し，その効果的な使用（エラーのチェック，入出力の処理，モデルの発展的なデータ構造，学習されたモデルを組み込んだ定義された予測子法など）を学ぶ．

　プログラミングの予備知識に加えて，数学や統計学の知識が理解を容易にすることもある．数学では，学部生レベルの微分計算（導関数のとり方と多少の線形代数の知識），行列表記，行列の積，逆行列が挙げられる．本書で取り上げるアルゴリズムのいくつかは，これらを使って導出を理解する．たびたび出てくるが，それは簡単な関数を微分したり，いくつかの基本的な行列の積をとったりするくらいの簡単なものである．概念レベルでその計算を理解できていれば，アルゴリズムの理解の助けとなる．導出の段階の理解は，アルゴリズムの強度を理解したり，個々の問題に対してどのアルゴリズムが最良の選択になりそうかを決定したりする際に，助けとなるであろう．

　本書では，一般的な確率論と統計学もいくつか使う．学部生レベルの確率論や実数のリストの平均値，分散，相関のような概念に精通していることが要求される．忘れてしまった概念に遭遇したら，コードを調べ直すとよい．

　本書は，二つの一般的な機械学習アルゴリズムの授業に利用できる．一つは，リッジやLassoなどの罰則付き線形回帰であり，もう一つは，勾配ブースティングやランダムフォレストなどのアンサンブル学習である．これらのモデルには，それぞれ回帰問題や分類問題を解くための類似アルゴリズムが含まれる（回帰と分類の区別は本書の前半で学ぶ）．

　二つの手法にはそれぞれ2章分が割り当てられており，すでに機械学習をよく知っており，これらのどちらか一方の習得にのみ興味がある読者は，もう一方の解析法を取り扱っている章を飛ばしてもよい．2章のうち最初の1章は動作原理を取り扱い，もう1章はさまざまな問題への応用を記している．罰則付き線形回帰は第4章と第5章で，アンサンブル学習は第6章と第7章で取り扱う．動作原理の章で紹介されている問題に習熟するためには，第2章をざっと読むと役立つかもしれない．そこではデータの外挿が取り扱われている．機械学習を学び始めたばかりで，最初から最後まで本書を通して読みたい読者は，後の章の解法を見るときまで，第2章を飛ばしていてもかまわない．

本書の範囲

　先ほど述べたように，本書は，比較的最近開発され，いまなお活発に研究されている，2種のアルゴリズムを取り扱う．これらはともに，初期の技術に依存して（また，それらの影をいくぶん薄くして）いる．

罰則付き線形回帰は，通常の最小二乗回帰を改良する研究における比較的最近の発展を反映したものであり，予測分析において最上位の手法と評価できる，いくつかの特徴を持っている．罰則付き線形回帰は，過学習と未学習の間で結果のモデルのバランスをとるためのパラメータを導入している．このパラメータにより，予測へのさまざまな入力の相対的重要性に関する情報も得られる．これらの特徴はどちらも，予測モデルの発展のプロセスにおいて極めて重要である．加えて，罰則付き線形回帰はある種の問題，特に劣決定問題や，遺伝学やテキストマイニングのような非常に多くの入力パラメータを持つ問題において，最良の予測精度を生む．さらに，学習した罰則付き線形回帰モデルをとてつもなく速くする，座標降下法における発展が，昨今著しい．

罰則付き線形回帰の理解の助けとして，本書では，通常の線形回帰と，ステップワイズ回帰のようなその他の拡張の要点を繰り返す．これらが直観を養う助けとなることを願う．

アンサンブル学習は，現存する最強の予測解析ツールの一つである．これらは，特に，(検索結果を返す，もしくは広告のクリック率の予測のような) ウェブベースの予測問題でよく見られる，多くの決断要因が含まれる問題の，複雑な振る舞いをモデリング可能にする．多くの熟練データサイエンティストは，その精度ゆえ，最初の試行にアンサンブル学習を使用する．これらは，比較的簡単に利用できる上，変数を予測精度によってランク付けすることも可能である．

アンサンブル学習は，罰則付き線形回帰と並行して，発展の道をたどっている．罰則付き線形回帰が通常の回帰の制限を克服する点で発展しているのに対して，アンサンブル学習は2クラス決定木の制限を克服する点で発展している．同様に，アンサンブル学習は2クラス決定木から特性をいくつか引き継ぐので，アンサンブル学習に関する本書の範囲には，2クラス決定木に関するいくらかの予備知識も含まれる．これらを理解することは，アンサンブル学習に関する直観を養う助けとなるであろう．

本書の構成

本書は，読者が新しい予測問題にアプローチする際に従うことになるであろう解析順序に基づいて構成されている．対象データを理解することや，問題の定式化の方法を決定することから始まり，次に，アルゴリズムを試し，精度を測ることへと進む．この順序の中で，本書は，各ステップにおける方法と，そうする理由を概説する．第1章では，本書で取り扱う問題のタイプや，使用される方法のより入念な解説を行う．本書では，UCI機械学習リポジトリから取ったさまざまなデータセットを例として使用するのに対し，第2章では新しいデータセットへの洞察を深めるための方法やツールのいくつかを示す．第3章では，予測解析およびそれらに取り組むための技術に関して解説する．こ

こでは，問題の複雑さ，モデルの複雑さ，データセットの大きさ，そして予測精度の間の関係を概説する．また，過学習とこれを検出する方法を議論する．さまざまな種類の問題に対する精度の計量に関しても解説する．第 4 章，第 5 章では，罰則付き線形回帰の基礎知識，および第 2 章において探求した問題への適用を取り扱う．第 6 章，第 7 章では，アンサンブル学習に関する基礎知識および応用を取り上げる．

必要となる環境

本書のコード例を走らせるには，Python 2.x[*1]，SciPy，NumPy，Pandas，そして scikit-learn が必要となる．これらは相互依存性とバージョンの問題により，インストールするのが難しい．インストールを簡単にするために，Continuum Analytics (http://continuum.io/) より入手できる，Python を用いたデータ解析環境である Anaconda を使用している．Anaconda は，Python 2.x と本書のコードを走らせるために必要となるパッケージをすべて（そしてそれ以上のものも）含んでいる．本書のコード例は Ubuntu 14.04 Linux 上で走らせているが，それ以外の OS では試していない．

表記の決まり

本書の内容をよりよく理解するのに役立つように，本書を通して，以下のような多くの表記の決まりを使用する．

> **NOTE** このアイコンに続く文章には，現在の議論における注意，秘訣，ヒント，トリック，余談が含まれる．

本文中の表記は以下のようになる．

- 新しい用語や重要語句は**強調**する
- キーストロークは Ctrl+A のように示す
- ファイル名，URL，本文中のコードは `persistence.properties` のように示す

ソースコード

本書の例を実行する際に，すべてのコードを手で打つか，本書と同じ内容のソースコードのファイルを用いるか，どちらかを選べる．本書で使用しているソースコードは，すべて http://www.wiley.com/go/pythonmachinelearning からダウンロードできる．ソースコードのファイル名には用いているデータ名や手法名が記されてあるので，

[*1] 訳注：現在は本ページ下部，「ソースコード」に記載されているページにて，Python 3.6 のコードがダウンロードできる．

各章のどのコードに対応するか簡単にわかる（本文中にもソースコードのファイル名が示されている）．上記のサイトでページ下部にあるダウンロード（DOWNLOADS）のリンクをクリックすれば，本書のソースコードをすべて入手することができる．

NOTE 同じようなタイトルの書籍がたくさんあるが，ISBN で検索すると，最も簡単に本書のページを探し出せるだろう．本書の ISBN は 978-1-118-96174-2 である．

コードをダウンロードしたら，手持ちの解凍ツールで解凍すればよい．

正誤表

本文やコードには，間違いがないように細心の注意を払ったが，完全ではなく，ミスが含まれる．本書にスペルミスや不完全なコードといった誤りを見つけた際は，フィードバックをいただきたい．それにより，他の読者のフラストレーションを防ぐとともに，高品質な情報を提供できるようになる．

本書の正誤表は，http://www.wiley.com に行き，検索ボックスか書名のリストを使って本書を探し，詳細ページにある正誤表へのリンクをクリックすると得られる．このページには，指摘を受け，Wiley の編集者がアップロードした，すべての誤植が含まれる．

謝辞

Wiley のスタッフがこの本の執筆にあたって提供してくれた素晴らしいサポートに感謝したい．この仕事は，最初に編集者の Robert Eliot から執筆の依頼があった．彼はともに仕事をするのに素晴らしい人物である．Jennifer Lynn とは，この本の執筆が完了するまで，ともに仕事を進めた．彼女は私の疑問点に非常に機敏に対応してくれ，執筆中の私を忍耐強く見守ってくれた．私はこの二人に深く感謝したい．

また，この本の技術的な部分について鋭く徹底的な手厚いサポートをしてくれた，統計学者でプログラマの Daniel Posner にも深く感謝の意を述べたい．機械学習や統計学，そしてアルゴリズムの分野は常に興味深く，また楽しい議論を提供してくれる．この本を購入してくれた読者の皆様にも深く感謝の意を表する．

目次

第 1 章　予測に欠かせない二つのアルゴリズム　1

- 1.1　なぜこの二つのアルゴリズムは便利なのか？ 1
- 1.2　罰則付き線形回帰とは？ 6
- 1.3　アンサンブル法とは？ 8
- 1.4　使用するアルゴリズムの決め方 10
- 1.5　予測モデルを構築するプロセス 12
  - 1.5.1　機械学習問題の構成 14
  - 1.5.2　特徴抽出と特徴エンジニアリング 15
  - 1.5.3　学習したモデルの精度を決める 16
- 1.6　章の内容と依存関係 17
- 1.7　本章のまとめ 19
- 参考文献 19

第 2 章　データを理解することによって問題を理解する　21

- 2.1　新しい問題の構造 21
  - 2.1.1　属性とラベルの型の違いがモデル選択を促進させる 23
  - 2.1.2　新しいデータセットに対する気づき 25
- 2.2　分類問題――音波探知機を使って不発の機雷を見つける 26
  - 2.2.1　岩と機雷のデータセットの物理的特徴 26
  - 2.2.2　岩と機雷のデータセットの要約統計量 29
  - 2.2.3　QQ プロットを使って外れ値を可視化する 32
  - 2.2.4　質的変数の統計的特徴 34
  - 2.2.5　Pandas パッケージを使って，岩と機雷のデータセットを要約する． 35
- 2.3　岩と機雷のデータセットの性質を可視化する 37
  - 2.3.1　平行座標プロットで可視化する 37
  - 2.3.2　属性とラベルの関係を可視化する 39
  - 2.3.3　ヒートマップを使って属性とラベルの相関関係を可視化する 45

		2.3.4 岩と機雷のデータセットを理解するためのデータ要約プロセス......	47
2.4	質的データで量的な予測を行う —— アワビは何才か？................................		47
	2.4.1	回帰問題に対する平行座標プロット —— アワビの問題の変数関係を可視化する	52
	2.4.2	回帰問題に対する相関係数のヒートマップ —— アワビの問題の相関関係を可視化する	56
2.5	実数を持つ属性を使った実数の予測 —— ワインの味をどのように計算するか		58
2.6	多クラス分類問題 —— どんなタイプのガラスか？................................		64
2.7	本章のまとめ..		69
参考文献			69

第 3 章　予測モデルの構築 —— 精度，複雑さ，データ量のバランス　　71

3.1	基本的な問題 —— 関数近似を理解する		71
	3.1.1	学習用データを使用する	72
	3.1.2	予測モデルの精度を測る	74
3.2	アルゴリズムの選択を左右する要素と精度 —— 複雑さとデータ		75
	3.2.1	単純な問題と複雑な問題の対比...	75
	3.2.2	単純なモデルと複雑なモデルの対比..	77
	3.2.3	予測アルゴリズムの精度を左右する要素	80
	3.2.4	アルゴリズムの選択 —— 線形か非線形か	82
3.3	予測モデルの精度を測る..		82
	3.3.1	さまざまなタイプの問題の精度を測る	83
	3.3.2	デプロイしたモデルの精度を評価する	93
3.4	モデルとデータの調和を生み出す		95
	3.4.1	問題の複雑さ，モデルの複雑さ，データセットのサイズのバランスで，モデルを選択する	96
	3.4.2	過学習をコントロールするために前進ステップワイズ回帰を使う ...	97
	3.4.3	予測モデルの評価と理解	102
	3.4.4	罰則付き回帰係数で過学習をコントロール —— リッジ回帰	104
3.5	本章のまとめ..		112
参考文献			113

第 4 章　罰則付き線形回帰　　115

- 4.1 罰則付き線形回帰が有用である理由 116
  - 4.1.1 学習の高速性 116
  - 4.1.2 変数の重要度 116
  - 4.1.3 実行の高速性（デプロイ後） 117
  - 4.1.4 信頼性の高い精度 117
  - 4.1.5 疎な解 117
  - 4.1.6 線形モデルを要求する問題 118
  - 4.1.7 アンサンブル手法を使う場合 118
- 4.2 罰則付き線形回帰——線形回帰問題に罰則項を加えて精度を高める 118
  - 4.2.1 線形モデルの学習——誤差の最小化とその周辺 120
- 4.3 罰則付き線形回帰問題の解法 125
  - 4.3.1 LARS，および LARS と前進ステップワイズ回帰の関係 125
  - 4.3.2 一般的で高速な手法 "glmnet" の利用 138
- 4.4 数値入力を伴う線形回帰への拡張 145
  - 4.4.1 罰則付き回帰による分類問題の解き方 145
  - 4.4.2 二つ以上の目的変数を有する分類問題 149
  - 4.4.3 基底展開の理解——非線形問題に対する線形手法の適用 150
  - 4.4.4 非数値説明変数の線形モデルへの統合 152
- 4.5 本章のまとめ 157
- 参考文献 158

第 5 章　罰則付き線形回帰を用いた予測モデル構築　　159

- 5.1 罰則付き線形回帰の Python パッケージ 160
- 5.2 多変数回帰——ワインの味の予測 161
  - 5.2.1 ワインの味の予測モデルの構築と精度評価 162
  - 5.2.2 デプロイ前のデータセット全体に対する学習 167
- 5.3 2 クラス分類——罰則付き線形回帰を用いた不発弾の検出 176
  - 5.3.1 デプロイ用の岩と機雷の分類器 186
- 5.4 多クラス分類——犯罪現場のガラスサンプルの分類 199
- 5.5 本章のまとめ 204
- 参考文献 205

第 6 章　アンサンブル学習　　207

- 6.1 決定木 208
  - 6.1.1 決定木はどのように予測を行うか 210
  - 6.1.2 決定木をどのように構築するか 211
  - 6.1.3 決定木の学習は分割点の設定と等価である 213
  - 6.1.4 決定木の過学習 217
  - 6.1.5 分類問題とカテゴリカルデータへの拡張 221
- 6.2 ブートストラップ集約——バギング 222
  - 6.2.1 バギングアルゴリズムはどのように動くか 222
  - 6.2.2 バギングのまとめ 232
- 6.3 勾配ブースティング 232
  - 6.3.1 勾配ブースティングアルゴリズムの基本原理 233
  - 6.3.2 勾配ブースティングから最も良い精度を得る方法 236
  - 6.3.3 多変量データへの勾配ブースティングの適用 239
  - 6.3.4 勾配ブースティングのまとめ 242
- 6.4 ランダムフォレスト 243
  - 6.4.1 ランダムフォレスト——バギングとランダムな変数を持つデータ小集団 246
  - 6.4.2 ランダムフォレストの精度について 247
  - 6.4.3 ランダムフォレストのまとめ 248
- 6.5 本章のまとめ 249
- 参考文献 249

第 7 章　アンサンブル学習のモデル構築　　251

- 7.1 Python の Ensemble パッケージによる回帰問題の解決 251
  - 7.1.1 ランダムフォレストモデルによるワインの品質予測モデルの構築 ... 252
  - 7.1.2 ワインの品質データセットへの勾配ブースティングの適用 259
- 7.2 ワインの品質データセットへのバギングの適用 266
- 7.3 非数値変数を含むデータに対するアンサンブル学習モデルの構築 271
  - 7.3.1 ランダムフォレスト回帰に適用するためのアワビの性別データの入力法 271
  - 7.3.2 非数値変数を含むデータにおける精度と重要な変数の評価 274
  - 7.3.3 勾配ブースティングに適用するためのアワビの性別データの入力法 275

- 7.3.4 非数値変数を含むデータに勾配ブースティングを適用したときの精度と重要な変数の評価 278
- 7.4 2クラス分類問題へのアンサンブル学習の適用 280
  - 7.4.1 アンサンブル学習を用いた機雷の識別 281
  - 7.4.2 機雷の識別のためのランダムフォレストモデルの構築 282
  - 7.4.3 ランダムフォレスト学習器による分類精度の検証 286
  - 7.4.4 機雷の識別のための勾配ブースティングの構築 288
  - 7.4.5 勾配ブースティング学習器による分類精度の検証 294
- 7.5 多クラス分類問題へのアンサンブル学習の適用 297
  - 7.5.1 ランダムフォレストによるガラスの分類 298
  - 7.5.2 クラス不均衡への対応 301
  - 7.5.3 勾配ブースティングによるガラスの分類 302
  - 7.5.4 勾配ブースティングの基本学習器にランダムフォレストを使用する場合の利点 307
- 7.6 アルゴリズムの比較 309
- 7.7 本章のまとめ 310
- 参考文献 311

索引　　313

著者と技術編集者について　　316

第1章

予測に欠かせない二つのアルゴリズム

　本書では，機械学習のプロセスに焦点を当て，最も効果的で広く使われているアルゴリズムに絞って紹介する．研究で使われているようなアルゴリズムは，実務ではあまり使われないため，機械学習のテクニックに焦点を当てたものは紹介しない．

　本書では，機械学習の一つの分野である**関数近似**を扱う．関数近似は，**教師あり学習**と呼ばれるものの一つで，線形回帰とロジスティック回帰は，関数近似の問題としてお馴染みである．関数近似は，テキスト分類や検索ロジック，広告配置，スパムフィルタリング，顧客行動予測，医療診断など，例示しきれない多数の分野で利用されている．

　本書では，罰則付き線形回帰とアンサンブル学習という，関数近似問題を解くための二つのアルゴリズムを紹介していく．本章では，まずその両方の特徴を説明し，さらにアルゴリズムの精度を比較した研究結果を示すことで，それらが安定して高い精度を発揮することを証明していく．

　それでは，予測モデルを構築するプロセスについて議論していこう．まず，本書で取り上げる手法で解ける問題の種類や手法の汎用性，予測に使う特徴量の定義方法について述べる．つまり，予測モデルの構築やデプロイのための条件設定についてである．

1.1 なぜこの二つのアルゴリズムは便利なのか？

　罰則付き線形回帰とアンサンブル学習が便利である理由は，いくつかある．簡単に言うと，これらは予測の問題で使用するデータの大きさや複雑さにかかわらず，精度の高い結果を導ける．この主張の根拠は，Rich Caruana と彼の同僚が書いた二つの論文にある．

- Rich Caruana and Alexandru Niculescu-Mizil: "An Empirical Comparison of Supervised Learning Algorithms"（強化学習アルゴリズムの実証比較）[1]
- Rich Caruana, Nikos Karampatziakis, and Ainur Yessenalina: "An Empirical Evaluation of Supervised Learning in High Dimensions"（高次元における強化学習の実証評価）[2]

この二つの論文の著者らは，さまざまな分類問題に対して，予測モデルを作るアルゴリズムをいくつも試し，モデルを作るのに使用していない検証用データでモデルを試し，各アルゴリズムの予測精度をランク付けした．一つ目の研究では，11個の機械学習（2クラス分類）問題を9種類の基礎的なアルゴリズムで比較した．扱った問題は，人口の統計データや，テキスト処理，パターン認識，物理学，生物学とさまざまな分野にわたる．表1.1に，その研究で使われたデータセットの一覧を示す．この表は，各データセットの結果を予測するのに使用した属性数と，予測結果のうち何%が正例であったかを示している．

表 1.1 機械学習の比較研究結果

データセット名	属性数	正例の割合 (%)
Adult	14	25
Bact	11	69
Cod	15	50
Calhous	9	52
Cov_Type	54	36
HS	200	24
Letter.p1	16	3
Letter.p2	16	53
Medis	63	11
Mg	124	17
Slac	59	50

分類問題における**正例**という語は，結果として分類したいものが得られた例を指す．例えば，レーダーが飛行機の存在を示す信号を返すかどうかを決める分類問題の場合，正例はレーダーが飛行機の存在を感知したことを指す．結果のデータの並びからも，正例が指す内容は飛行機の存在有無を表していることがわかるだろう．ほかには，健康診断における病気の有無や，所得申告における不正の有無が挙げられる．

しかし，すべての分類問題が存在の有無を問題にしているわけではない．例えば，書き手の性別がわかっている文章を機械で読み込んだり，手書き文字を分析したりして学習し，新たな書き手の性別を予測する問題もある．このとき，性別が空欄のデータは使

えない．正例負例の判定が恣意的になってしまうためである．正例負例の判定をランダムに行うことも可能ではあるが，一度決めたら一貫してそれを使わなければならない．

一つ目の研究では，一方の割合が他方より非常に多くなってしまうという問題があった．データが**不均衡**になっているということである．例えば，Letter.p1 と Letter.p2 という二つのデータセットは，どちらもさまざまなフォントで書かれたアルファベットの大文字を正しく分類するという，非常によく似た問題で使われる．Letter.p1 は，文字列中に混ざった "O" を正しく分類する問題，Letter.p2 は，A〜M と N〜Z を正しく分類する問題として使用された．表 1.1 に示した正例の割合が，この違いを表している．

表 1.1 には，それぞれのデータセットの「属性」の数が載っている．「属性」とは予測を行うために必要な変数のことである．例えば，飛行機が時間どおりに目的地に到着するかどうかを予測する際は，航空会社の名前や飛行機の製造年，目的地の空港の降水レベル，風速，飛行経路などの属性を考慮するかもしれない．予測するためにたくさんの変数があることは，幸とも不幸とも言える．予測結果に直接関連する変数は幸であり，関連しない変数は不幸である．幸か不幸かを見分けるには，データが必要である．この詳細は第 3 章で説明する．

表 1.2 は，研究で使われたアルゴリズムのうち，本書で扱うものとその他のものを比べた結果であり，表 1.1 のデータセットにおいてトップ 5 の得点を出したアルゴリズムを示している．本書で紹介するアルゴリズムは，ブースティング，ランダムフォレスト，バギング，ロジスティック回帰である．最初の三つの方法はアンサンブル学習と呼ばれている．罰則付き回帰はこの研究が行われたときはまだ発展途上で，評価されていなかったが，ロジスティック回帰はとても身近で，回帰問題の精度評価に使われている．

表 1.2 本書で扱うアルゴリズムをさまざまな問題で比較した結果

データセット	アルゴリズム				
	ブースティング	ランダムフォレスト	バギング	ロジスティック回帰	その他
Covt	1, 2	4, 5	3		
Adult	1, 4	2	3, 5		
LTR.P1	1				SVM, KNN
LTR.P2	1, 2	4, 5			SVM
MEDIS		1, 3		5	ANN
SLAC		1, 2, 3	4, 5		
HS	1, 3				ANN
MG		2, 4, 5	1, 3		
CALHOUS	1, 2	5	3, 4		
COD	1, 2		3, 4, 5		
BACT	2, 5		1, 3, 4		

三つの異なる次元圧縮をしたデータに対し，この研究で使われた九つのアルゴリズムを適用した（計27通り）．結果として，トップ5のアルゴリズムが全体の上位約20％を占めていた．例えば，Covtの行はブースティングが1，2位，ランダムフォレストが4，5位，バギングが3位であることを示している．本書でカバーしていないアルゴリズムがトップ5にある場合は，「その他」の列に載せている．「その他」に入っている手法には，k近傍法（KNN），人工ニューラルネットワーク（ANN），サポートベクトルマシン（SVM）がある．

表1.2においてロジスティック回帰がトップ5の中に入っているのは，たった1通りである．この原因は，データセットがそれぞれ5000サンプルあるのに対して属性が少ない（多くて200個）ことだと考えられる．少ない属性数でモデルを構築するのに必要なデータ量はあるものの，学習用データにするには小さすぎるということである．

> **NOTE** 第3章，第5章，第7章にあるように，罰則付き回帰は，膨大な量の属性があるが，より複雑なアンサンブル学習を使ったモデルを学習するためのデータ量や時間が不足するときには，すべてのアルゴリズムの中で最も良い精度を示す．

Caruanaらは，属性数が増加したとき，これらのアルゴリズムがどのような結果になるかを調べるために，2008年に新たな研究を行った．つまり，これらのアルゴリズムをビッグデータで試した場合，どうなるかということである．彼らは，最初の研究より多くの属性を持つデータセットを用いて，数多くの分野で実験を行った．例えば，遺伝子の分野では数万の属性（遺伝子ごとに1属性），テキストマイニングでは数百万の属性（異なる言葉やその組み合わせにつき1属性）がある．表1.3は，2回目の研究で使われたアルゴリズムのランキングであり，線形回帰やアンサンブル学習において，属性数が増えるにつれて結果がどう変化するかを示している．表はそれぞれの問題における各アルゴリズムの精度のランキングを示していて，最後の列はすべての問題におけるアルゴリズムの平均順位のランキングである．研究で使われたアルゴリズムのうち，ランキングが上位のアルゴリズムは本書でカバーしているが，下位のアルゴリズムはカバーしていない．

表1.3で示しているデータセットは，属性数の順に並んでいる．線形（ロジスティック）回帰は，研究で使われた11個のテストケースのうち5個のテストケースでトップ3に入っている．優れた精度を示した問題は，大きなデータセットを持つものに集中していた．また，ブースティング，ランダムフォレストは依然上位にあり，ほとんどの問題で1位か2位となっている．

本書でカバーしているアルゴリズムは，予測精度が高いという点以外にも利点がある．罰則付き線形回帰モデルの大きな利点は，その学習の速さである．大規模な問題では，学習スピードがネックになることがある．中にはモデルの学習に数日から数週間かかる

表 1.3 本書で扱うアルゴリズムをデータ量の多い問題で比較した結果

次元数	761 STURN	761 CALAM	780 DIGITS	927 TIS	1344 CRYST	3448 KDD98
ブースティング	8	1	2	6	1	3
ランダムフォレスト	9	4	3	3	2	1
バギング	5	2	6	4	3	1
スタッキング	2	3	7	7	7	1
ロジスティック回帰	4	8	9	1	4	1
サポートベクトルマシン	3	5	5	2	5	2
人工ニューラルネットワーク	6	7	4	5	8	1
k 近傍法	1	6	1	9	6	2
主要反応曲線（PRC）	7	9	8	8	7	1
ナイーブベイズ	10	10	10	10	9	1
次元数	20958 R-S	105354 CITE	195203 DSE	405333 SPAM	685569 IMDB	平均順位
ブースティング	8	1	7	6	3	1
ランダムフォレスト	6	5	3	1	3	2
バギング	9	1	6	7	3	4
スタッキング	7	4	8	8	5	7
ロジスティック回帰	2	2	2	4	4	6
サポートベクトルマシン	1	1	5	5	3	3
人工ニューラルネットワーク	4	2	1	3	3	5
k 近傍法	10	1	7	9	6	8
主要反応曲線（PRC）	3	3	4	2	2	9
ナイーブベイズ	5	1	9	10	7	10

ものもあり，このタイムロスは耐えがたい．罰則付き線形回帰モデルでは，この繰り返しが最適解を得るために必要な場合は特に速く精度を改善できる．非常に速く学習することに加えて，デプロイされたあとでも学習した線形モデルは（高速な商取引やインターネット広告の挿入に対しても十分なほど）とても速く予測できる．この研究は，罰則付き線形モデルがさまざまなケースに使えることを証明している．

さらに，これらのアルゴリズムは手軽に使いやすく，調整すべきパラメータが少ないという特徴がある．そして，入力形式が明確に定義されていて，うまく構造化されており，さまざまなタイプの回帰や分類問題を解くことができる．このようなデータを準備することができれば，新しい問題を解き始めて 1, 2 時間以内には，一つ目の学習モデルと精度の良い予測を作り出せるかもしれない．

極めて重要なことの一つは，どの入力変数が予測を作り出すために必要かを把握することである．これが機械学習アルゴリズムには欠かせないことは言うまでもない．予測

モデルの構築で最も多くの時間を要するステップは，**特徴選択**と**特徴エンジニアリング**である．これは，データサイエンティストが結果を予測するのに使う変数を選ぶプロセスのことである．属性を重要度順にランク付けすることは，本書でカバーしているアルゴリズムがモデル構築プロセスにない推定量を出したり，プロセスをより確かなものにしたりする特徴エンジニアリングを行うのに役立つ．

1.2 罰則付き線形回帰とは？

罰則付き線形回帰は，およそ 200 年前にガウスとルジャンドルによって作られた**最小二乗法（OLS）**を発展させたものであり，最小二乗法の基本的な制約を取り除くために作られた．最小二乗法でよくある問題は，ときどき過学習してしまうことである．図 1.1 に示すように，各点にフィットする直線を導き出す最小二乗法について考えてみよう．これは，属性 x が与えられたときの目的変数 y の値を予測するシンプルな予測問題である．例えば，身長のみを使って男性の給料を予測するというものが考えられる．男性（女性ではない）の給料は，身長から多少は予測できる．

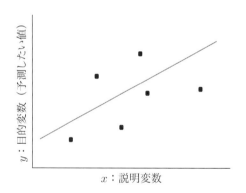

図 1.1　最小二乗法で導き出した直線の当てはめ

点は男性の給料と身長の関係を表している．図 1.1 の直線はこの予測問題に対する最小二乗法の解であり，ある意味，この線は身長のデータが与えられたときの男性の給料を予測する最良のモデルと言える．このデータセットには六つの点があるが，仮にそのうちの二つの点しかなかったとする．その場合，そこから全体を予測することは難しいだろう．これは，先述した遺伝子のデータのように，データ取得に費用がかかりすぎてしまうような場合を指す．原因の遺伝子を探し出すために十分な人数はいるが，費用がかかりすぎてほとんどの遺伝子配列を入手できない状況である．

六つでなく二つしか点が与えられていないパターンをいくつかシミュレーションして

みる．これは点にフィットする直線の性質にどのような変化をもたらすだろうか．結果は偶然得られた二つの点によって異なってくる．どのくらいの影響を及ぼすかを知るために，図 1.1 から二つの点を何パターンかピックアップして，それらを通る直線を考えてみる．図 1.2 は，図 1.1 にある二つの点の組み合わせから考えられる直線を表している．どの点を選ぶかによってどのくらい線が変化するかが，容易にわかる．

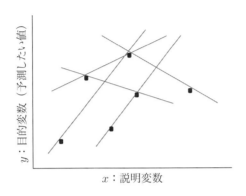

図 1.2　2 点を通る直線の当てはめ

　直線にフィットするのがたった 2 点しかないことの問題は，自由度に対する十分なデータがないことである．直線の自由度は 2 なので，線を一意に決めるのに二つの独立したパラメータがあるということである．平面上の直線は，上下にスライドさせたり，ひねって傾斜を変えたりするのが想像できるだろう．つまり，垂直位置と傾きの関係は独立ということである．それらは別々に変化させることができ，どちらも線を決めるためのものである．直線は平面上の 2 点によって決まる切片と傾きで表現できる．平面上に描かれるすべての線は，定めるのに二つの変数が必要である．

　自由度が点の数と同じ場合，予測精度はあまり良くない．図 1.2 では，直線とそれを描くために使われた点を通るが，違うペアで描かれた線もまわりに存在している．データセットの点が自由度と同じ程度しかない場合，予測結果を十分信じることができないだろう．図 1.1 には点が六つあり，それらを通る直線（自由度 2）がある．遺伝条件を起こす遺伝子を決める研究では，約 20000 のうちのできる限り多くの遺伝子から原因を取り出すためにより多くのデータを必要とするということを述べており，20000 の遺伝子は自由度が 20000 であることを表している．信頼できる答えを得るためには 20000 人のデータでさえ十分ではないが，実際には，お金に余裕があったとしてもせいぜい約 500 人のサンプルサイズしか集まらない．この場合は，罰則付き線形回帰が最も良いアルゴリズムであるかもしれない．

　罰則付き線形回帰は，入手可能なデータ量と現象の複雑さをマッチさせるために体系的に自由度を減らす方法であり，非常に多くの自由度を持つ問題に対する方法として，

とてもポピュラーになった．この方法は，自由度が数万にもなりうる遺伝の問題や，100万を超えることもあるテキスト分類のような問題に対して有効である．第4章では，この方法の働きや，このアルゴリズムの仕組みを説明するサンプルコード，Python のパッケージを用いて機械学習システムを実装するためのプロセスを紹介する．

1.3 アンサンブル法とは？

　本書で紹介するもう一つのアルゴリズムは，アンサンブル法である．アンサンブル法の基本的な考え方は，異なる予測モデル群を作り，その集団の平均をとったり，多数派の答えを用いたりすることによって，得た結果を組み合わせることである．個々のモデルは，**基本学習器**（base learner）と呼ばれる．もし基本学習器がランダムな推測より少しでも良い精度を示しており，かつ十分な数の独立モデルがあれば，アンサンブル法の精度は極めて高くなりうることが，計算論的学習理論からわかっている．

　アンサンブル法の発展に拍車をかけている理由の一つに，いくつかの機械学習アルゴリズムの不安定さがある．例えば，データセットに新たなデータを追加すると，結果として得られるモデルの精度に根本的な変化が生じるかもしれない．2クラス決定木や従来型のニューラルネットワークは，この不安定さを持っている．これは，モデルの精度のばらつきが大きいということである．そこで，多くのモデルを平均する方法が，ばらつきを減らす方法として用いられている．もしたくさんの独立なモデルがすべて同じ基本学習器を使っているならば，精度を上げるコツは，どのように多くの独立なモデルを生成するかである．第6章では，どのようにこれを行うかを説明しており，そこを読めば，処理の基本的な本質を容易に理解できるだろう．ここでは，その前段に当たる部分を紹介していく．

　アンサンブル法は，基本学習器として2クラス決定木を合体していくという，汎用性に富んだ方法である．2クラス決定木は，図1.3に示すように描かれる．図1.3の木は，一番上に入力値として実数 x を入れ，そこから x に対する反応として出力すべき値を決めていくという流れの連続である．最初は x が5未満であるかどうかを判定する．この質問に対する答えが No ならば，2クラス決定木は "No" の矢印の先にある4を結果として出力する．こうして，すべての x の値に対して2クラス決定木から y の値が導かれる．図1.4は，2クラス決定木に x を入力したときに出力される y を関数として図示している．

　この書き方では，比較条件（例えば $x < 5$ であるか）や出力値（木の下にある円の中の値）がどこから出てきたかがわからない．これらの値は，入力値のデータで2クラス決定木を構築することによってわかる．この学習アルゴリズムを理解することは，そう

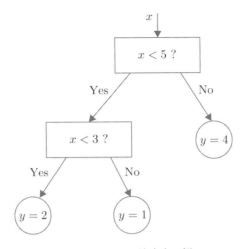

図 1.3　2 クラス決定木の例

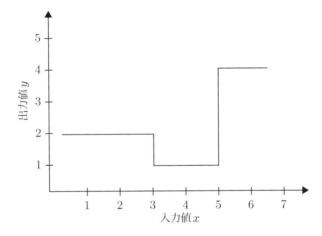

図 1.4　2 クラス決定木の例における入力値 x と出力値 y の関係

難しくはない（第 6 章で説明する）．押さえておいてほしい重要なポイントは，学習された 2 クラス決定木の値はデータから得られた固定値を持っているということである．2 クラス決定木の生成過程は，決定論的である．

　異なるモデルを得る方法として，学習用データからランダムにサンプルを抽出し，それを使って学習するというものがある．これは**バギング**(bagging; bootstrap aggregating) と呼ばれる方法である．バギングは小さな異なる 2 クラス決定木をたくさん作り，平均（または多数派）の値を最終的な値として使う方法である．第 6 章で，この手法や他の強力な手法について詳細を説明する．

1.4 使用するアルゴリズムの決め方

　表1.4に，二つのアルゴリズムの比較結果を示す．罰則付き線形回帰は，学習がとても速いという長所がある．大きなデータセットを用いた学習は，何時間，何日，何週間もかかってしまう可能性がある．通常，最終的なソリューションとしてデプロイする前に，何回か学習を行う必要がある．学習時間が長いと，問題に対処するのが遅れてしまう．罰則付き線形回帰の学習時間の速さは，それを解決してくれる．問題次第では，この方法はアンサンブル法に対するデメリットを解決できるかもしれない．第3章では，罰則付き回帰が適した問題とアンサンブル法が適した問題の見分け方を紹介する．罰則付き線形回帰は，アンサンブル法に劣る場合でも，モデル構築過程の大切な一歩になりうる．

表1.4　罰則付き線形回帰とアンサンブル法のトレードオフ関係

	学習の速さ	予測の速さ	問題の複雑さ	属性数の多いものでも扱えるか
罰則付き線形回帰	○	○		○
アンサンブル法			○	

　モデル構築の早い段階において，何回もの学習の繰り返しは，特徴選択や特徴エンジニアリング，さらに数式を収束させる目的で必要になるだろう．予測モデルの入力値に何を使うかを決めるには，時間も頭も使う．それが明白なときもあるが，たいていの場合は繰り返しが必要になる．持っている属性すべてを使うのは得策ではない．

　通常，試行錯誤することによって，モデルに対して最も良い属性かどうかを決めていく．例えば，ウェブサイトの訪問者が広告をクリックするかどうかを予測しようとするとき，読者は訪問者のデモグラフィックデータを使おうとするだろう．それではたぶん欲している精度は得られない．そこで，ウェブサイトの訪問者の過去の実際の行動（訪問者が過去にサイトを訪れてクリックした広告や買ったもの）に関するデータを組み込もうとする．訪問者がサイトに来る前に滞在していたサイトのデータもおそらく利用できる．この一連の流れを何度も繰り返すと，データの前処理や予測モデルを学習するために時間を使ってしまう．罰則付き線形回帰は一般的にアンサンブル法より速いため，このプロセスで罰則付き線形回帰を用いることは，モデル構築にかかる時間を短縮するための重要な要素になるかもしれない．

　例えば，学習用データが1GBほどなら，学習にかかる時間は罰則付き線形回帰では約30分で済むのに対し，アンサンブル法では5～6時間かかるかもしれない．特徴選択の過程で最も良い属性を選ぶのに10回繰り返しが必要なら，特徴エンジニアリングを終え

るまでに，計算時間だけで 1 日〜1 週間ほどの違いが出てくる．したがって，頭の良いやり方は，特徴エンジニアリングなどを行う早い段階で罰則付き線形モデルを利用することである．モデル構築にかかる時間は，後に出てくる他のアルゴリズムと比較するための基準として，とても重要である．

　罰則付き線形回帰は，学習時間のメリットのほかに，アンサンブル法よりもとても速く予測できるというメリットもある．予測することは学習後のモデルを使うことを意味する．罰則付き線形回帰で学習したモデルは，予測に使うどの変数を見てもただの実数である．計算に必要な浮動小数点の数は，予測に使われる変数の数に関係してくる．高速に行われる貿易やインターネットへの広告挿入といった，とても時間にシビアな予測では，計算時間が企業の利益に影響を与える．

　問題によっては，線形モデルがアンサンブル法と同等以上の精度を示すときもある．複雑なモデルが常に必要であるとは限らない．第 3 章では，最良のモデルを構築するために，問題の複雑さ，予測モデルの複雑さ，データの大きさのバランスをどのようにとるかという，データサイエンティストのタスクについて詳しく説明する．基本的には複雑ではないが，十分なデータが手に入らなかった場合の問題を扱う．線形モデルは，複雑なアンサンブル法よりも良い精度を出すかもしれない．遺伝のデータは，この手の問題にぴったりの例である．

　一般的に，遺伝のデータは膨大に得られると思われている．遺伝のデータは，バイトの単位で表されるときは本当に大きいが，正確な予測を作るという観点で言うとあまり大きくない．これを理解するために，過去に行われた実験を考えよう．遺伝条件を持っている人といない人という 2 人がいるとする．もしその 2 人の遺伝子配列がわかったら，条件に反応する遺伝子を特定できるだろうか．多くの遺伝子が 2 人の間で違うので，特定できないことは明らかである．では，何人のデータであればよいのだろうか．最低でも，遺伝子の数と同じくらい多くの人の遺伝子配列が必要であり，計測のノイズも考えるとそれ以上の数が必要になるだろう．人間は約 20000 個の遺伝子を持っていて，1 人を計測するのに約 1000 ドルかかる．したがって，完璧な測定ができるだけのデータを得るためには，2 千万ドルかかるということになる．

　この状況は，先ほどの 2 点に対して直線を引く話とよく似ている．データセットは一般的にモデルの自由度よりも多い必要がある．ただ，データセットの大きさは決まっているので，モデルの自由度のほうが調整可能でなければならない．罰則付き線形回帰を扱う第 4 章では，この調整が罰則付き線形回帰にどのように効いてくるか，そして，最良の精度を作り出すためにそれをどのように使うかを紹介する．

　NOTE 本書で紹介している二つの大きなカテゴリのアルゴリズムは，2012 年の Strata Conference で Jeremy Howard と筆者が発表したものに対応している．カ

ンファレンスではJeremyがアンサンブル学習を，筆者が罰則付き線形回帰を担当し，この二つのグループの優劣について楽しく議論した．実際，筆者が行ったモデル構築の約80%がこの二つのアルゴリズムに関わるものであり，それが結果的に本書で述べているものの根拠となっている．

第3章では，与えられた問題に対してなぜそのアルゴリズムがより良い選択なのかを，より詳細に述べる．内容は，そのアルゴリズム固有の問題の複雑さや自由度についてである．線形モデルは学習が急速に進む傾向があり，（特に入手できるデータが決まってしまっている場合は）非線形のアンサンブル法と同等の精度が出ることが多い．とても速く学習するので，特徴選択のための学習や，具体的な問題に対する精度の概算に役立つ．本書で扱う線形モデルは，特徴選択プロセスを楽にするために，変数の重要度に関する情報を与えてくれる．アンサンブル法は，適切なデータがあって，相対的な変数の重要性を間接的に計測できる場合，良い精度を示すことがある．

1.5 予測モデルを構築するプロセス

機械学習を使うには，多少のスキルが必要である．これには，プログラミングのスキルや，適切なモデルを作って使いこなすスキルなどが挙げられる．本書には，前者は含まれず，後者は含まれる．このスキルの具体的な内容は何だろうか．

もともとの問題は「サイト訪問者がクリックしたくなるような広告を見せよ」といった曖昧なものである．このような問題をシステムに導入するためには，具体的な数学用語に言い換えたり，予測に使えるデータを探したり，サイト訪問者の広告クリック率を予測するモデルを構築したりする必要がある．数学用語で問題を表現することで，入手可能なデータソースからどのような説明変数が抽出できるか，説明変数をどのような構成にするかの仮説を立てる．

新しい問題には，どのように取りかかればよいだろうか．まず，予測に使うデータを決めるために，利用できるデータに目を通す．データに目を通すこととは，そのデータが何を明らかにしており，予測しようとしているものとどう関連しているかを理解するために，さまざまな統計的検定を行ってみることを意味する．直観でもある程度のことならわかるが，統計的検定を通じて，その結果を定量化し，どの変数が予測に使えそうなのかを試すことができる．第2章では，利用するデータセットに対してこのプロセスを適用し，本書の残りの部分で説明されているアルゴリズムと比較していく．

次に，データから使えそうな属性を何とかして探し出し，適用したい機械学習アルゴリズムで学習を始める．そして，学習したモデルを生成し，その精度を評価する．その次に，新しい属性を加えたり，役に立たないとわかった属性を取り除いたり，もしくは，

ある属性が精度を改善するかどうかを知るために精度を測る指標を変えたりすることを考えるだろう．このようにして，精度を改善する可能性があるかどうかの判定を繰り返していく．その過程で，最も精度の悪いパターンを除いたり，いくつかのパターンに共通する何かがあるかを探し出したりするだろう．そうすることにより，予測プロセスに加えるべき別の属性の存在に気づいたり，データを分けて異なるモデルを試してみることの価値がわかったりするかもしれない．

本書のゴールは，これらのモデル構築のステップを自信を持って行えるようにすることである．それには，入力データの構造の熟知が必要である．つまり，問題を構築し，アルゴリズムの学習および検証に使うデータを抽出し始めるとき，さまざまなアルゴリズムに必要な入力データの構造を熟知している必要がある．このプロセスは通常，以下のステップで進めていく．

1. 予測に使う属性を取り出し，整理する
2. 学習させることによって，指標を改善していく
3. モデルを構築する
4. 検証用データで精度を検証する

NOTE 通常，最初のうちは，異なるデータセット，異なる属性，異なる指標など，さまざまなパターンを試すとよい．そうすることによって機械学習の力が養われ，上達していくことだろう．

機械学習は，いくつかのパッケージに慣れることが必要である．デプロイ可能なモデルの開発に関わるプロセスを理解し，習熟することが必要となる．本書は，そのプロセスを理解してもらうことを目指している．本書は，学部生レベルの基礎的な数学や，確率と統計の基礎知識を前提としているが，機械学習の予備知識は前提としていない．それと同時に，広い分野の問題に対する最良のアルゴリズムを読者に提供しているつもりである．すべての機械学習のアルゴリズムやアプローチを調べる必要はない．興味深いけれども，さまざまな理由であまり使われていないアルゴリズムも多くある．それらは中で何が起きているかがわからないのかもしれないし，使いづらいのかもしれない．よく知られていることと言えば，ランダムフォレスト（本書でカバーするアルゴリズムの一つ）は，インターネットで行われているコンペで，2位に大差をつけて優勝している．機械学習を行う人がよく使うアルゴリズムにはそれなりの理由がある．本書を読み終わったときには，それを理解していることだろう．

▶ 1.5.1 機械学習問題の構成

機械学習のコンペに参加することは，機械学習問題を解く練習になる．コンペにおけるプロセスを簡単に説明していこう．コンペ参加者の最初のステップは，データセットを開き，データを見て，何が予測に対して有益に働くかを識別することである．データを眺めることで，データが何を示し，予測とデータにどのような関連があるのかという直観的な感覚が得られる．図 1.5 は，目的を言語化した文章から始まって，機械学習アルゴリズムの入力データとして役立つデータを見つけるための視点を描いている．

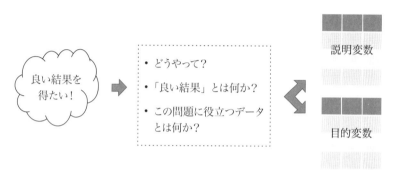

図 1.5　役立つデータを見つけるための視点

まず「良い結果を得たい！」と書かれた文章を，定量化・最適化できる具体的なゴールに変換する必要がある．ウェブサイトのオーナーにとっての具体的なゴールは，クリック率や売上（または利益貢献）を改善することかもしれない．次のステップは，どれほどの顧客が広告をクリックしそうか，またはオンラインでさまざまな製品を購入しそうかを予測できるデータを組み立てることである．図 1.5 にある説明変数は，ウェブサイトの事例では，訪問者が見た他のページ，または訪問者が過去に実際に購入した商品を指す．予測に使われる変数に加えて，このタイプの問題に対する機械学習アルゴリズムでは，学習に使う正解データを用意する必要がある．これは，図 1.5 の目的変数を指している．本書でカバーしているアルゴリズムは過去の行動パターンを探って学習するが，これは単に過去の行動を記憶しているにすぎないと理解することは大切である．つまり，顧客は昨日買ったものをもう一度買うとは限らないということである．第 3 章では，この行動記録に頼らないでどうやってこの学習プロセスを行うかを議論する．

一般的に，問題の定式化は複数の方法でなされる．これは，問題の定式化，モデル選択，学習，精度評価を何回か繰り返すということである．図 1.6 は，このプロセスを描いている．

問題は具体的で定量的な学習指標によって思いつくかもしれない．つまり，問題を定義する過程で目的変数となるデータを取り出しているかもしれない．例として，株式の

1.6 章の内容と依存関係

読者の経歴や，基本的な内容に費やす時間があるかによって，本書を違う順番で読みたい場合があるかもしれない．図 1.7 は，本書の各章の依存関係を示している．

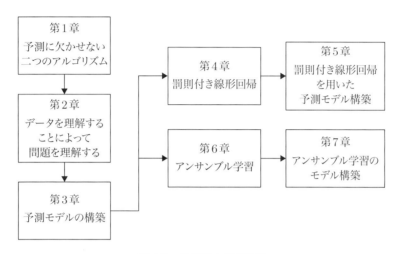

図 1.7　各章間の依存関係

第 2 章で，さまざまなデータセットを使って，アルゴリズムの使用方法を説明したり，他のアルゴリズムと予測精度を比較したりしている．新しい機械学習問題の出発点は，データセットを徹底的に調べて，それをよく理解し，その問題と特異性を学ぶことである．第 2 章のポイントの一つは，データ探索を Python でやってみることである．このプロセスに慣れたい読者は，第 2 章にある問題のうち，一部だけを読んでもかまわない．その場合は，以降の章で出てくる第 2 章の問題に対するソリューションを読む前に，第 2 章の問題を読んでほしい．

第 3 章で，機械学習問題における基本的なトレードオフ関係を説明し，本書で使われているキーとなる概念を紹介していく．キーとなる概念の一つは，予測問題の数学的な説明である．第 3 章では，検証用データを使って予測モデルの精度を決定する方法も紹介する．この検証用データは，モデルの学習に含めなかったデータのことである．良い機械学習を実現するためには，デプロイする前に予測モデルの精度を評価しなければならない．これは学習用データセットからいくつかのデータを除外しておき，それを使ってシミュレーションすることを意味している．第 3 章では，この方法ともう一つ別の方法を使ったときのトレードオフ関係を説明する．また，もう一つのキーとなる概念は，精度を評価するたくさんの指標があることである．第 3 章では，これらの指標についても概説し，それらの間にあるトレードオフ関係を説明する．すでに機械学習に詳しい読

者はこの章を拾い読みに留め，入念に読んだりコードを実行したりする代わりに，コード例を詳しく調べてほしい．

第 4 章で，罰則付き回帰モデルを学習するためのアルゴリズムの核となる考え方を示す．この章では，その基本的な概念と，アルゴリズムの導き方を説明する．第 3 章で紹介する例は，罰則付き線形回帰を試す動機付けになっている．第 4 章では，罰則付き線形回帰の学習をするための核となるアルゴリズムのコードをおさらいし，線形回帰の拡張について説明する．この拡張のうちの一つは，線形回帰が適用できるように，変数を実数としてプログラムする方法である．線形回帰は，予測対象が実数である問題にだけ使われる．つまり，予測をするために使われるデータは，数値でなければならないということである．しかし，多くの問題では，予測に役立つかもしれない「未既婚」「離別」のような量的でない属性（**質的変数**）が含まれている．このタイプの変数を線形回帰モデルに組み入れるために質的変数を量的変数に変換する方法が考案されており，第 4 章ではその方法を紹介する．さらに，第 4 章では非線形回帰から非線形関数を取り出す（**基底展開**と呼ばれる）方法も示す．基底展開は，線形回帰から少しでも高い精度を生み出すためによく使われる．

第 5 章では，第 2 章で概説された問題を，第 4 章で発展させた罰則付き回帰アルゴリズムに適用する．この章では，罰則付き回帰を行う Python のパッケージを概説し，それを使って問題を解いていく．読者が目の前にある問題に気づけるように，広くさまざまな問題をカバーすることが目的である．第 5 章では，学習したアルゴリズムについて，予測精度の定量化やその比較を通して特徴を見ていく．変数選択と変数のランク付けはこれらを理解するために重要であり，これを理解しておけば，新しい問題に対する気づきが増えるだろう．

第 6 章では，アンサンブル法を身につける．アンサンブル法は 2 クラス決定木に基づいているものが多いので，最初のステップとして，2 クラス決定木を学習し利用するための考え方を理解する．アンサンブル法の特性のほとんどは，2 クラス決定木から直接引き継がれている．そして，それを理解した上で，本書でカバーしている三つの主要なアンサンブル法であるバギング，ブースティング，ランダムフォレストについて学ぶ．これらのそれぞれに対して，計算過程の考え方が理解できるように概説し，核となるアルゴリズムのコードを示す．

第 7 章では，アンサンブル法を使って第 2 章の問題を解決し，それまでに出てきたアルゴリズムを比較する．比較はさまざまな観点から行う．比較要素には，予測精度や，学習にかかった時間，精度検証にかかった時間が含まれる．カバーしているすべてのアルゴリズムは変数重要度のランク付けができ，この情報により，異なるアルゴリズムを横断的に比較することができる．

プログラマやコンピュータ科学者に機械学習を教えている筆者の経験から，数式より

コード例のほうがより良く理解してもらえることがわかっている．そこで本書でとったアプローチは，重要なポイントを説明するために，数式，アルゴリズムのスケッチ，コードの例を提供することである．紹介しているほとんどすべての方法は，本やウェブサイトにあるコードに使われている．ネット上で見つけやすいコードを提供することで，読者は素早く自分自身でプログラムを実行することができる．

1.7 本章のまとめ

　本章では，本書で解けるようになる問題の種類や，予測モデルを構築するためのプロセスについて解説した．本書では，二つのアルゴリズム群に着目している．カバーするアルゴリズムの数を制限することにより，これらのアルゴリズムの背景や仕組みのより精緻な説明が可能になる．本章では，これら二つの特定のアルゴリズム群の選択を動機付けるために，いくつかの観点で精度を比較した結果を示した．これら二つのそれぞれの長所と特徴を述べ，一方または両方に適した問題のタイプを説明した．

　本章では，予測モデルの構築プロセスの各ステップにおけるトレードオフ関係とその精度を細かく見てきた．モデルの学習に含まれていないデータを，予測モデルの精度評価をするために使用することを説明した．

　本書のゴールは，機械学習をほとんど，またはまったく知らないプログラマでも，実務で機械学習を使えそうだという感覚が持てるところまで引っ張り上げることである．本書は，広くたくさんのアルゴリズムを扱うことはしない．その代わり，最高クラスのアルゴリズムを使って，その精度や柔軟性，明快さが伝わるようにしている．このアルゴリズムがどのような影響を与え，どのような結果をもたらすかがいったん理解できれば，すぐに自分で簡単にこのアルゴリズムを使えるようになるだろう．そして，安心してさまざまな問題を解けるようになり，その精度に関する資料に自分の考察を入れることができるようになるだろう．

参考文献

[1] Caruana, Rich, and Alexandru Niculescu-Mizil. "An Empirical Comparison of Supervised Learning Algorithms". *Proceedings of the 23rd International Conference on Machine Learning*. ACM, 2006.

[2] Caruana, Rich, Nikos Karampatziakis, and Ainur Yessenalina. "An Empirical Evaluation of Supervised Learning in High Dimensions". *Proceedings of the 25th International Conference on Machine Learning*. ACM, 2008.

第2章

データを理解することによって問題を理解する

　新しいデータセット（問題）は，包装されたギフトのようなものである．もし以前に解いたことがある問題であれば，その中身を明確にする見通しは明るいが，包装を開くまでは謎のままである．本章では，包装を開け，中に何が入っているのかを見て，そのデータを用いて何ができるのかを認識し，モデル構築へのアプローチを考え始められるよう新しいデータセットを理解する方法について記載している．

　本章には二つの目的がある．一つは，第4章や第6章で「罰則付き線形回帰」や「アンサンブル法」のアルゴリズムを使ってさまざまなタイプの問題を解けるように，それらの章で使うデータセットに慣れておくことである．もう一つの目的は，データ探索にPythonを使えるように練習しておくことである．

　本章では，簡単な例を使って，機械学習のデータセットの基本的な問題構造，命名法，特徴を見ていく．ここで紹介する語句は，本書を通して必要である．共通の言葉を定着させたあと，関数近似の問題を一つずつ解いていく．問題（とコード例）を見て，どのような処理をしているのかがわかったら，その派生形も理解できるようになるだろう．

2.1 | 新しい問題の構造

　本書でカバーしているアルゴリズムは，数字でいっぱいの行列（または表）と，おそらくいくつかの属性データからスタートする．表2.1の例は，2次元の小さな機械学習のデータセットを表している．この表は，各列に属性，各行にそれらの値を示し，両者を対応付けることで，データセットのイメージを与えてくれる．具体的には，このデータは，来年インターネットで各顧客が本を買う金額を予測する問題に使われる．

表 2.1　機械学習問題のデータ

ユーザー ID	属性 1	属性 2	属性 3	ラベル
001	6.5	Male	12	$120
004	4.2	Female	17	$270
007	5.7	Male	3	$ 75
008	5.8	Female	8	$600

データは行と列によって構成されている．それぞれの行は一つのケース（**事象，例，観測結果**）を表している．表 2.1 の列名は機械学習問題における役割を示している．属性 1～3 列は，本にいくら使うのかを予測するために使われる．ラベルの列は，昨年顧客一人ひとりがいくら本に使ったかを示す．

NOTE　ほとんどの場合，機械学習のデータセットは，それぞれが一つの属性に対応する列と，一つの観測結果に対応する行で構成されているが，いつもこうなっているとは限らない．例えば，テキストマイニングで使うデータは順番が逆で，観測結果が列，属性が行に対応している．

表 2.1 では，行がそれぞれの顧客に対応するデータを表している．1 列目はユーザー ID でユニークになっている．ユニークな列は読者の持つデータセットに存在する場合もあれば，しない場合もある．例えば，多くのウェブサイトはたいてい，訪問者がサイトに来ている間は，一人ひとりにユーザー ID を付与している．もしユーザーがサイトに登録していないならば，同じユーザーでもサイトに来るたびに違う ID が付与される．ID は普通，予測の対象となるそれぞれの観測結果に割り当てられる．表 2.1 の 2～4 列目は属性と呼ばれ，身長や性別のような，より具体的な名前が与えられる．これらの属性で重要なのは，予測プロセスにおける役割をはっきりさせることである．属性は，ケースごとに入手可能な予測に使われるデータを指す．

ラベルは予測したい対象である．この例では，ユーザー ID はシンプルな数字であり，属性 1 は身長，属性 2 は性別，属性 3 は去年その人が何冊の本を読んだかを表している．ラベルの列は，各顧客が去年インターネットで本にいくら使ったかを示している．これらの異なる列が果たす役割は何か？　ユーザー ID，属性，ラベルを機械学習のアルゴリズムではどのように使うのか？　端的に言うと，これに対する答えは「ユーザー ID は無視して，属性を使ってラベルを予測する」ということである．

ユニーク ID は記録用であって，これが存在することにより，特定のケースを識別することが可能になる．一般的にユニーク ID は，機械学習のアルゴリズムでは直接的には使われない．属性は，予測に利用されるデータである．ラベルは，機械学習のアルゴリズムが予測モデルを作るために使う観測結果である．

ユーザー ID は，一つの事例にしか当てはまらない具体的すぎる値なので，普通，予測するときには使われない．機械学習を使う目的は，（単に過去のケースを記憶するのではなく）新しいケースを一般化するモデルを作ることにある．これを実現するためには，データの複数の行に注意を払うようにアルゴリズムを作らなければならない．ユーザー ID を利用するケースは，ユーザー ID が数値で，ユーザーが登録した順に ID が割り当てられているときである．基本的に，このケースでは ID がユーザー登録日時を表していて，近い ID を持つユーザーは近い日時に登録していることになり，グループ分けに使えるので便利である．

　予測モデルを作るプロセスは，**学習**と呼ばれる．プロセスはアルゴリズムに依存して進められる．詳細は後の章でカバーするが，大雑把に言うと繰り返して行うことを指す．アルゴリズムは属性とラベルの間の予測関係を仮定し，誤っている部分を見つけ，修正し，妥当なモデルができるまでこのプロセスを繰り返す．専門的なことは後述するが，これが基本的な考え方である．

重要ポイント

「属性」と「ラベル」の呼び名はほかにもあり，新しく機械学習を学ぶ人は本の書き手によって呼称が変わったり，同じ本の書き手でも一つのパラグラフで呼称が変わることがあるので，惑わされるかもしれない．属性（予測に使われる変数）は以下のように呼ばれることもある．
- 予測因子
- 特徴
- 独立変数
- 説明変数
- 入力データ

また，ラベルは以下のように呼ばれることもある．
- 結果
- 目的変数
- 従属変数
- 応答変数

▶ 2.1.1　属性とラベルの型の違いがモデル選択を促進させる

　表 2.1 にある属性は，2 種類の型に分けられる．量的変数と質的変数（または因子）である．属性 1 の身長は量的変数であり，属性の中で最も一般的な型である．属性 2 は性別で，男性か女性かを表している．この属性の型は**質的変数**または**因子**と呼ばれている．質的変数には順序関係がない．（何世紀もの間，ケンカしてきているにもかかわらず）「男性＜女性」には意味がない．質的変数は性別のように 2 クラスをとることも，州（アラバマ，アラスカ，アーカンソー，…，ワイオミング）のように多クラスをとることもある．ほかにも，整数と小数で属性を区別できるかもしれないが，それらは機械

学習のアルゴリズムには影響をもたらさない．これはたくさんの機械学習のアルゴリズムが，量的変数だけを許容しているからである．罰則付き回帰のアルゴリズムは，量的属性だけを扱う．サポートベクトルマシンやカーネル法，k 近傍法にも，このことが当てはまる．第 4 章では，質的変数を量的変数に変換する方法を紹介している．変数の型は，アルゴリズムの選択と予測モデルを構築する方向性を決めるので，新しい問題に直面したときには十分注意を払う必要がある．

同様のことはラベルに対しても言える．表 2.1 にあるラベルは，去年各顧客がインターネットで本を買うのに使った金額なので，量的である．しかし，質的なラベルを含む問題もあるかもしれない．例えば，仮に表 2.1 のデータで，来年 200 ドル以上使うかを予測するならば，問題に対するアプローチが変わっていただろう．どの顧客が 200 ドル以上使うかを予測するという新しい問題になる．表 2.2 は，表 2.1 におけるラベルと，200 ドル以上使ったかどうかの判定をもとにした新しいラベルの関係を示している．この新しいラベルは，True か False のいずれかをとる．

表 2.2　量的目的変数と質的目的変数

表 2.1 のラベル	> $200?
$120	False
$270	True
$ 75	False
$600	True

ラベルが量的変数の問題は **回帰問題**，ラベルが質的変数の問題は **分類問題** と呼ばれる．分類問題のうち，質的変数が二つの値しかとらないものは **2 クラス分類問題**，三つ以上の値をとるものは **多クラス分類問題** と呼ばれる．

ほとんどの場合，どの種類の問題として扱うかの選択は分析者次第である．上記の例で，単純なラベルの変換によって回帰問題から 2 クラス分類問題に変わってしまうことがわかったはずである．もしかすると，回帰問題から分類問題にすることで，問題を解く方向性が決まるかもしれない．

分類問題は回帰問題よりシンプルである．例として，(100 フィート等高線のような) たった 1 本の等高線を持つ地形図と，10 フィートごとの等高線を持つ地形図との，複雑さの違いを考えてみよう．前者は 100 フィート以上のエリアと未満のエリアを地図上で分類している．そこから得られる情報は後者よりかなり少ない．後者では回帰で全体図を描こうとしているが，前者では分類器は決定境界からどれくらい離れるかを無視して，一つの分割する等高線を計算しようとしている．

2.1.2 新しいデータセットに対する気づき

データを最初に見る際，属性とラベルの型以外にも，データセットの多くの特徴を確かめたいだろう．以下は，データを熟知し，予測モデルの構築ステップを明確化するためにデータセットから読み取るべき特徴を並べたチェックリストである．これらは簡単にチェックできることだが，次のステップにダイレクトに影響してくる．

チェック項目

- 行数と列数
- 質的変数の列数と列ごとのユニークな値の数
- 欠損値
- 属性とラベルの要約統計量

最初にチェックすべきことの一つは，データの大きさと型である．まず1行ずつデータを読み込む．行数はリスト自体の長さを表し，列数はリストの要素の大きさを表す．次節では，アルゴリズムの特徴を理解するための具体的なコードを紹介する．

次のステップでは，それぞれの行に欠損値がいくつあるかを明らかにする．行ごとにこれをする理由は，欠損値を扱う最もシンプルな方法が，不完全な行（一つでも欠損値がある行）を取り除くことだからである．取り除くことによって結果に偏りを与えてしまうが，少しであれば問題ない．（欠損値の総数に加えて）欠損値のある行を数えることによって，捨てなければならないデータがいくつあるかがわかるだろう．

もし読者がウェブから集めたたくさんのデータを持っているならば，失うデータ数は総数に比べて少ないだろう．一方，もし高価で多くの属性を持つデータを扱っているのであれば，データを捨てる余裕がないだろう．この場合，欠損値を埋めたり，欠損値を扱えるアルゴリズムを使ったりする方法を考えなければならない．前者の方法を**補完**という．欠損値を補完する最も簡単な方法は，全体の平均値を埋め込むことである．より高度な後者の方法は，第4章と第6章で紹介する予測の方法を使うことである．これらの予測の方法を使うためには，欠損値のある属性をラベルであるかのように扱う．このプロセスを行う前に，もともとの問題のラベルは取り除く必要がある．

以降のいくつかの節では，ここで概説されたプロセスを使い，モデル構築における戦略を決めるためにデータセットを特徴付ける方法を紹介していく．

2.2 分類問題 ── 音波探知機を使って不発の機雷を見つける

本節では，分類問題に必要な，データセットに対するいくつかのチェックを説明する．これはデータ量，行数，列数，データの型を調べたり，欠損値の数を数えたりと，簡単なことから始まる．そして，データの統計的特徴，属性同士，属性とラベル間の相互関係に進む．データセットは UC Irvine Data Repository[1] から入手できるものである．データの内容は，戦後，港に残された不発の機雷を探すために音波探知機が使えるかどうかを調査した実験結果である．音波探知機の信号は，「チャープ信号」と呼ばれる．チャープは鳥のさえずりを意味し，この呼び名は音波の計測中，信号が稀に上がったり下がったりすることから来ている．データセットの値は，さまざまな地点から返ってきた信号を受信機で集め，その電力の測定結果を表している．データの約半分は岩を，もう半分は機雷の形をした金属のシリンダーを示しているため，このデータセットは「岩と機雷」(Rocks versus Mines) という名で通っている．

▶ 2.2.1 岩と機雷のデータセットの物理的特徴

新しいデータセットで最初にすることは，行数と列数を調べることである．コード 2.1 に，UC Irvine Data Repository にある「岩と機雷」データセットの行数と列数を調べるコードを示す．本章を読めば，このデータセットについてとても深く知ることができる．このデータセットはアルゴリズムを紹介する際の例として以降も使われる．行数と列数を調べるプロセスは，このデータセットではかなり簡単である．ファイルはカンマで区切られていて，各行はそれぞれ一つの実験データを表している．コード 2.1 では，これを行ごとに読み込み，カンマで分割し，データを積み上げていくことで，行数・列数を求める．

コード 2.1　新しいデータセットを測定する（rockVmineSummaries.py）

```
__author__ = 'mike_bowles'
import urllib2
import sys

#データの読み込み
target_url = ("https://archive.ics.uci.edu/ml/machine-learning-"
   "databases/undocumented/connectionist-bench/sonar/sonar.all-data")

data = urllib2.urlopen(target_url)
```

```
#データをラベルと属性に並び替える
xList = []
labels = []
for line in data:
    #カンマで区切る
    row = line.strip().split(",")
    xList.append(row)

sys.stdout.write("Number of Rows of Data = " + str(len(xList)) + '\n')
sys.stdout.write("Number of Columns of Data = " + str(len(xList[1])))
```

出力（outputRocksVMinesSummaries.txt）

```
Number of Rows of Data = 208
Number of Columns of Data = 61
```

コード2.1の出力を見るとわかるとおり，このデータセットは208行，61列のデータを持っている．これを知ることによって，どんな効果があるのだろうか？ 行と列の数は，読者が今後どのように解析を進めていくかに影響する．まず，全体のサイズ（行数×列数）は，学習にかかる時間のおおよその目安を教えてくれる．岩と機雷のデータのような小さいデータセットでは，学習にかかる時間は1分未満であり，学習プロセスの繰り返しや微調整がしやすい．データセットが1000×1000まで大きくなると，学習にかかる時間は，罰則付き線形回帰では1分あまり，アンサンブル法では数分となる．データセットが数万×数万になると，罰則付き線形回帰では3, 4時間，アンサンブル法では12〜24時間にまで拡大する．何度も学習を繰り返すので，それぞれの学習にかかる時間の長さはモデル構築の時間に大きく影響してくる．

行数より列数が多いデータセットでは，罰則付き線形回帰のほうが適している．逆の場合は，アンサンブル法のほうが適している．第3章と，本章で後ほど実行する例を見れば，なぜこれが成り立つのかがよくわかるだろう．

チェックリストの次のステップは，量的変数の列と質的変数の列がそれぞれいくつあるかを調べることである．コード2.2は，岩と機雷のデータセットに対し，これを実行するためのコードである．コードは列ごとに実行していて，（整数や小数のような）数値や文字列および欠損値の数を足し上げている．結果は，最初の60列はすべて数値で，最後の1列はすべて文字列であった．文字列になっている列がラベルである．一般的に，質的変数はこの事例のように文字列で表されるが，場合によっては，2クラスの質的変数は0, 1の量的変数として表される．

第 2 章　データを理解することによって問題を理解する

コード 2.2　属性の性質を調べる（rockVmineContents.py）

```python
__author__ = 'mike_bowles'
import urllib2
import sys

#データの読み込み
target_url = ("https://archive.ics.uci.edu/ml/machine-learning-"
    "databases/undocumented/connectionist-bench/sonar/sonar.all-data")

data = urllib2.urlopen(target_url)

#データをラベルと属性に並び替える
xList = []
labels = []

for line in data:
    #カンマで区切る
    row = line.strip().split(",")
    xList.append(row)

nrow = len(xList)
ncol = len(xList[1])

type = [0]*3
colCounts = []

for col in range(ncol):
    for row in xList:
        try:
            a = float(row[col])
            if isinstance(a, float):
                type[0] += 1
        except ValueError:
            if len(row[col]) > 0:
                type[1] += 1
            else:
                type[2] += 1

    colCounts.append(type)
    type = [0]*3

sys.stdout.write("Col#" + '\t' + "Number" + '\t' +
                 "Strings" + '\t ' + "Other\n")
iCol = 0
for types in colCounts:
    sys.stdout.write(str(iCol) + '\t\t' + str(types[0]) + '\t\t' +
                     str(types[1]) + '\t\t' + str(types[2]) + "\n")
```

```
        iCol += 1
```

出力（outputRocksVMinesContents.txt）

```
Col#   Number   Strings   Other
 0      208       0        0
 1      208       0        0
 2      208       0        0
 3      208       0        0
 4      208       0        0
 5      208       0        0
 6      208       0        0
 7      208       0        0
 8      208       0        0
 9      208       0        0
10      208       0        0
11      208       0        0
 .       .        .        .
 .       .        .        .
 .       .        .        .
54      208       0        0
55      208       0        0
56      208       0        0
57      208       0        0
58      208       0        0
59      208       0        0
60       0       208       0
```

2.2.2 岩と機雷のデータセットの要約統計量

各属性が質的か量的かを調べると，次に量的変数と質的変数ごとのユニークな値の数に関する記述統計が欲しくなるだろう．コード 2.3 は，これら二つを求める手順の例を示している．

コード 2.3　量的・質的変数に対する要約統計量（rVMSummaryStats.py）

```
__author__ = 'mike_bowles'
import urllib2
import sys
import numpy as np

#データの読み込み
target_url = ("https://archive.ics.uci.edu/ml/machine-learning-"
    "databases/undocumented/connectionist-bench/sonar/sonar.all-data")
```

第 2 章　データを理解することによって問題を理解する

```
data = urllib2.urlopen(target_url)

#データをラベルと属性に並び替える
xList = []
labels = []

for line in data:
  #カンマで区切る
  row = line.strip().split(",")
  xList.append(row)

nrow = len(xList)
ncol = len(xList[1])

type = [0]*3
colCounts = []

#例として 4 列目のデータの要約統計量を生成する
col = 3
colData = []
for row in xList:
  colData.append(float(row[col]))

colArray = np.array(colData)
colMean = np.mean(colArray)
colsd = np.std(colArray)
sys.stdout.write("Mean = " + '\t' + str(colMean) + '\t\t' +
                 "Standard Deviation = " + '\t ' + str(colsd) + "\n")

#四分位数を計算する
ntiles = 4

percentBdry = []

for i in range(ntiles+1):
  percentBdry.append(np.percentile(colArray, i*(100)/ntiles))

sys.stdout.write("\nBoundaries for 4 Equal Percentiles \n")
print(percentBdry)
sys.stdout.write("\n")

#十分位数にしてもう一度実行する
ntiles = 10

percentBdry = []

for i in range(ntiles+1):
  percentBdry.append(np.percentile(colArray, i*(100)/ntiles))
```

```python
sys.stdout.write("Boundaries for 10 Equal Percentiles \n")
print(percentBdry)
sys.stdout.write(" \n")

#最後の列は質的変数である

col = 60
colData = []
for row in xList:
  colData.append(row[col])

unique = set(colData)
sys.stdout.write("Unique Label Values \n")
print(unique)

#要素数をカウントする

catDict = dict(zip(list(unique),range(len(unique))))

catCount = [0]*2

for elt in colData:
  catCount[catDict[elt]] += 1

sys.stdout.write("\nCounts for Each Value of Categorical Label \n")
print(list(unique))
print(catCount)
```

出力（outputSummaryStats.txt）

```
Mean = 0.053892307     Standard Deviation = 0.046415983

Boundaries for 4 Equal Percentiles
[0.0057999999999999996, 0.024375000000000001, 0.044049999999999999,
0.064500000000000002, 0.4264]

Boundaries for 10 Equal Percentiles
[0.00579999999999, 0.0141, 0.022740000000, 0.0278699999999,
0.0362200000000, 0.0440499999999, 0.050719999999, 0.0599599999999,
0.0779400000000, 0.10836, 0.4264]
Unique Label Values
set(['R', 'M'])

Counts for Each Value of Categorical Label
['R', 'M']
[97, 111]
```

最初のセクションでは，数値データの列を一つとって，統計量を生成している．最初のステップで，選ばれた属性の平均値と標準偏差を計算している．これらを知ることで，モデル構築に対する感覚が増す．

次のセクションでは，外れ値を探している．例えば，[0.1, 0.15, 0.2, 0.25, 0.3, 0.35, 0.4, 4] というリストに外れ値があるかどうかを判定する場合を考えてみる．この例は外れ値を持つように作ってある．最後の数字の 4 は，他の数字とは大きさが明らかに違っている．

この不つり合いを明らかにする最も簡単な方法は，データを昇順に並び替えてから構成比に変換し，グルーピングすることである．先ほどのリストは，すでに昇順に並び替えられている．このことは，構成比の境界線をどこに置くかという問題を簡単にしてくれる．構成比を表す値には，いくつか特別な名前が与えられているものがある．データを等しく 4 分の 1，5 分の 1，10 分の 1 に分ける境界線にある値は，それぞれ**四分位数**，**五分位数**，**十分位数**と呼ばれる．

先ほどのリストでは値が昇順に並んでいて，数値が 8 個なので，四分位数を定義することは簡単である．最初の四分位範囲には 0.1 と 0.15 が含まれる．この四分位範囲がどれほどの広さかわかるだろうか？ 最初の四分位範囲は，0.05 （= 0.15 − 0.1）である．2 番目，3 番目の四分位範囲も同じである．しかし，最後の四分位範囲は 3.6 で，他の四分位範囲より約 70 倍大きい．

コード 2.3 で計算された四分位数の境界も，上の例と同種のものである．結果から，最後の四分位範囲は他の四分位範囲よりずっと広いことがわかる．より明白になるように，十分位数の境界も計算すると，同様に最後の十分位範囲が異常に広いことがわかる．つまり，最後の数値を取り除くことによって分布が正常になる．

▶ 2.2.3 QQ プロットを使って外れ値を可視化する

詳細に外れ値を調べる方法は，値の分布をプロットすることである．コード 2.4 は，Python の `probplot` 関数を使って，データに外れ値があるかどうかを確認する方法を示している．出力結果のプロットは，実験で得た値に基づいた境界線と正規分布に基づいた境界線を比較するものである．もし分析しているデータが正規分布に従うならば，プロットされた点は線とぴったり重なる．図 2.1 から，岩と機雷のデータの 4 列目のデータのうち数点が直線から乖離していることがわかる．これは，岩と機雷のデータの後端にある値が，正規分布から非常に遠いことを意味している．

2.2 分類問題——音波探知機を使って不発の機雷を見つける

コード 2.4　岩と機雷のデータの 4 列目に対する QQ プロット（qqplotAttribute.py）

```
__author__ = 'mike bowles'
import numpy as np
import pylab
import scipy.stats as stats
import urllib2
import sys

target_url = ("https://archive.ics.uci.edu/ml/machine-learning-"
  "databases/undocumented/connectionist-bench/sonar/sonar.all-data")

data = urllib2.urlopen(target_url)

#データをラベルと属性に並び替える
xList = []
labels = []

for line in data:
    #カンマで区切る
    row = line.strip().split(",")
    xList.append(row)

nrow = len(xList)
ncol = len(xList[1])

type = [0]*3
colCounts = []

#例として 4 列目のデータの要約統計量を生成する
col = 3
```

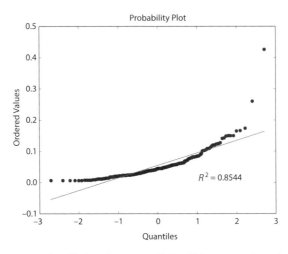

図 2.1　岩と機雷のデータの 4 列目に対する QQ プロット

```
colData = []
for row in xList:
  colData.append(float(row[col]))

stats.probplot(colData, dist="norm", plot=pylab)
pylab.show()
```

読者はこの情報をどう扱うだろうか？外れ値はモデル構築や予測にトラブルを引き起こす．外れ値を除いていないデータセットでモデルを学習し，そのモデルがもたらす誤差を見つけ，その誤差が外れ値に関係したものなのかわかるだろうか？誤差が外れ値に関係している場合，それを正しくするステップを踏む必要がある．例えば，精度の悪いモデルを構築したとする．もし，構築したモデルがデプロイされた後に，データに見たことのない異常があったら，データからそれを取り除かなければならない．これに対する正しい対応は，データの探索フェーズで，四分位の境界線を引き，データにどれだけ問題があるのかという感覚が得られるよう外れ値の可能性のあるものを探しておくことである．そして，データの品質を見るフェーズで，QQ プロットを使って外れ値が入っていないかを確認する．

▶ 2.2.4 質的変数の統計的特徴

これまでに説明してきたプロセスは，量的変数に対して適用できる．では，質的変数に対してはどうすればよいだろうか？質的変数がいくつのカテゴリを持ち，それぞれのカテゴリにいくつのデータがあるのかを調べたいとする．性別のカテゴリは男性と女性の2種類であるのに対し，アメリカの州のカテゴリは50種類になる．カテゴリの数が増えるにつれて，その扱いが複雑になってくる．アンサンブル法の基礎である2クラス決定木のアルゴリズムのほとんどは，何種類までなら処理できるという上限を持っている．Breiman と Cutler によって考えられた有名なランダムフォレストは，32種類が上限である．もしカテゴリの数が32種類を超えるなら，32種類以下になるようにまとめる必要がある．

後述するが，この手法は，すべてのデータからランダムに一部のデータを抽出し，それに対してモデルを学習するものである．例えば，変数がアメリカの州で，アイダホのデータが二つあったとする．学習用のデータをランダムに選ぶと，アイダホを1回も選ばないかもしれない．その事象が起こる前に，その問題の存在を知っておく必要がある．（層化抽出と呼ばれる方法で）アイダホのデータを確実に得られるようモンタナやワイオミングとくっつけたり，重複抽出を許したり，ランダム抽出を制御したりする必要がある．

2.2.5　Pandasパッケージを使って，岩と機雷のデータセットを要約する

　PythonのPandasパッケージは，データの検証や処理のプロセスを自動化するのに役立つ．データの検証と前処理の初期段階で，特に役立つことが知られている．Pandasパッケージは，**データフレーム**と呼ばれる特別なデータ構造を使って，データを読み込む．データフレームは，同じ名前が使われているRのデータ構造にならって作られている．

> **NOTE**　Pandasのインストールは，Pandasに依存しているたくさんのパッケージを正しいバージョンで入れておく必要があるので難しい．しかし，Continuum Analytics（http://continuum.io/）から無料でダウンロードできるAnacondaを使うことで，このハードルを簡単に越えることができる．インストールは手順に従っていけば簡単で，データ分析や機械学習に使えるさまざまなパッケージのインストールが容易にできる．

　データフレームは，表2.1のような行列の構造と見なすことができ，一つの観測結果を表す行と，特定の属性を表す列でできている．構造は行列のようであるが，さまざまな列の要素が異なる型を持っているので，行列ではない．形式上，行列は（実数，2進数，複素数のように）列全体で型を定義する．統計学の問題では，サンプルに異なる型が混ざっているのが普通なので，行列では制限が厳しすぎる．

　表2.1に示した簡単な例は，属性1に実数，属性2に質的変数，属性3に整数を持っている．列内ではすべて同じ型であるが，隣の列では異なっている．データフレーム構造は，PythonのNumpyの配列やリストに対して行う処理に似たことを，行のそれぞれの要素に行うことを可能にする．さらに，Pandasのデータフレームは，行や列についている名前を使って処理できる．これは，特に列数がさほど多くないデータを扱うときにとても便利である（「Pandas入門」を検索すると，Pandasの基本がわかるたくさんのリンクが出てくる）．

　コード2.5はUC Irvine Data Repositoryから岩と機雷のCSVファイルを，データフレームとして読み込む方法を紹介している．出力は，実際のものを一部切り取って表示している．読者がコードを実行すれば全体を見ることができる．

コード2.5　Pandasを使ってデータを読み込み，要約する（pandasReadSummarize.py）

```python
__author__ = 'mike_bowles'
import pandas as pd
from pandas import DataFrame
import matplotlib.pyplot as plot
target_url = ("https://archive.ics.uci.edu/ml/machine-learning-"
  "databases/undocumented/connectionist-bench/sonar/sonar.all-data")
```

```
#岩と機雷のデータを Pandas のデータフレームとして読み込む
rocksVMines = pd.read_csv(target_url,header=None, prefix="V")

#データフレームの最初と最後を表示
print(rocksVMines.head())
print(rocksVMines.tail())

#データフレームのサマリを表示
summary = rocksVMines.describe()
print(summary)
```

出力（一部省略）

```
       V0      V1      V2   ...    V57     V58     V59  V60
0  0.0200  0.0371  0.0428   ...  0.0084  0.0090  0.0032    R
1  0.0453  0.0523  0.0843   ...  0.0049  0.0052  0.0044    R
2  0.0262  0.0582  0.1099   ...  0.0164  0.0095  0.0078    R
3  0.0100  0.0171  0.0623   ...  0.0044  0.0040  0.0117    R
4  0.0762  0.0666  0.0481   ...  0.0048  0.0107  0.0094    R

[5 rows x 61 columns]
         V0      V1      V2   ...    V57     V58     V59  V60
203  0.0187  0.0346  0.0168   ...  0.0115  0.0193  0.0157    M
204  0.0323  0.0101  0.0298   ...  0.0032  0.0062  0.0067    M
205  0.0522  0.0437  0.0180   ...  0.0138  0.0077  0.0031    M
206  0.0303  0.0353  0.0490   ...  0.0079  0.0036  0.0048    M
207  0.0260  0.0363  0.0136   ...  0.0036  0.0061  0.0115    M

[5 rows x 61 columns]
               V0          V1   ...         V58         V59
count  208.000000  208.000000   ...  208.000000  208.000000
mean     0.029164    0.038437   ...    0.007941    0.006507
std      0.022991    0.032960   ...    0.006181    0.005031
min      0.001500    0.000600   ...    0.000100    0.000600
25%      0.013350    0.016450   ...    0.003675    0.003100
50%      0.022800    0.030800   ...    0.006400    0.005300
75%      0.035550    0.047950   ...    0.010325    0.008525
max      0.137100    0.233900   ...    0.036400    0.043900
```

ファイルを読み込んだら，データの最初と最後の 5 行が出力されたはずである．最初の 5 行はラベル "R"（岩）を持っていて，最後の 5 行はラベル "M"（機雷）を持っている．このデータセットでは，R はすべて上に，M はすべて下にある．データを検証するときは，こういった点に注意を向けてほしい．次章以降で，構築したモデルの精度を評

価するのにデータのサンプリングが必要だとわかる．データを格納する仕組みは，その後のサンプリングに対するアプローチにおいて考慮する必要があるかもしれない．コードの最後の行は，データセットの実数列の要約統計量を出力している．

　Pandasは，平均値，分散，四分位数を計算するステップを自動化してくれる．外れ値を含む属性を見つけるプロセスを自動化してくれる関数describeがあり，これを行うことで，各四分位範囲間の違いを比べ，スケールがおかしい属性にフラグを立てることができる．出力結果は，いくつかの属性に外れ値があることを示している．つまり，外れ値を持つ行が何行あるかを調べる価値があるということである．これらはすべて，ほんの一握りのデータによって起こっているのだろう．これはもっと緻密に検証する必要のあるデータが存在することを示している．

2.3　岩と機雷のデータセットの性質を可視化する

　可視化は，表ではわかりづらいデータの情報を与えてくれる．本節では，可視化の手法をいくつか紹介していく．可視化は，回帰問題と分類問題とでは，やや違う形式をとる．次節以降はアワビのデータやワインの品質データを例に，さまざまな回帰の方法を紹介していく．

▶ 2.3.1　平行座標プロットで可視化する

　平行座標プロットは，たくさんの属性を持つデータに対して役立つ可視化の方法である．図2.2は，平行座標プロットの構造を表している．図の右側にある数字は機械学習のデータから抽出したある1行のデータを表している．図の折れ線は，数値ベクトルの平行座標プロットであり，各属性に対するその行の値をプロットしている．さらに，ラ

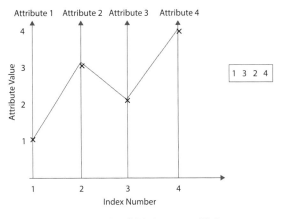

図2.2　平行座標プロットの構造

ベルごとに折れ線の色を変えれば，属性とラベルの関係を把握するのに役立つ．つまり，行方向から列ごとの値を見たときと列方向から行ごとの値を見たときをプロットしている（「parallel coordinates」（平行座標）を検索し，多くの事例が載っている Wikipedia のページをチェックしてみてほしい[*1]）．

コード 2.6 は，岩と機雷のデータに対してこのプロセスを実行している．図 2.3 は，結果として出力された折れ線グラフである．折れ線は，ラベルによって色を変えている．R（岩）は青，M（機雷）は赤である[*2]．このようなプロットは，ラベルを分ける箇所も表してくれる．有名な「iris（あやめ）のデータ」で分類を行うと，ラベルを分ける箇所がとてもはっきりとわかる．岩と機雷のデータでは，折れ線ではっきりした分かれ目はわからないが，青と赤が分かれている場所はいくつかある．プロットを左から見ていくと，30 列目から 40 列目で青は赤よりも少し高い値をとっていることがわかる．このような考察は，学習されたモデルで行った予測の解釈や確認に役立つ．

コード 2.6　平行座標プロットを使って実際に属性を可視化する（linePlots.py）

```
__author__ = 'mike_bowles'
import pandas as pd
from pandas import DataFrame
import matplotlib.pyplot as plot
target_url = ("https://archive.ics.uci.edu/ml/machine-learning-"
  "databases/undocumented/connectionist-bench/sonar/sonar.all-data")

#岩と機雷のデータを Pandas のデータフレームとして読み込む
rocksVMines = pd.read_csv(target_url,header=None, prefix="V")
for i in range(208):
  #"M"と"R"のラベルに基づいて色を指定する
  if rocksVMines.iat[i,60] == "M":
    pcolor = "red"
  else:
    pcolor = "blue"

  #連続したデータであるかのように行のデータをプロットする
  dataRow = rocksVMines.iloc[i,0:60]
  dataRow.plot(color=pcolor)

plot.xlabel("Attribute Index")
plot.ylabel(("Attribute Values"))
plot.show()
```

[*1] 訳注：日本語では，以下の R のサイトを参照されたい．http://www.okadajp.org/RWiki/?グラフィックス参考実例集：平行座標プロット
[*2] 訳注：紙面では濃いグレーが青，薄いグレーが赤である．

2.3　岩と機雷のデータセットの性質を可視化する

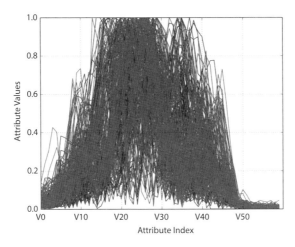

図 2.3　岩と機雷の属性の平行座標プロット

▶ 2.3.2　属性とラベルの関係を可視化する

では，属性同士にはどのような関係があるのだろうか？　一対の関係を理解するのに手っ取り早い方法は，属性をラベルと一緒にプロットすることである．コード 2.7 に，いくつか属性をピックアップしてプロットするコードを示す．これらの**散布図**は，属性間にどのくらい関連があるのかを表している．

コード 2.7　属性間の関係を表す散布図（corrPlot.py）

```python
__author__ = 'mike_bowles'
import pandas as pd
from pandas import DataFrame
import matplotlib.pyplot as plot
target_url = ("https://archive.ics.uci.edu/ml/machine-learning-"
   "databases/undocumented/connectionist-bench/sonar/sonar.all-data")

#岩と機雷のデータをPandasのデータフレームとして読み込む
rocksVMines = pd.read_csv(target_url, header=None, prefix="V")

#実数を持つ属性間の相関を計算する
dataRow2 = rocksVMines.iloc[1,0:60]
dataRow3 = rocksVMines.iloc[2,0:60]

plot.scatter(dataRow2, dataRow3)

plot.xlabel("2nd Attribute")
plot.ylabel(("3rd Attribute"))
plot.show()
```

```
dataRow21 = rocksVMines.iloc[20,0:60]

plot.scatter(dataRow2, dataRow21)

plot.xlabel("2nd Attribute")
plot.ylabel(("21st Attribute"))
plot.show()
```

図 2.4 と図 2.5 は，岩と機雷のデータから 2 組の属性をピックアップして散布図にした結果を示している．岩と機雷のデータは，音波探知機で測定した結果のデータである．音波探知機の信号は**チャープ信号**と呼ばれ，低周波のときにスタートし，波動がある間は高周波になる．このデータセットが持つ属性は，岩か機雷が跳ね返す音波の時系列

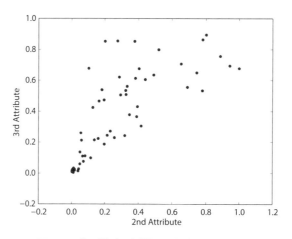

図 2.4　岩と機雷の属性 2 と属性 3 の散布図

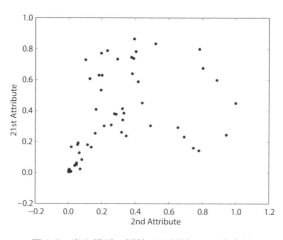

図 2.5　岩と機雷の属性 2 と属性 21 の散布図

データである．つまり，このデータセットの60番目の属性は，60回目に測定して得たサンプルである．隣同士の属性では振動数に大きな違いはないので，二つ隣の属性よりも一つ隣の属性のほうが強い相関関係があるとわかる．

このことは，図2.4と図2.5で実証されている．図2.4の散布図にある点は，図2.5のものよりも直線に近い形をしている．もし相関関係の数値と散布図の形の関係に対する感覚を養いたいなら，「correlation」（相関）と検索し，Wikipediaのページを見てみるとよい[*3]．そこには，いくつかの散布図とそれに関連した相関関係の数値がある．基本的に，もし散布図の点が細い直線に沿っていたら，二つの変数には高い相関がある．一方，もしそれらがボールのような形をしていたら，相関はない．

同じ方法で，それぞれの属性と目的変数の相関関係をプロットすることができる．目的変数が実数である問題（回帰分析の問題）では，図2.4，図2.5と同じようにプロットして見ることができる．しかし，岩と機雷のデータのような目的変数が2クラスの分類問題でも，同じような手順で進めることができる．

コード2.8は，目的変数と属性35の散布図をプロットするコードである．属性35という選択は，図2.3の平行座標プロットから得られた．そのプロットから，属性35の値付近に岩と機雷（青線と赤線）を分ける線があることがわかる．図2.6と図2.7は，その結果である．

コード2.8　分類の目的変数と属性の関係（targetCorr.py）

```
__author__ = 'mike_bowles'
import pandas as pd
from pandas import DataFrame
import matplotlib.pyplot as plot
from random import uniform
target_url = ("https://archive.ics.uci.edu/ml/machine-learning-"
  "databases/undocumented/connectionist-bench/sonar/sonar.all-data")

#岩と機雷のデータをPandasのデータフレームとして読み込む
rocksVMines = pd.read_csv(target_url,header=None, prefix="V")

#目的変数を量的変数に変換する
target = []
for i in range(208):
    #"M"と"R"のラベルを1と0に割り当てる
    if rocksVMines.iat[i,60] == "M":
        target.append(1.0)
```

[*3] 訳注：日本語では，以下のウェブページを参照されたい．https://ja.wikipedia.org/wiki/相関係数

```
      else:
        target.append(0.0)

#35番目の属性に対するプロット
dataRow = rocksVMines.iloc[0:208,35]
plot.scatter(dataRow, target)

plot.xlabel("Attribute Value")
plot.ylabel("Target Value")
plot.show()

#見やすくするために多少データをずらし,半透明な点をプロットする
target = []
for i in range(208):

    #0と1の各値に対し,-0.1～0.1の一様乱数を足してデータをずらす
    if rocksVMines.iat[i,60] == "M":
        target.append(1.0 + uniform(-0.1, 0.1))
    else:
        target.append(0.0 + uniform(-0.1, 0.1))

#半透明な点で属性35をプロットする
dataRow = rocksVMines.iloc[0:208,35]
plot.scatter(dataRow, target, alpha=0.5, s=120)

plot.xlabel("Attribute Value")
plot.ylabel("Target Value")
plot.show()
```

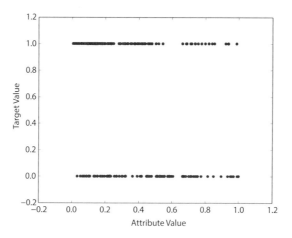

図 2.6　目的変数と属性 35 の散布図

2.3 岩と機雷のデータセットの性質を可視化する

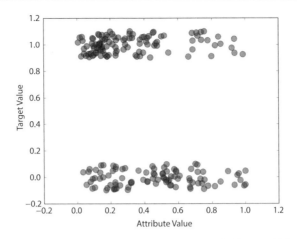

図 2.7　半透明な点を使ったときの目的変数と属性 35 の散布図

このプロットは，M を 1 で，R を 0 で代替することで，目的変数の値を表している．このようにすることで，図 2.6 のような散布図を描くことができる．図 2.6 は，散布図を描く上での問題点を含んでいる．それは，プロットする値の種類が少ししかない場合，点が重なってしまうことである．それがたくさんあると，厚く暗い線が描かれ，点がどのように分布しているのかがわからなくなってしまう．

コード 2.8 は，この問題を解決するための小さな変更を二つ加えたものを 2 番目のプロットで生成している．一つ目は，小さな乱数を各点に足すことである．プログラムで足された乱数は，−0.1 から 0.1 の値をとる一様乱数で，こうすることにより点が線と混同しないように離散する．二つ目は，点が半透明になるように，alpha = 0.5 としてプロットすることである．すると，点が重なっているところだけが濃くなっているのがわかる．知りたいことを表したプロットを描くためには，これらの数値を調節する必要があるかもしれない．

図 2.7 から，これら二つの変更の効果がわかる．属性 35 の点は，下側では左右均等に広がっているが，上側では左側にやや集中している．これは，上側の点は機雷であり，下側は岩であることを示している．この問題では，属性 35 が 0.5 より大きいかどうかで岩と機雷を分類できることがわかる．もし 0.5 より大きければ岩と判断し，0.5 未満であれば機雷と判断する．属性 35 が 0.5 未満であるところは，岩より機雷の密度が高いので，ランダムに推測するよりも良い精度を得られるだろう．

> **NOTE** 第 5 章と第 7 章で，分類器を構築するための体系的なアプローチについて，より詳細に説明する．それらの章では，一つか二つの属性だけではなく，すべての属性を使う．しかし，意思決定に使うときは，正しい判断ができるように類似の研究を参照してほしい．

第 2 章 データを理解することによって問題を理解する

二つの属性（または属性と目的変数）間の相関の強さは，ピアソンの相関係数を使って定量化できる．ピアソンの相関係数は，等しい長さを持つ u ベクトルと v ベクトルを用いて，以下のように定義される．式 (2.1) は u ベクトルの要素であり，式 (2.2) は，u の平均値である．

$$u = \begin{pmatrix} u_1 \\ u_2 \\ \vdots \\ u_n \end{pmatrix} \tag{2.1}$$

$$\bar{u} = \text{avg}(u) \tag{2.2}$$

まず，式 (2.3) のように，u の各要素から u の平均値を引く．

$$\Delta u = \begin{pmatrix} u_1 - \bar{u} \\ u_2 - \bar{u} \\ \vdots \\ u_n - \bar{u} \end{pmatrix} \tag{2.3}$$

v ベクトルに対しても，u ベクトルに対して定義した Δu と同様に，Δv を定義する．u と v のピアソンの相関係数は，式 (2.4) のようになる．

$$\text{corr}(u, v) = \frac{\Delta u^T * \Delta v}{\sqrt{(\Delta u^T * \Delta u) * (\Delta v^T * \Delta v)}} \tag{2.4}$$

コード 2.9 は，図 2.4 と図 2.5 でプロットした属性の相関の強さを計算するコードである．相関の強さは，プロットした図からもわかる．近いところにある属性間のほうが，遠いところにある属性間より高い相関を持っている．

コード 2.9　属性 2, 3 および属性 2, 21 のそれぞれの相関係数を計算する（corrCalc.py）

```
__author__ = 'mike_bowles'
import pandas as pd
from pandas import DataFrame
from math import sqrt
import sys
target_url = ("https://archive.ics.uci.edu/ml/machine-learning-"
  "databases/undocumented/connectionist-bench/sonar/sonar.all-data")

#岩と機雷のデータを Pandas のデータフレームとして読み込む
rocksVMines = pd.read_csv(target_url,header=None, prefix="V")

#実数を持つ属性間の相関を計算する
dataRow2 = rocksVMines.iloc[1,0:60]
dataRow3 = rocksVMines.iloc[2,0:60]
```

```
dataRow21 = rocksVMines.iloc[20,0:60]

mean2 = 0.0; mean3 = 0.0; mean21 = 0.0
numElt = len(dataRow2)
for i in range(numElt):
  mean2 += dataRow2[i]/numElt
  mean3 += dataRow3[i]/numElt
  mean21 += dataRow21[i]/numElt

var2 = 0.0; var3 = 0.0; var21 = 0.0
for i in range(numElt):
  var2 += (dataRow2[i] - mean2) * (dataRow2[i] - mean2)/numElt
  var3 += (dataRow3[i] - mean3) * (dataRow3[i] - mean3)/numElt
  var21 += (dataRow21[i] - mean21) * (dataRow21[i] - mean21)/numElt

corr23 = 0.0; corr221 = 0.0
for i in range(numElt):

  corr23 += (dataRow2[i] - mean2) * \
            (dataRow3[i] - mean3) / (sqrt(var2*var3) * numElt)
  corr221 += (dataRow2[i] - mean2) * \
             (dataRow21[i] - mean21) / (sqrt(var2*var21) * numElt)

sys.stdout.write("Correlation between attribute 2 and 3 \n")
print(corr23)
sys.stdout.write(" \n")

sys.stdout.write("Correlation between attribute 2 and 21 \n")
print(corr221)
sys.stdout.write(" \n")
```

出力

```
Correlation between attribute 2 and 3
0.770938121191

Correlation between attribute 2 and 21
0.466548080789
```

▶ 2.3.3　ヒートマップを使って属性とラベルの相関関係を可視化する

　相関係数を計算して結果を出力したり，散布図を描いたりすることは，少量の相関関係を見るにはよいが，大規模な数表を把握したり，100属性もあるようなデータの散布図をすべて1ページに載せたりすることは難しい．

　たくさんの属性間の相関の強さを知る方法は，属性間のピアソンの相関係数を計算し，

i 番目の属性と j 番目の属性の間の相関係数が i 行 j 列の値になるような行列を作り，それをヒートマップでプロットする方法である．コード 2.10 はこのプロットを作り出すためのコードであり，図 2.8 はそのプロットである．対角線近くにある色の濃いエリアは，近くにある属性同士が比較的高い相関関係にあることを示している．先述したとおり，これはデータが生成される方法に起因している．近い行同士は測定時刻が近いため，近い値となっている．

コード 2.10　属性の相関を視覚的に表す（sampleCorrHeatMap.py）

```
__author__ = 'mike_bowles'
import pandas as pd
from pandas import DataFrame
import matplotlib.pyplot as plot
target_url = ("https://archive.ics.uci.edu/ml/machine-learning-"
  "databases/undocumented/connectionist-bench/sonar/sonar.all-data")

#岩と機雷のデータをPandasのデータフレームとして読み込む
rocksVMines = pd.read_csv(target_url,header=None, prefix="V")

#実数を持つ属性間の相関を計算する
corMat = DataFrame(rocksVMines.corr())

#ヒートマップを使って相関係数を可視化する
plot.pcolor(corMat)
plot.show()
```

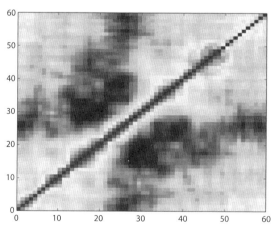

図 2.8　属性の相関係数をヒートマップで表現する

属性間に完全相関（相関係数＝1）がある場合は，間違えて同じ属性を2回使っているかもしれない．属性間のとても高い相関（相関係数＞0.7）は**多重共線性**として知られており，不安定な結果をもたらすかもしれない．しかし，目的変数との相関は，また違う問題である．目的変数と相関のある属性は，一般的に予測に利用できる属性である．

▶ 2.3.4　岩と機雷のデータセットを理解するためのデータ要約プロセス

本節では，岩と機雷のデータセットに対する理解と感覚が得られるように，たくさんの処理を行ってきた．次節では，本書で機械学習アルゴリズムの構築に使っている他のデータセットに，同じ処理を適用していく．ただし，違う性質を持つ問題を扱うために修正する必要があるものについては説明を加えていく．

2.4　質的データで量的な予測を行う ── アワビは何才か？

今まで使ってきたプログラムのほとんどは，不発の機雷を見つけるという問題を理解するためのものだった．これから説明していくアワビのデータセットには，質的変数のときとは扱い方が異なる属性が含まれている．物理的な方法で測定されたアワビの年齢を予測するという問題は，その良い例である．

これは，数か所の寸法を測ってアワビの年齢を予測するという問題である．年輪を数えて木の年齢を測定するのとよく似た方法で，アワビの年齢を正確に読み取ることができる．アワビを研究している科学者が抱えている問題は，アワビが高価であることに加え，貝殻をスライスし，顕微鏡の下で輪紋を数えるのに大変時間がかかるということである．アワビの長さ，幅，重量などの単純な物理的な寸法が，低コストで簡単に測定できるのであれば，それらの寸法を処理し，アワビの年齢を正確に判断するための予測モデルを構築できる．機械学習を研究するメリットの一つは，さまざまな面白い問題に貢献できる点にある．

この問題のデータは，UC Irvine Data Repository (http://archive.ics.uci.edu/ml/machine-learning-databases/abalone/abalone.data) から入手できる．このデータセットは，列名を表す行がない，カンマで区切られたファイルである．列名は別ファイルにある．コード2.11は，Pandasでアワビのデータセットを読み込み，2.2節と同じ分析を実行する．岩と機雷のデータセットでは，列名はデータの性質を表す特有のものであった．アワビのデータセットでは，列に対する直観的な理解をしていくことが納得のいくモデルの生成にクリティカルに繋がるかもしれない．そのため，列名をコードにコピー＆ペーストしておけば，機械学習アルゴリズムの理解に役立つだろう．予測モデルを作るのに利用できるデータの列はSex（性別），Length（長さ），Diameter（直

径), Height (高さ), Whole weight (全体重量), Shucked weight (身の重量), Viscera weight (内臓重量), Shell weight (殻の重量), Rings (輪紋) である．最後の列の Rings は，殻を切り取り，顕微鏡の下に置いて測定するという面倒なプロセスで測定される．これは，教師あり学習問題では通常の順序である．ここでは，予測を生成するモデルを作るために解がわかっている特別なデータセットを使用する．

要約統計量を計算するコードに加えて，コード 2.11 ではそこからアウトプットを出力している．最初のセクションでは，データセットの最初と最後のデータを出力している．データフレームに含まれる値は，ほとんどが小数であり，動物の性別を表す最初の列だけが，M (雄), F (雌), I (不確定) という文字列である．アワビの性別は，生まれたときには決まっておらず，その後，少しずつ成長していく過程で決まる．そのため，若いアワビは性別が不確定であり，アワビの性別は 3 値をとる質的変数となる．質的変数は特別な注意が必要である．アルゴリズムの中には実数しか扱わないものもあるためである (例えば，サポートベクトルマシン，k 近傍法，第 4 章で紹介する罰則付き線形回帰)．第 4 章では，これらのアルゴリズムで使えるように質的変数を実数に変換するテクニックについて説明している．コード 2.11 は，実数が入っている属性に対して列ごとの要約統計量を出力している．

コード 2.11　アワビのデータセットを読み込み，要約する (abaloneSummary.py)

```
__author__ = 'mike_bowles'
import pandas as pd
from pandas import DataFrame
from pylab import *
import matplotlib.pyplot as plot

target_url = ("http://archive.ics.uci.edu/ml/machine-"
              "learning-databases/abalone/abalone.data")
#アワビのデータを読み込む
abalone = pd.read_csv(target_url,header=None, prefix="V")
abalone.columns = ['Sex', 'Length', 'Diameter', 'Height',
                   'Whole weight','Shucked weight', 'Viscera weight',
                   'Shell weight', 'Rings']

print(abalone.head())
print(abalone.tail())

#データフレームの要約統計量を出力
summary = abalone.describe()
print(summary)

#実数属性の箱ひげ図を出力
#配列に変換
```

```
array = abalone.iloc[:,1:9].values
boxplot(array)
plot.xlabel("Attribute Index")
plot.ylabel(("Quartile Ranges"))
show()

#最後の列 (Rings) の値の範囲が他の列と違いすぎたので，
#取り除いてもう一度プロット
array2 = abalone.iloc[:,1:8].values
boxplot(array2)
plot.xlabel("Attribute Index")
plot.ylabel(("Quartile Ranges"))
show()

#取り除くのも良いが，値を標準化するほうがもっと良い．
#標準化した列は平均 0, 標準偏差 1 になる．
#標準化は k-means クラスタリングや k 近傍法といった他の手法でも用いられる．
abaloneNormalized = abalone.iloc[:,1:9]

for i in range(8):
  mean = summary.iloc[1, i]
  sd = summary.iloc[2, i]

abaloneNormalized.iloc[:,i:(i + 1)] = (
  abaloneNormalized.iloc[:,i:(i + 1)] - mean) / sd

array3 = abaloneNormalized.values
boxplot(array3)
plot.xlabel("Attribute Index")
plot.ylabel(("Quartile Ranges - Normalized "))
show()
```

出力（一部省略）

	Sex	Length	Diameter	Height	Whole wt	Shucked wt	Viscera wt
0	M	0.455	0.365	0.095	0.5140	0.2245	0.1010
1	M	0.350	0.265	0.090	0.2255	0.0995	0.0485
2	F	0.530	0.420	0.135	0.6770	0.2565	0.1415
3	M	0.440	0.365	0.125	0.5160	0.2155	0.1140
4	I	0.330	0.255	0.080	0.2050	0.0895	0.0395

	Shell weight	Rings
0	0.150	15
1	0.070	7
2	0.210	9
3	0.155	10
4	0.055	7

	Sex	Length	Diameter	Height	Whole weight	Shucked weight
4172	F	0.565	0.450	0.165	0.8870	0.3700
4173	M	0.590	0.440	0.135	0.9660	0.4390
4174	M	0.600	0.475	0.205	1.1760	0.5255
4175	F	0.625	0.485	0.150	1.0945	0.5310
4176	M	0.710	0.555	0.195	1.9485	0.9455

	Viscera weight	Shell weight	Rings
4172	0.2390	0.2490	11
4173	0.2145	0.2605	10
4174	0.2875	0.3080	9
4175	0.2610	0.2960	10
4176	0.3765	0.4950	12

	Length	Diameter	Height	Whole wt	Shucked wt
count	4177.000000	4177.000000	4177.000000	4177.000000	4177.000000
mean	0.523992	0.407881	0.139516	0.828742	0.359367
std	0.120093	0.099240	0.041827	0.490389	0.221963
min	0.075000	0.055000	0.000000	0.002000	0.001000
25%	0.450000	0.350000	0.115000	0.441500	0.186000
50%	0.545000	0.425000	0.140000	0.799500	0.336000
75%	0.615000	0.480000	0.165000	1.153000	0.502000
max	0.815000	0.650000	1.130000	2.825500	1.488000

	Viscera weight	Shell weight	Rings
count	4177.000000	4177.000000	4177.000000
mean	0.180594	0.238831	9.933684
std	0.109614	0.139203	3.224169
min	0.000500	0.001500	1.000000
25%	0.093500	0.130000	8.000000
50%	0.171000	0.234000	9.000000
75%	0.253000	0.329000	11.000000
max	0.760000	1.005000	29.000000

　要約統計量を可視化する選択肢として，コード 2.11 では実数値の列ごとの**箱ひげ図**（ボックスプロット）を生成している．一つ目は図 2.9 である．このプロットには，赤線が引かれた小さい長方形[*4]がある．赤線はその列のデータの中央値（または 50 パーセンタイル）を示していて，長方形の上端と下端はそれぞれ 25 パーセンタイルと 75 パーセンタイルを示している．また，長方形の上部と下部にはひげと呼ばれる小さな横線のチェックマークがある．これらは，長方形の上端と下端の四分位間の間隔の 1.4 倍に当たる位置を示している．四分位間の間隔とは，75 パーセンタイルと 25 パーセンタイルの差異である．つまり，箱の上端とその上部のひげの間の間隔が，箱の高さの 1.4 倍と

[*4] 訳注：各属性に描かれている長方形．長方形の中に描かれた横線は実際には赤色である．

2.4 質的データで量的な予測を行う ── アワビは何才か？

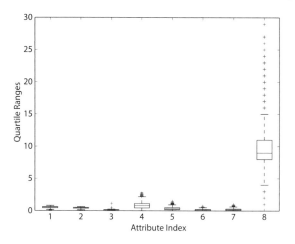

図 2.9　アワビのデータセットにある実数を持つ属性の箱ひげ図

いうことである．なお，この 1.4 という数字は調整可能である（詳細は箱ひげ図の文献を参照してほしい）．場合によっては 1.4 倍以上になっていることもある．ひげを長くする必要のないデータでは，ひげは最大値をとる点に置かれる．データによってはひげの位置を越えるところに点が伸びてしまっていることもある．このような点は外れ値にするかどうかを考えるべきである．

図 2.9 の箱ひげ図は，出力されたデータに外れ値があるかどうかを判断するための可視化であるが，一番右の属性（Rings）のせいで，他の属性のスケールが圧縮されて見づらい．これを解消する方法は，単に大きいスケールの属性を取り除くことである．その結果が図 2.10 である．しかし，このアプローチは自動化できず，調整もうまくできないので，良いやり方ではない．

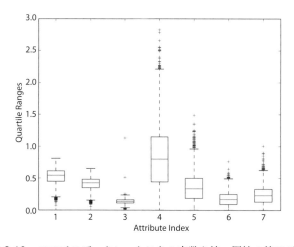

図 2.10　アワビのデータセットにある実数を持つ属性の箱ひげ図

コード 2.11 の最後のセクションでは，箱ひげ図を描く前にすべての列を標準化している．この**標準化**は，どの属性の単位も同じものとして扱えるようにそれぞれの列を中心化し，スケーリングすることを指す．データサイエンスにおけるたくさんのアルゴリズムで，この標準化が必要である．例えば，k-means クラスタリングはデータ間のベクトル距離に基づいてクラスターが生成される．距離は，ある 1 点から別の 1 点を引き算し，2 乗して計算される．このとき，もし単位が違えば，数値的な距離も違ってくる．例えば，スーパーマーケットまでの距離は，マイルで測ると 1 になるし，フィートで測ると 5280 になる．標準化はコード 2.11 ですべての属性が平均 0，標準偏差 1 になるように調整することを指している．標準化の計算には，`describe` 関数で生成された数値が使われている．結果は図 2.11 のようになる．

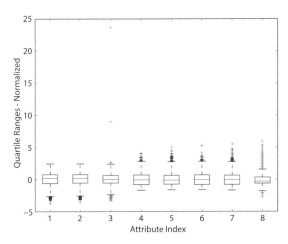

図 2.11　標準化したアワビのデータの属性の箱ひげ図

標準偏差 1.0 に標準化することは，データのすべてを -1.0 と 1.0 の間に収めることを意味するわけではない．ほとんどの場合，箱の端は -1.0 と 1.0 の外側にある．

▶ 2.4.1　回帰問題に対する平行座標プロット ――アワビの問題の変数関係を可視化する

次のステップは，属性間および属性とラベル間の関係に関する考え方を理解することである．岩と機雷のデータでは，色分けされた平行座標プロットでこれらの関係を可視化した．このアプローチは，アワビの問題ではいくつかの修正が必要となる．岩と機雷の問題は分類問題だったので，ラベルによって線を色分けできたが，アワビの問題は回帰問題なので，色分けはラベルに対応する色にさらに濃淡をつける必要がある．色の濃淡を実数に割り当てるために，実数を [0.0, 1.0] の間に圧縮する必要がある．コード 2.12 では，これを実行するために Pandas の `describe` 関数によって生成された最小値と最大値を使っている．図 2.12 はその結果である．

2.4 質的データで量的な予測を行う —— アワビは何才か？

コード 2.12　アワビのデータの平行座標プロット（abaloneParallelPlot.py）

```
__author__ = 'mike_bowles'
import pandas as pd
from pandas import DataFrame
import matplotlib.pyplot as plot
from math import exp

target_url = ("http://archive.ics.uci.edu/ml/machine-"
              "learning-databases/abalone/abalone.data")

#アワビのデータを読み込む
abalone = pd.read_csv(target_url,header=None, prefix="V")
abalone.columns = ['Sex', 'Length', 'Diameter', 'Height',
                   'Whole Wt', 'Shucked Wt',
                   'Viscera Wt', 'Shell Wt', 'Rings']
#標準化するために要約統計量を計算する
summary = abalone.describe()
minRings = summary.iloc[3,7]
maxRings = summary.iloc[7,7]
nrows = len(abalone.index)

for i in range(nrows):
    #連続したデータであるかのように行のデータをプロットする
    dataRow = abalone.iloc[i,1:8]
    labelColor = (abalone.iloc[i,8] - minRings) / (maxRings - minRings)
    dataRow.plot(color=plot.cm.RdYlBu(labelColor), alpha=0.5)

plot.xlabel("Attribute Index")
plot.ylabel(("Attribute Values"))
plot.show()

#平均値と標準偏差を使って標準化し，ロジスティック関数で圧縮する
meanRings = summary.iloc[1,7]
sdRings = summary.iloc[2,7]

for i in range(nrows):
    #連続したデータであるかのように行のデータをプロットする
    dataRow = abalone.iloc[i,1:8]
    normTarget = (abalone.iloc[i,8] - meanRings)/sdRings
    labelColor = 1.0/(1.0 + exp(-normTarget))
    dataRow.plot(color=plot.cm.RdYlBu(labelColor), alpha=0.5)

plot.xlabel("Attribute Index")
plot.ylabel(("Attribute Values"))
plot.show()
```

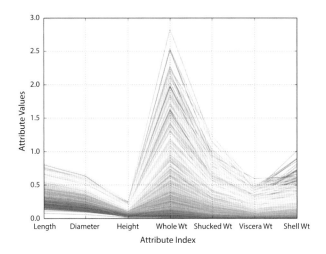

図 2.12　アワビのデータの平行座標プロット

　図 2.12 の平行座標プロットは，アワビの年齢（貝殻の輪紋の数）とこれを予測するために使える属性の関係を表している．このプロットを生成するために使ったカラースケールは，暗い赤茶色から明るい黄色，ライトブルー，ダークブルーにまで広がっている[*5]．図 2.11 の箱ひげ図は，最大値，最小値がデータの主要部分から大きく離れていることを表していた．これは，データのほとんどがカラースケールの中間になるようにスケールを圧縮した効果である．にもかかわらず，図 2.12 は各属性と輪紋のデータ間に重要な相関関係があることを示している．色の濃淡が似ているところは，似た値を持つ属性が集まっている．この相関関係は，正確な予測モデルを生成できることを示唆している．しかし，一部，薄い青がグラフの暗いオレンジ色のエリアの間に混ざっているところがある．これは，正しく予測しにくいデータがいくつかあることを示している．

　カラーマッピングに変更することで，目的変数がさまざまな要素を持っていても，その関係を一度に可視化できるようになる．これには，コード 2.11 の最後のセクションの箱ひげ図で使われていた標準化を利用している．標準化は，すべての値を 0 から 1 の間に当てはめるわけではない．測定して得られた結果には，正の値も負の値もある．そこで，コード 2.11 のプログラムでは，0 と 1 の間の値をとるように逆ロジット変換をしている．逆ロジット変換は，式 (2.5) のように表現できる．

$$\text{inverse logit transform}(x) = \frac{1}{1+e^{-x}} \tag{2.5}$$

[*5] 訳注：カラーの出力では，下部に赤茶色の折れ線が集まり，オレンジ色，黄色，水色を経て，上部はダークブルーとなる．

この関数を使ったプロットは図 2.13 である．見てのとおり，逆ロジット変換は，大きい負の数を（ほとんど）0 へ，大きい正の数を（ほとんど）1 に変換する．0 は 0.5 になる．

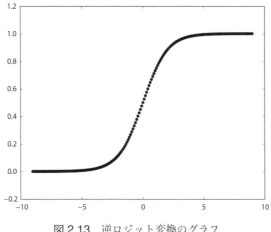

図 2.13　逆ロジット変換のグラフ

図 2.14 はこのステップを経た結果を示している．この変換により，利用可能な色の全範囲を有効に使うことができる．Whole weight（全体重量）や Shucked weight（身の重量）の属性には，明るい黄色や赤，明るい青に混じって濃い青があることがわかる．ただ，それらの属性では，被験体が古いときに年齢（輪紋の数）を十分に正しく予測できないと思われる．幸運にも，他の属性（直径や殻の重量）のうちのいくつかが，濃い

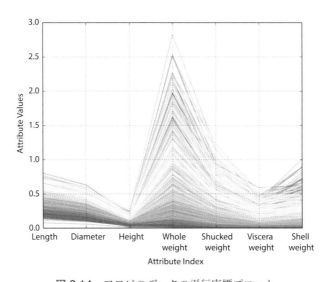

図 2.14　アワビのデータの平行座標プロット

青の線を正しく並べるのに良い働きをしている．これは後に測定誤差を分析するときに役立つだろう．

▶ 2.4.2 回帰問題に対する相関係数のヒートマップ
——アワビの問題の相関関係を可視化する

最後のステップでは，さまざまな属性間および属性と目的関数間の相関関係を見てみる．コード 2.13 は，相関係数のヒートマップとアワビのデータの相関係数行列を生成するコードである．これらの計算は，岩と機雷のデータの際に概説したものと同じ方法に従っているが，一つ大きく異なる点がある．それは相関係数の計算に目的変数が含められているという点である．

コード 2.13　アワビのデータの相関係数の計算（abaloneCorrHeat.py）

```
__author__ = 'mike_bowles'
import pandas as pd
from pandas import DataFrame
import matplotlib.pyplot as plot
target_url = ("http://archive.ics.uci.edu/ml/machine-"
              "learning-databases/abalone/abalone.data")
#アワビのデータを読み込む
abalone = pd.read_csv(target_url,header=None, prefix="V")
abalone.columns = ['Sex', 'Length', 'Diameter', 'Height',
                   'Whole weight', 'Shucked weight',
                   'Viscera weight', 'Shell weight', 'Rings']

#相関係数行列を計算
corMat = DataFrame(abalone.iloc[:,1:9].corr())
#相関係数行列を出力
print(corMat)

#ヒートマップを使って可視化
plot.pcolor(corMat)
plot.show()
```

出力

	Length	Diameter	Height	Whole Wt	Shucked Wt
Length	1.000000	0.986812	0.827554	0.925261	0.897914
Diameter	0.986812	1.000000	0.833684	0.925452	0.893162
Height	0.827554	0.833684	1.000000	0.819221	0.774972
Whole weight	0.925261	0.925452	0.819221	1.000000	0.969405
Shucked weight	0.897914	0.893162	0.774972	0.969405	1.000000
Viscera weight	0.903018	0.899724	0.798319	0.966375	0.931961

```
Shell weight    0.897706   0.905330    0.817338  0.955355   0.882617
Rings           0.556720   0.574660    0.557467  0.540390   0.420884

                Viscera weight  Shell weight    Rings
Length          0.903018        0.897706        0.556720
Diameter        0.899724        0.905330        0.574660
Height          0.798319        0.817338        0.556467
Whole weight    0.966375        0.955355        0.540390
Shucked weight  0.931961        0.882617        0.420884
Viscera weight  1.000000        0.907656        0.503819
Shell weight    0.907656        1.000000        0.627574
Rings           0.503819        0.627574        1.000000
```

図 2.15 は，相関係数のヒートマップを示している．このマップにおいて，赤は強い相関を，青は弱い相関を表している[*6]．目的変数（殻の輪紋の数）は，ヒートマップの一番上の行と一番右の列にある．この領域が青色であれば，属性と目的変数に弱い相関があると言える．明るい青[*7]は，目的変数と殻の重量の相関係数に対応している．これは平行座標プロットからもわかる．図 2.15 の他の対角線上以外の赤味がかっているセルは，ある属性とある属性が高い相関関係にあることを示している．この結果から，視覚的に目的変数と属性の間の関係がかなり近いように見える平行座標マップとこの図には，多少の食い違いがあるように感じる．

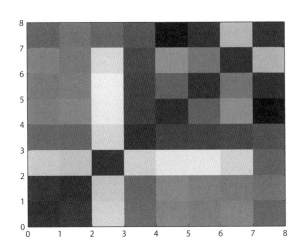

図 2.15　アワビのデータに関する相関係数のヒートマップ

[*6] 訳注：青は上端の 1 行および右端の 1 列に存在し，他はおおむね赤系の色である．
[*7] 訳注：第 1 行 7 列目と第 2 行 8 列目．

本節では，分類問題（岩と機雷）で使ったテクニックをどのように回帰問題（アワビ）で使えるように修正するかを説明した．この修正は，回帰問題の「実数をとるラベル」と 2 クラス分類問題の「2 クラスをとるラベル」という二つの問題の基本的な違いから生じる．次節では，数値のデータのみが含まれる別のデータセットを使う．回帰問題になるので，アワビの問題で使ったものと同じものを使うことができ，図 2.15 のようにすべての変数で相関係数をプロットすることができる．

2.5 実数を持つ属性を使った実数の予測 —— ワインの味をどのように計算するか

ワインの味のデータセットには，約 1500 の赤ワインのデータが入っている．それぞれのワインに対して，アルコール度数，揮発性酸度，亜硫酸塩をはじめとする化学物質の構成を測定した結果が記録されている．それぞれのデータには，3 人のソムリエがつけたスコアの平均値も含まれる．よって，問題は，ソムリエがつけた味のスコアを化学的な観点から予測するモデルを構築することになる．

コード 2.14 は，ワインのデータセットのすべての列に対して要約統計量を生成するコードである．コードは，データの外れ値が可視化できるように，標準化した変数の箱ひげ図も生成しており，図 2.16 はその箱ひげ図である．数値的な要約と箱ひげ図は，外れ値の存在を教えてくれる．このプロセスは，このデータセットを使う間，心に留めておいていただきたい．学習したモデルの精度を分析する際，これらの外れ値はモデルの間違いを見つけるために見ておくべき値である．

コード 2.14　ワインのデータの要約（wineSummary.py）

```
__author__ = 'mike_bowles'
import pandas as pd
from pandas import DataFrame
from pylab import *
import matplotlib.pyplot as plot

target_url = ("http://archive.ics.uci.edu/ml/machine-"
              "learning-databases/wine-quality/winequality-red.csv")
wine = pd.read_csv(target_url,header=0, sep=";")

print(wine.head())

#要約統計量を生成する
summary = wine.describe()
print(summary)
```

```
wineNormalized = wine
ncols = len(wineNormalized.columns)

for i in range(ncols):
  mean = summary.iloc[1, i]
  sd = summary.iloc[2, i]

wineNormalized.iloc[:,i:(i + 1)] = \
  (wineNormalized.iloc[:,i:(i + 1)] - mean) / sd
array = wineNormalized.values
boxplot(array)
plot.xlabel("Attribute Index")
plot.ylabel(("Quartile Ranges - Normalized "))
show()
```

出力（wineSummary.txt）

```
   fixed acidity  volatil acid  citric acid  resid sugar  chlorides
0            7.4          0.70         0.00          1.9      0.076
1            7.8          0.88         0.00          2.6      0.098
2            7.8          0.76         0.04          2.3      0.092
3           11.2          0.28         0.56          1.9      0.075
4            7.4          0.70         0.00          1.9      0.076

   free sulfur dioxide  tot sulfur dioxide  density    pH  sulphates
0                   11                  34   0.9978  3.51       0.56
1                   25                  67   0.9968  3.20       0.68
2                   15                  54   0.9970  3.26       0.65
3                   17                  60   0.9980  3.16       0.58
4                   11                  34   0.9978  3.51       0.56

   alcohol  quality
0      9.4        5
1      9.8        5
2      9.8        5
3      9.8        6
4      9.4        5

       fixed acidity  volatile acidity  citric acid  residual sugar
count    1599.000000       1599.000000  1599.000000     1599.000000
mean        8.319637          0.527821     0.270976        2.538806
std         1.741096          0.179060     0.194801        1.409928
min         4.600000          0.120000     0.000000        0.900000
25%         7.100000          0.390000     0.090000        1.900000
50%         7.900000          0.520000     0.260000        2.200000
75%         9.200000          0.640000     0.420000        2.600000
max        15.900000          1.580000     1.000000       15.500000
```

	chlorides	free sulfur dioxide	tot sulfur dioxide	density
count	1599.000000	1599.000000	1599.000000	1599.000000
mean	0.087467	15.874922	46.467792	0.996747
std	0.047065	10.460157	32.895324	0.001887
min	0.012000	1.000000	6.000000	0.990070
25%	0.070000	7.000000	22.000000	0.995600
50%	0.079000	14.000000	38.000000	0.996750
75%	0.090000	21.000000	62.000000	0.997835
max	0.611000	72.000000	289.000000	1.003690

	pH	sulphates	alcohol	quality
count	1599.000000	1599.000000	1599.000000	1599.000000
mean	3.311113	0.658149	10.422983	5.636023
std	0.154386	0.169507	1.065668	0.807569
min	2.740000	0.330000	8.400000	3.000000
25%	3.210000	0.550000	9.500000	5.000000
50%	3.310000	0.620000	10.200000	6.000000
75%	3.400000	0.730000	11.100000	6.000000
max	4.010000	2.000000	14.900000	8.000000

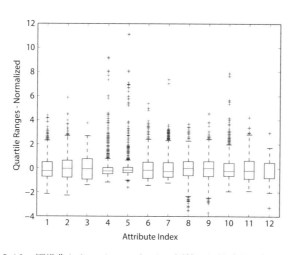

図 2.16　標準化したワインのデータの属性と目的変数の箱ひげ図

　カラーコード化されたワインのデータの平行座標プロットは，属性と目的変数の相関関係を良く表している．コード 2.15 はそのプロットを生成するコードであり，図 2.17 は平行座標プロットの結果である．コード 2.15 の前半のセクションから得られる図 2.17 のプロットは，値のスケールが小さい変数が圧縮されてしまっている．これを修正するために，コード 2.15 の後半ではワインのデータを標準化し，もう一度プロットしている．図 2.18 はその結果である．

2.5　実数を持つ属性を使った実数の予測——ワインの味をどのように計算するか

コード 2.15　ワインのデータの平行座標プロットを生成する（wineParallelPlot.py）

```python
__author__ = 'mike_bowles'
import pandas as pd
from pandas import DataFrame
from pylab import *
import matplotlib.pyplot as plot
from math import exp

target_url = "http://archive.ics.uci.edu/ml/machine-learning-"
             "databases/wine-quality/winequality-red.csv"
wine = pd.read_csv(target_url,header=0, sep=";")

#要約統計量を生成する
summary = wine.describe()
nrows = len(wine.index)
tasteCol = len(summary.columns)
meanTaste = summary.iloc[1,tasteCol - 1]
sdTaste = summary.iloc[2,tasteCol - 1]
nDataCol = len(wine.columns) -1

for i in range(nrows):
    #連続したデータであるかのように行のデータをプロットする
    dataRow = wine.iloc[i,1:nDataCol]
    normTarget = (wine.iloc[i,nDataCol] - meanTaste)/sdTaste
    labelColor = 1.0/(1.0 + exp(-normTarget))
    dataRow.plot(color=plot.cm.RdYlBu(labelColor), alpha=0.5)

plot.xlabel("Attribute Index")
plot.ylabel(("Attribute Values"))
plot.show()

wineNormalized = wine
ncols = len(wineNormalized.columns)

for i in range(ncols):
    mean = summary.iloc[1, i]
    sd = summary.iloc[2, i]
    wineNormalized.iloc[:,i:(i + 1)] =
    (wineNormalized.iloc[:,i:(i + 1)] - mean) / sd

#標準化した値でもう一度実行
for i in range(nrows):
    #連続したデータであるかのように行のデータをプロットする
    dataRow = wineNormalized.iloc[i,1:nDataCol]
    normTarget = wineNormalized.iloc[i,nDataCol]
    labelColor = 1.0/(1.0 + exp(-normTarget))
    dataRow.plot(color=plot.cm.RdYlBu(labelColor), alpha=0.5)
```

```
plot.xlabel("Attribute Index")
plot.ylabel(("Attribute Values"))
plot.show()
```

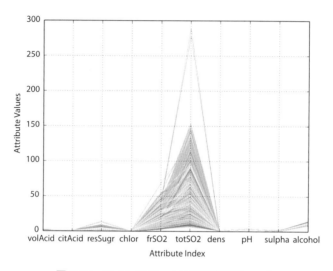

図2.17 ワインのデータの平行座標プロット

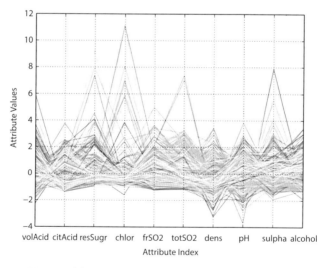

図2.18 標準化したワインのデータの平行座標プロット

2.5 実数を持つ属性を使った実数の予測——ワインの味をどのように計算するか

標準化されたプロットによって，目的変数との相関係数を同時に見られるようになった．図 2.18 は，いくつかの属性間ではっきりした相関関係があることを示している．プロットの右側には，アルコールの度数が高いことを示す濃い青（高いスコア）の線が集まっている[*8]．一方，左側では，濃い赤（低いスコア）は揮発性酸度が高いものが集まっている[*9]．それらは明らかに相関関係がある属性である．第 5 章および第 7 章で紹介する予測モデルは，予測への貢献度に基づいて属性をランク付けする．そのとき，この可視化が予測モデルにどれだけ役立つかわかるだろう．

図 2.19 は，属性間および属性と目的変数間の相関係数のヒートマップである．ヒートマップでは，（平行座標プロットで使ったカラースケールとは反対に）赤色は高い正の相関，青色は高い負の相関があることを示している．品質（最後の列）とアルコール度（最後から 2 番目の列）間には高い正の相関があり，最初の列（揮発性酸度）を含むいくつかの属性に対しては，高い負の相関があることを示している[*10]．

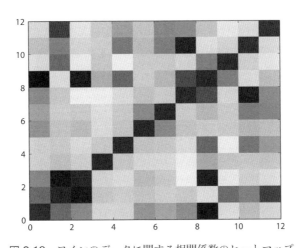

図 2.19　ワインのデータに関する相関係数のヒートマップ

平行座標プロットと相関係数のヒートマップの両方で，揮発性酸度の値が高いほど品質は下がり，アルコールの値は高いほど品質が上がることが示されている．第 5 章と第 7 章で予測モデル構築の一環として変数重要度を確認する際に，これらの知見が反映されているとわかるだろう．ワインのデータは，予測モデルを作り精度を上げていくのにかかる時間を知るための良い例である．次節では，多クラス分類問題のデータを扱っていく．

[*8] 訳注：プロット右端の上部．
[*9] 訳注：プロット左端の上部．
[*10] 訳注：第 1 行の右から 2 列目のセルは黄色で，左から 2 列目は濃い青．

2.6 多クラス分類問題 —— どんなタイプのガラスか？

多クラス分類問題は2クラス分類問題に似ている．違うのは，扱うものが二つだけだったのが，三つ以上の離散値になるという点である．不発の機雷を見つける問題はとりうる結果が二つだったことを思い出してほしい．これは，音波探知機によって発見されたものが岩か機雷かを分類する問題だった．ワインの品質を化学物質の測定値から決めるという問題には，いくつかのとりうる値（3から8の品質の得点）がある．しかし，ワインの問題では，得点の間に順序関係が存在する．品質が5のワインは，3のワインよりも良く，8のワインより良くない．これに対し，多クラス分類問題では，順序に意味はない．本節で扱うガラスの問題は，多クラス分類問題である．

この問題の目的は，ガラスの使用方法を決めることである．ガラスには，建物に使う窓，乗り物に使う窓，ガラス容器などの種類がある．ガラスの種類を決めたい動機は法医学にある．事故や犯罪でガラスの破片が残されているとき，もともとは何のガラスだったのかを特定することは，事件の容疑者や関係者を特定するのに役立つ．コード2.16は，ガラスのデータセットの要約統計量と箱ひげ図を生成するためのコードである．図2.20は，標準化されたデータの箱ひげ図である．

コード2.16　ガラスのデータセットの要約（glassSummary.py）

```python
__author__ = 'mike_bowles'
import pandas as pd
from pandas import DataFrame
from pylab import *
import matplotlib.pyplot as plot

target_url = ("https://archive.ics.uci.edu/ml/machine-"
              "learning-databases/glass/glass.data")

glass = pd.read_csv(target_url,header=None, prefix="V")
glass.columns = ['Id', 'RI', 'Na', 'Mg', 'Al', 'Si',
                 'K', 'Ca', 'Ba', 'Fe', 'Type']

print(glass.head())

#要約統計量を生成する
summary = glass.describe()
print(summary)
ncol1 = len(glass.columns)

glassNormalized = glass.iloc[:, 1:ncol1]
ncol2 = len(glassNormalized.columns)
summary2 = glassNormalized.describe()
```

2.6 多クラス分類問題 —— どんなタイプのガラスか？

```
for i in range(ncol2):
  mean = summary2.iloc[1, i]
  sd = summary2.iloc[2, i]

glassNormalized.iloc[:,i:(i + 1)] = \
  (glassNormalized.iloc[:,i:(i + 1)] - mean) / sd

array = glassNormalized.values
boxplot(array)
plot.xlabel("Attribute Index")
plot.ylabel(("Quartile Ranges - Normalized "))
show()
```

出力

```
print(glass.head())

   Id       RI     Na    Mg    Al     Si     K    Ca  Ba  Fe  Type
0   1  1.52101  13.64  4.49  1.10  71.78  0.06  8.75   0   0     1
1   2  1.51761  13.89  3.60  1.36  72.73  0.48  7.83   0   0     1
2   3  1.51618  13.53  3.55  1.54  72.99  0.39  7.78   0   0     1
3   4  1.51766  13.21  3.69  1.29  72.61  0.57  8.22   0   0     1
4   5  1.51742  13.27  3.62  1.24  73.08  0.55  8.07   0   0     1

print(summary)(出力の一部)
               Id          RI          Na          Mg          Al
count  214.000000  214.000000  214.000000  214.000000  214.000000
mean   107.500000    1.518365   13.407850    2.684533    1.444907
std     61.920648    0.003037    0.816604    1.442408    0.499270
min      1.000000    1.511150   10.730000    0.000000    0.290000
25%     54.250000    1.516523   12.907500    2.115000    1.190000
50%    107.500000    1.517680   13.300000    3.480000    1.360000
75%    160.750000    1.519157   13.825000    3.600000    1.630000
max    214.000000    1.533930   17.380000    4.490000    3.500000
                K          Ca          Ba          Fe        Type
count  214.000000  214.000000  214.000000  214.000000  214.000000
mean     0.497056    8.956963    0.175047    0.057009    2.780374
std      0.652192    1.423153    0.497219    0.097439    2.103739
min      0.000000    5.430000    0.000000    0.000000    1.000000
25%      0.122500    8.240000    0.000000    0.000000    1.000000
50%      0.555000    8.600000    0.000000    0.000000    2.000000
75%      0.610000    9.172500    0.000000    0.100000    3.000000
max      6.210000   16.190000    3.150000    0.510000    7.000000
```

ガラスのデータの属性の箱ひげ図は，顕著な外れ値を示している．少なくとも，他の例題のものと比較して顕著である．ガラスのデータには，外れ値の振る舞いを左右する

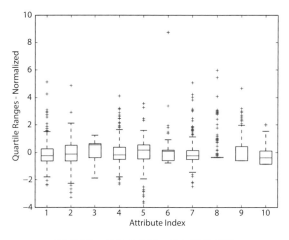

図 2.20　ガラスのデータの箱ひげ図

いくつかの要素がある．一つは，問題が分類問題であるということである．必ずしも属性の値と分類の間に関係があるとは限らない．分類をまたいで近い属性の値を評価するわけではない．ガラスのデータの別の特徴として，多少データに偏りがあることが挙げられる．それぞれの分類のデータ数は最も多いもので 76 個，最も少ないもので 9 個である．これでは，平均値が最も個数の多い分類の値に影響されてしまう．これは他の分類に属するものでも近い属性の値を持つものがあることを示しているわけではない．このことは分類を区別するのに良い影響を与えるかもしれないが，異なる分類間のかなり複雑な境界線を予測手法が把握できなければならないという意味もある．第 3 章では，十分なデータを与えられた場合，アンサンブル法は罰則付き線形回帰よりも複雑な境界線を生成するとわかるだろう．そして，第 5 章と第 7 章では，アンサンブル法がこのデータセットに対してより良いモデルを構築するのに役立つとわかるだろう．

　平行座標プロットは，このデータの特徴をわかりやすく可視化してくれる．図 2.21 はその平行座標プロットである．この図では，データをそれぞれの分類に対して異なる色を使ってプロットしている．プロットの変数のうちいくつかは，はっきりとした色の違いを示している．例えば，濃い青の線[*11]はかなり良くグループ分けされていて，多くの属性に沿って他のクラスと良く分離されている．濃い青の線はいくつかの属性では端に存在する．つまり，それらの属性における外れ値である．明るい青の線は濃い青のものほど多くなく，いくつかの属性で端にあるが，すべてではない．また，茶色の線は中間の値であることを示している．

[*11] 訳注：紙上では濃いグレーの線．ただし，これ以下の説明は紙面からは読み取れないため，コード 2.17 を実行されたい．

2.6 多クラス分類問題 ── どんなタイプのガラスか？

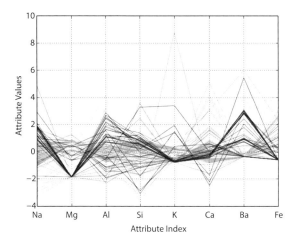

図 2.21　ガラスのデータの平行座標プロット

コード 2.17　ガラスのデータの平行座標プロット（glassParallelPlot.py）

```
__author__ = 'mike_bowles'
import pandas as pd
from pandas import DataFrame
from pylab import *
import matplotlib.pyplot as plot

target_url = ("https://archive.ics.uci.edu/ml/machine-"
              "learning-databases/glass/glass.data")

glass = pd.read_csv(target_url,header=None, prefix="V")
glass.columns = ['Id', 'RI', 'Na', 'Mg', 'Al', 'Si',
                 'K', 'Ca', 'Ba', 'Fe', 'Type']

glassNormalized = glass
ncols = len(glassNormalized.columns)
nrows = len(glassNormalized.index)
summary = glassNormalized.describe()
nDataCol = ncols - 1

#ラベル以外を標準化
for i in range(ncols - 1):
    mean = summary.iloc[1, i]
    sd = summary.iloc[2, i]

    glassNormalized.iloc[:,i:(i + 1)] = \
        (glassNormalized.iloc[:,i:(i + 1)] - mean) / sd
```

```
#標準化した値を用いて平行座標プロット
for i in range(nrows):
    #連続したデータであるかのように行のデータをプロットする
    dataRow = glassNormalized.iloc[i,1:nDataCol]
    labelColor = glassNormalized.iloc[i,nDataCol]/7.0
    dataRow.plot(color=plot.cm.RdYlBu(labelColor), alpha=0.5)

plot.xlabel("Attribute Index")
plot.ylabel(("Attribute Values"))
plot.show()
```

　コード2.17はガラスのデータの平行座標プロットを生成するコードである．岩と機雷の問題では，平行座標プロットの線は二つの異なるラベルの値を説明するために2色になっていた．回帰問題（ワインの味とアワビの年齢）では，ラベルはどんな実数値でもとることができ，プロットの線は異なる色のスペクトルで描かれていた．この多クラス分類問題では，それぞれの分類に違う色を使っている．ラベルは1から7までの値をとる．色の計算は回帰問題で行った計算に似ていて，最大値によって，数値ラベルを分けている．図2.22は，ガラスのデータに関する相関係数のヒートマップを表している．図から属性間のほとんどで相関が低いことがわかる．それは，属性間が良い意味でほとんど独立であることを意味している．また，目的変数は離散値なので，相関係数のヒートマップには含まれていない．このことは，相関係数のヒートマップから説明力をいくらか奪ってしまっている．

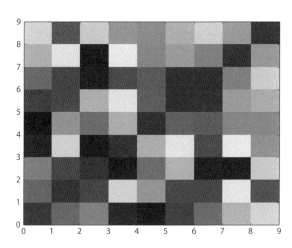

図2.22　ガラスのデータに関する相関係数のヒートマップ

　この結果から，非常に興味深い問題が明らかになった．特に，平行座標プロットと箱ひげ図から，十分なデータがある場合はアンサンブル法のほうが良さそうなことがわ

かった．しかし，ある分類に対応する属性は，属性間に複雑な境界線を持っており，どのアルゴリズムが最も良い予測精度をもたらすかという問題がまだ残っている．

2.7 本章のまとめ

　本章では，新しいデータセットを掘り下げ，どのように予測モデルを作るかを理解するための方法をいくつか紹介した．それはまずデータセットの輪郭を知り，属性とラベルの型を特定するという単純な作業から始まった．この知見は，どのようにデータを前処理し，予測モデルを構築していくかの方針を決めるのに役立つ．また，本章では，データセットの特徴を理解するために統計的な研究をいくつか紹介した．これには，記述統計（平均値，分散，四分位数）や，属性間，属性とラベル間の相関関係のような2次元の順序統計量も含まれる．属性と2クラスラベルの相関係数には，実数（回帰ラベル）のときとは異なるテクニックが必要となる．本章では可視化の方法もいくつか紹介した．これらは，本書で後にアルゴリズムを検証し，それらを比較する際に使用する．

参考文献

[1] Gorman, R. P., and Sejnowski, T. J. (1988). UCI Machine Learning Repository. https://archive.ics.uci.edu/ml/datasets/Connectionist+Bench+%28Sonar,+Mines+vs.+Rocks%29. Irvine, CA: University of California, School of Information and Computer Science.

第 **3** 章

予測モデルの構築
ー精度, 複雑さ, データ量のバランス

　本章では，機械学習のモデルの精度に影響を与える要素とその精度の定義について説明する．例えば，e コマースアプリケーションにおける良い精度とは，より正しい検索結果を返したり，サイト訪問者がより多くクリックする広告を提示したりすることを意味する．遺伝の問題では，遺伝条件に対する遺伝子要因を決めることを意味する．本章では，この種のさまざまな問題に対する精度の測定について議論する．

　予測アルゴリズムを選び，適合させることの目的は，最も精度の高いモデルを作り出すことである．この目的の達成には，三つの要素が含まれている．問題の複雑さ，使用するモデルの複雑さ，そして，入手可能なデータの量や豊富さである．本章では，問題とモデルの複雑さの関係を表す可視化の例をいくつか紹介し，モデル構築に使用する技術的なガイドラインを紹介する．

3.1 │ 基本的な問題 —— 関数近似を理解する

　本書で紹介している予測問題に対するアルゴリズムを具体的に分類すると，以下の二つに分けられる．

- 予測しようとしている変数（例：ウェブサイトの訪問者が広告をクリックするか）
- 予測に使用する変数（例：サイト訪問者の属性情報やサイトでの過去の行動）

　ゴールは予測したい変数と予測に使用する変数を用いて関数を作り，予測モデルを生成することである．このような問題は，**関数近似問題**として扱われる．

関数近似問題では，まず正解がわかっている過去のデータから着手する．例えば，過去のウェブログファイルは，広告を見せたときサイト訪問者がそれをクリックしたかどうかを記録している．データサイエンティストは，次に予測モデルを生成するのに使える他のデータを探さなければならない．例えば，サイト訪問者が広告をクリックするかどうかを予測するために，データサイエンティストは広告の情報を見る前にサイト訪問者がどんなページを見てきたかという情報を使おうとするだろう．もしユーザーがサイトに登録していたら，過去の購買データや閲覧ページが予測に使えるかもしれない．

予測される変数は目的変数 (target)，ラベル (label)，結果 (outcome) などと呼ばれ，予測に使われる変数は予測因子 (predictor)，リグレッサー (regressor)，特徴 (feature)，属性 (attribute) などと呼ばれている．これらの単語は一般的で，本書では区別なく使われている．予測に使える属性を作り出す作業は，**特徴エンジニアリング**と呼ばれている．外れ値を取り除くなどの前処理と特徴エンジニアリングは，データサイエンティストの作業時間の 80% から 90% を占める．

特徴エンジニアリングは普通，特徴選択，最適解の決定，特徴の異なる組み合わせの検討というサイクルの繰り返しを必要とする．本書で紹介しているアルゴリズムは，それぞれの属性の相対的な重要度を量的に表している．この情報は，特徴エンジニアリングのプロセスをスピードアップするのに役立つ．

▶ 3.1.1　学習用データを使用する

データサイエンティストは，学習用データセットでアルゴリズムの構築を始める．学習用データセットは，目的変数とデータサイエンティストが選んだ属性の集団からなる．つまり，学習用データセットは以下の 2 種類の変数を含む．

- 予測したい変数
- 予測に使える変数

表 3.1 は学習用データセットの例である．一番左の列は目的変数（サイト訪問者がリンクをクリックしたか）であり，他の列はサイト訪問者が将来リンクをクリックするかどうかを予測するのに使う変数である．

表 3.1　学習用データセットの例

目的変数 リンクをクリックしたか	属性 1 性別	属性 2 サイトで使った金額	属性 3 年齢
Yes	M	0	25
No	F	250	32
Yes	F	12	17

予測に使う値，すなわち属性は，行列の形で並べることができる．本書ではこれらの値を次式の形で表し，これを X と呼ぶ．

$$X = \begin{pmatrix} x_{11} & x_{12} & \cdots & x_{1m} \\ x_{21} & x_{22} & \cdots & x_{2m} \\ \vdots & \vdots & \ddots & \vdots \\ x_{n1} & x_{n2} & \cdots & x_{nm} \end{pmatrix} \tag{3.1}$$

表 3.1 のデータセットを参照すると，x_{11} は M（性別），x_{12} は 0.00（サイトで使った金額）で，x_{21} は F（性別）となる．

特定の行に対してすべての値を参照できるのは便利である．例えば，$x_{i\cdot}$ は X の i 行目を参照することになる．表 3.1 のデータセットでは，$x_{2\cdot}$ は F，250，32 という値を含む行ベクトルになる．

厳密に言えば，説明変数はすべて同じ型の変数というわけではないので，X は行列ではない（正式な行列はすべて同じ型の値で構成されるが，説明変数は異なる型も入っている）．広告のクリックを予測する例で言うと，説明変数はサイト訪問者に関する属性情報のデータである．このデータには年収，未既婚などの情報も含まれる．年収は実数であり，未既婚は質的変数である．それは，未既婚が足し算，掛け算のような四則演算を認めず，"独身"，"既婚"，"離婚" になんの順序関係もないことを意味している．

未既婚，性別，持ち家などの属性は，**ファクター**（factor）や**カテゴリ**（categorical）と呼ばれる．数値で表される年齢や収入のような属性は，**数値**（numeric）や**実数**（real-valued）と呼ばれる．

アルゴリズムには複数の型を処理できないものがあるので，これら二つの型の区別は重要である．例えば，本書で紹介している線形回帰では，数値の属性が必要である（線形回帰を説明している第 4 章では，質的変数を数値に変換して線形回帰の方法に適合させる方法を紹介している）．

X のそれぞれの行に対応する目的変数は，ベクトル Y を使って次式のように表される．

$$Y = \begin{pmatrix} y_1 \\ y_2 \\ \vdots \\ y_n \end{pmatrix} \tag{3.2}$$

目的変数 y_i は $x_{i\cdot}$ に対応している．表 3.1 のデータで言うと，y_1 は Yes で，y_2 は No である．

目的変数がとりうる値の型は，質的変数だけではない．例えば，目的変数は顧客がお金をいくら使うかというような実数かもしれない．目的変数が実数のとき，問題は**回帰問題**と呼ばれる．本書では線形回帰・非線形回帰の両方を扱う．

表 3.1 のように目的変数が 2 クラスをとるならば,その問題は **2 クラス分類問題**と呼ばれる.顧客が広告をクリックするかどうかを予測する問題は,2 クラス分類問題である.目的変数が三つ以上の離散値を含んでいるならば,問題は**多クラス分類問題**になる.顧客がクリックする広告を予測する問題は,多クラス分類問題になる.

基本的な問題は,属性を使って結果を予測する,次式のような pred 関数を見つけることである.

$$y_t \sim \mathrm{pred}(x_t) \tag{3.3}$$

pred 関数は y_i を予測するために属性 $x_{i\cdot}$ を使う.本書では,pred 関数を生成するための最も良い方法をいくつか紹介する.

▶ 3.1.2 予測モデルの精度を測る

「精度が良い」とは,属性 $x_{i\cdot}$ から,y_i に近い予測値を生成することを意味するが,近さすなわち精度は問題によって意味が異なってくる.y_i が実数である回帰問題にとって,精度は平均二乗誤差(MSE)または平均絶対誤差(MAE)で測定される.

回帰問題では,目的変数 y_i と説明変数 $x_{i\cdot}$ の両方が実数なので,これらに差異があるか計算することができる.式 (3.4) の MSE は,誤差を 2 乗し,その平均値を算出している.式 (3.5) の MAE は,二乗誤差を平均するのではなく,誤差の絶対値の平均値を算出している.

$$\mathrm{MSE} = \frac{1}{n}\sum_{i=1}^{n}(y_i - \mathrm{pred}(x_{i\cdot}))^2 \tag{3.4}$$

$$\mathrm{MAE} = \frac{1}{n}\sum_{i=1}^{n}|y_i - \mathrm{pred}(x_{i\cdot})| \tag{3.5}$$

もし問題が分類問題ならば,他の精度判定基準を使わなければならない.基準として最もよく使われるものの一つは,分類誤差である.すなわち,pred 関数が間違って予測した個数のことである.3.3.1 項で,分類誤差の計算方法について述べる.

予測値の生成に便利な pred 関数には,予測した新しい結果との誤差を測定する方法がなければならない.では,新しく取得したデータにおける予測精度とは何か? 本章では,そのデータにおける精度を評価する最も良い方法を紹介する.

本節では,本書にある基本的なタイプの予測問題を紹介し,予測モデルの構築方法を説明した.また,これらの予測誤差を評価する方法の概要も紹介した.これらのステップの実行は少し複雑である.本章の残りの節では,この複雑さとその扱い方,そして,問題の内容や利用可能なデータから得られる最も良いモデルの構築方法について説明する.

3.2 アルゴリズムの選択を左右する要素と精度 ——複雑さとデータ

予測アルゴリズムの全体の精度に影響してくる要素はいくつかある．それは，問題の複雑さ，モデルの複雑さ，利用可能な学習用データの量である．以下の項で，これらの要素が精度を決めるのにどのように影響してくるかを説明する．

▶ 3.2.1 単純な問題と複雑な問題の対比

前節では精度を定量化する方法を説明し，新しいデータに対する精度の重要さを強調した．予測モデルを構築することのゴールは，（サイトの新しい訪問者などの）新しいデータから結果を正確に予測することである．データサイエンティストとしては，アルゴリズムの精度を評価し，顧客の行動の予測結果を他のアルゴリズムと比較したいだろう．予測モデリングにおける最も良い方法は，学習用データからいくつかデータを取っておくことである．学習用データはラベルを持っているので，取っておいたデータで検証することで，生成した予測の精度を測ることができる．ただ，学習に使わなかったデータには誤差があるので，統計家はこれを**サンプリング誤差**として扱う（3.3 節で，このプロセスのメカニズムを細かく紹介する）．取っておいたデータに対してモデルを使用する際，計算できる精度はそのときの学習用データで作られたモデルの精度だけであるということを，気に留めておいてほしい．

精度に影響する要素の一つは，解く問題の複雑さである．図 3.1 は，2 次元の比較的単

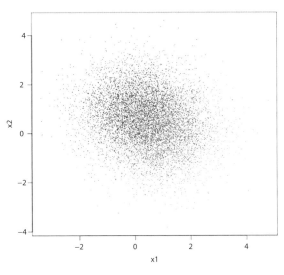

図 3.1 単純な分類問題

純な分類問題である．暗い点と明るい点があり，それぞれグループをなしている．暗い点は，分散1で$(1,0)$を中心にした2次元正規分布からランダムにプロットされた．明るい点は，同じ分散を持つ正規分布であるが，$(0,1)$が中心となっている．分類作業とは，暗い点と明るい点を分ける境界線をx_1, x_2平面に引くことである．この状況下でできる最も良い方法は，プロットに45度線（$x_1 = x_2$となる線）を引くことである．この直線はできる限り明るい点と暗い点を分けてくれるので，この場合，線形の分類器は非線形の分類器と同様の結果をもたらす．本書で紹介している線形回帰の方法は，この問題に対して素晴らしい働きをするだろう．

図3.2は，複雑な分類問題を描いている．図3.2も図3.1と同様にランダムに点を打っているが，主な違いは，図3.2では明るい点，暗い点がそれぞれ異なる分布で描かれていることである．これは**混合モデル**と呼ばれる．明るい点と暗い点を分ける境界線をx_1, x_2平面に引くという目的は，基本的に同じである．しかし，図3.2を見ると，直線の境界線では曲線のようにうまく分類できないことは明らかである．第6章で紹介しているアンサンブル法は，このような問題に適している．

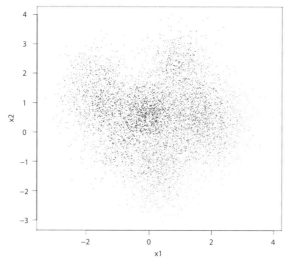

図3.2　複雑な分類問題

しかし，精度に影響する要素は境界線の複雑さだけではない．別の重要な要素は，データセットの大きさである．図3.3は，図3.2と同じ分布から得られたデータを描いている．図3.3でプロットされた点は，図3.2でプロットされたデータのうちの1%である．

図3.2では，明るい点と暗い点の輪郭を描くのに十分なデータがあった．データが豊富にない場合，点の集合を簡単に視覚化することはできない．この例のような状況では，線形モデルは非線形モデルに等しいかそれ以上の精度を示すだろう．データが少

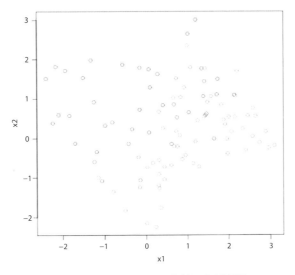

図 3.3 データが少ない複雑な分類問題

ないと，境界線を可視化することは難しく，計算もしづらい．これは，たくさんのデータを持つことの価値を示している．潜在的な問題が複雑な場合（例えば，広告ごとの購買意欲の変化を顧客ごとに見る），たくさんのデータを持った複雑なモデルであれば正確な結果を示すことができる．しかし，モデルが図 3.1 のように複雑でない場合や，図 3.3 のように十分なデータがない場合，線形モデルが最も良い答えを生成するかもしれない．

▶ 3.2.2 単純なモデルと複雑なモデルの対比

前項では，単純な問題と複雑な問題の比較を視覚的に示した．本項では，これらの問題を解くために使えるさまざまなモデルの違いを説明する．直観的に，複雑なモデルは複雑な問題に適用すべきだと思われるが，前項の可視化の例では，データセットの大きさによっては，複雑な問題に対しても，単純なモデルのほうが複雑なモデルよりも適合する場合があることがわかる．

別の重要な概念は，機械学習アルゴリズムは単に一つのモデルだけでなくモデル群を生成するということである．本書でカバーしているアルゴリズムは，数百から数千の異なるモデルを生成する．一般的に，第 6 章で紹介するアンサンブル法は，第 4 章で紹介する線形の方法よりも複雑なモデルを生成するが，これらの方法は異なる複雑さを持つ複数のモデルを生成する（詳細は第 4 章および第 6 章で説明する）．

図 3.4 は前項で説明した単純な問題に線形モデルを適用した結果を示している．この線形モデルは，（第 4 章で紹介する）glmnet アルゴリズムを使って生成された．これら

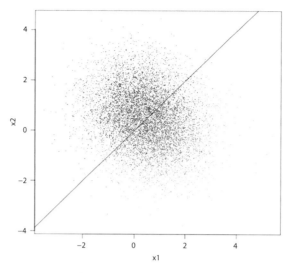

図 3.4　単純なデータに対する線形モデルの適用

のデータに線形モデルを適用すると，データはざっくり半分に分割される．図にある線は次式で表される．

$$x_2 = -0.01 + 0.99 x_1 \tag{3.6}$$

これは最も良い境界線である $x_2 = x_1$ にとても近くなっている．この境界線は視覚的で直観的な視点から得られたように見え，この単純な問題に複雑なモデルを合わせることは，必ずしも精度を改善させるわけではないとわかる．

複雑な境界線を持つ問題では，複雑なモデルが単純な線形モデルの精度を上回るかもしれない．図 3.5 は，非線形の境界線を持つデータに線形モデルを適用した結果を表している．この状況下では，線形モデルの結果に従うと，明るい点と暗い点を相互に誤分類してしまう．

図 3.6 は，複雑なモデルが複雑なデータにどの程度当てはまるかを表している．この境界線を生成するために使われたモデルは，勾配ブースティングアルゴリズムを使って生成された 1000 個もの 2 クラス決定木の集合である（勾配ブースティングは第 6 章で詳細に説明する）．非線形な境界曲線は，暗い点が多いところ，明るい点が多いところをより正確に分類している．

最も良いアプローチは，複雑な問題には複雑なモデルを，単純な問題には単純なモデルを使うことである，という結論を表しているように思える．しかし，問題のもう一つの側面を考えなければならない．前述したとおり，データセットの大きさを考える必要がある．図 3.7 と図 3.8 は，複雑な問題のデータのうちの 1% を表しており，図 3.7 はデータに線形モデルを，図 3.8 はデータにアンサンブルモデルを適用している．誤分類

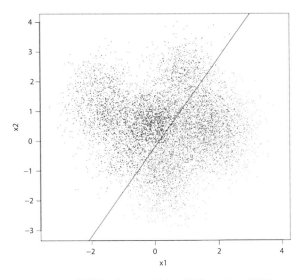

図 3.5 複雑なデータに対する線形モデルの適用

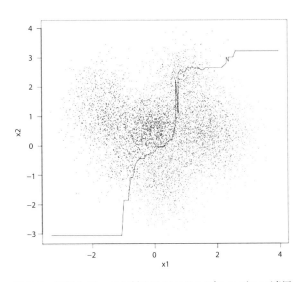

図 3.6 複雑なデータに対するアンサンブルモデルの適用

された点の数を数えてみよう．データセットには 100 個の点がある．図 3.7 の線形モデルは，11 個の点を誤分類している．これは誤分類率が 11% ということである．一方，アンサンブルモデルは 8 個の点を誤分類し，これは誤分類率 8% に当たる．これらの精度はおおよそ同じである．

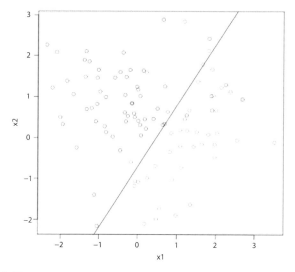

図 3.7　複雑なモデルから抽出した少量のサンプルに対する線形モデルの適用

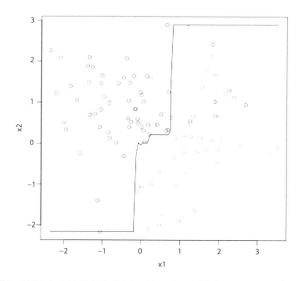

図 3.8　複雑なモデルから抽出した少量のサンプルに対するアンサンブルモデルの適用

▶ 3.2.3　予測アルゴリズムの精度を左右する要素

　これらの結果は，たくさんのデータがあることに感謝すべきであると伝えている．複雑な問題に対して正確な予測をするためには，たくさんのデータを必要とする．とはいえ，データの大きさだけでは十分厳密な予測結果は得られない．データの形もまた重要である．

3.2 アルゴリズムの選択を左右する要素と精度——複雑さとデータ

式 (3.1) では，予測に使うデータを，多数の行（高さ）と多数の列（幅）を持つ行列として表現した．行列の要素数は行数と列数の積である．予測モデリングでは，行数と列数の違いは重要である．列を増やすことは，新たな属性を増やすことを意味する．新しい行を増やすことは，既存の属性に新たな観測データを加えることを意味する．新たな行の影響と新たな列の影響がどのようなものか理解するために，式 (3.1) の属性を式 (3.2) のラベルに関連付けた線形モデルを考える．

式 (3.7) のような，属性と予測の線形関係を表すモデルを仮定する．

$$y_i \sim x_{i\cdot} * \beta \\
= x_{i1} * \beta_1 + x_{i2} * \beta_2 + \cdots + x_{im} * \beta_m \tag{3.7}$$

ここで，$x_{i\cdot}$ は i 行目の属性の値，β は係数ベクトルを表す．属性の行列に列を加えることは，求めなければならない係数 β を増やすことを意味する．この加えられる係数は，**自由度**とも呼ばれる．自由度を追加することは，モデルをより複雑にする．先ほどの例で，より複雑なモデルを作ることは，より多くのデータを必要とすることが証明された．行と列の比率（縦横の比）の観点から考えることは先ほどと同じである．

生物学のデータセットと自然言語処理のデータセットは，たくさんの列を持っているので，とても大きなデータになる．しかし，複雑なモデリングのアプローチで良い精度を得るためにたくさんのデータが必要でないこともある．生物学では，ゲノムのデータセットの属性数は容易に 10000 から 50000 にのぼる．ゲノムのデータセットで複雑なアンサンブルモデルを学習するには，数万のデータ（データの行数）があっても十分ではないかもしれない．この場合，線形モデルが同等またはそれ以上の精度をもたらすかもしれない．

ゲノムのデータは高価である．実験（行）一つで 5000 ドル以上するものもあり，データセット全体では 5 千万ドル以上かかる．一方，自然言語のテキストは安く集めることができるが，ゲノムのデータより広範囲に及ぶかもしれない．自然言語処理問題では，属性は単語であり，行は文章である．属性の行列に入っている値は，文章中に出現する単語の回数である．列の数は文章全体の単語数である．前処理（例えば，"a"，"and"，"of" のような単語を取り除くこと）をしても，単語数は数千から数万になる．N-gram を使って単語を数えるとき，テキストに対する属性の行列はとても大きくなる．N-gram は，隣り合う（または自然な文節に近い）2〜4 語で一つのグループを作る．それらのグループも数えると，自然言語処理の属性数は 100 万を超えるほどになりうる．繰り返すが，この場合，線形モデルは複雑なアンサンブルモデルと同等またはそれ以上の精度をもたらすかもしれない．

▶ 3.2.4 アルゴリズムの選択——線形か非線形か

これまで見てきた可視化の例は、線形と非線形の予測モデル間の精度に関するトレードオフを示していた．行より列が多いデータセットだったり，根本的な問題が単純だったりするときは，線形モデルが好まれる．列よりも行が多い複雑な問題では，非線形モデルが好まれる．属性を追加すると，学習にかかる時間が増える．線形の手法は，非線形の手法よりもずっと速く学習できる（第4章と第6章で説明する手法をいくつかの事例を通して理解すると，この選択に関する基礎知識が身につくだろう）．

非線形モデル（例えばアンサンブル法）を選択すると，異なる複雑さを持つさまざまなモデルを学習することが必要になる．例えば，図3.6の境界線を生成したアンサンブルモデルは，学習プロセスの間に生成された約1000個の異なるモデルのうちの一つであった．これらのモデルはさまざまな複雑さを持っていた．その中には，図3.6で可視化したような，とても粗い近似を与えるものもあった．図3.6の境界線を生成したモデルは，抽出しておいたデータに対して最も良い精度を示していたので選ばれた．このプロセスは，多くの機械学習アルゴリズムに有効である．事例は3.4.1項で紹介する．

本節では，構築した予測モデルの精度に影響する要素を直観的に理解するために，可視化しやすいデータセットや分類方法を使った．通常は図に頼るのではなく，定量的に精度を測る方法を使う．次節では，手法の説明や予測モデルの精度を定量的に測定するときに考慮すること，さらにデプロイするときに予測モデルが満たすべき精度を評価する方法を説明する．

3.3 予測モデルの精度を測る

本節では，予測モデルの精度測定に関連する二つの分野を説明する．一つ目は，さまざまなタイプの問題に使える測定方法である（例えば，回帰問題のMSEや分類問題の誤分類）．書籍や論文（や機械学習コンペ）では，ROC曲線（受信者操作特性曲線）やAUC（ROC曲線下の面積）のような測定方法が使われている．さらに，これらの考え方は精度の最適化にも使える．

二つ目は，検証用データで検証したときの誤差を計算する手法である．検証用データを検証したときの誤差は，新しいデータに対する誤差をシミュレーションしていることを意味することを思い出してほしい．この手法を使って，異なるアルゴリズムを比較したり，問題の複雑さ，データセットの大きさに対して最も良いモデルの複雑さを選んだりすることは，モデリングの重要なパートである．そのプロセスは，本章で後に詳細に説明され，以降，事例として使われる．

3.3 予測モデルの精度を測る

▶ 3.3.1 さまざまなタイプの問題の精度を測る

　回帰問題の精度測定は比較的単純である．回帰問題では，目的変数と予測値は実数である．誤差は当然，目的変数と予測値の差異で定義される．比較や評価を行うためにこの誤差の要約統計量を生成すると便利である．最もよく使われる要約統計量は，平均二乗誤差（MSE）と平均絶対誤差（MAE）である．コード 3.1 は，MSE，MAE，RMSE（MSE の平方根）の計算を比較している．

コード 3.1　MSE，MAE，RMSE の比較（regressionErrorMeasures.py）

```
__author__ = 'mike-bowles'

#まず値を生成するところから始める
target = [1.5, 2.1, 3.3, -4.7, -2.3, 0.75]
prediction = [0.5, 1.5, 2.1, -2.2, 0.1, -0.5]
error = []
for i in range(len(target)):
  error.append(target[i] - prediction[i])

#誤差を出力
print("Errors ",)
print(error)
#ans:  [1.0, 0.60000000000000009, 1.1999999999999997, -2.5,
#-2.3999999999999999, 1.25]

#二乗誤差と絶対誤差を計算する
squaredError = []
absError = []
for val in error:
    squaredError.append(val*val)
    absError.append(abs(val))

#二乗誤差と絶対誤差を出力する
print("Squared Error")
print(squaredError)
#ans: [1.0, 0.3600000000000001, 1.4399999999999993, 6.25,
#5.7599999999999998, 1.5625]
print("Absolute Value of Error")
print(absError)
#ans: [1.0, 0.60000000000000009, 1.1999999999999997, 2.5,
#2.3999999999999999, 1.25]

#MSE を計算し出力する
print("MSE = ", sum(squaredError)/len(squaredError))
#ans: 2.72875

from math import sqrt
```

```
#RMSEを計算し出力する
print("RMSE = ", sqrt(sum(squaredError)/len(squaredError)))
#ans: 1.65189285367

#MAEを計算し出力する
print("MAE = ", sum(absError)/len(absError))
#ans: 1.49166666667

#MSEと目的変数の分散を比較する
targetDeviation = []
targetMean = sum(target)/len(target)
for val in target:
  targetDeviation.append((val - targetMean)*(val - targetMean))

#目的変数の分散を出力する
print("Target Variance = ", sum(targetDeviation)/len(targetDeviation))
#ans: 7.5703472222222219

#目的変数の標準偏差を出力する
print("Target Standard Deviation = ", sqrt(sum(targetDeviation)
    /len(targetDeviation)))
#ans: 2.7514263977475797
```

コードは目的変数と予測値のデータ生成から始まる．次に，単純に引き算で誤差を計算し，二乗誤差と絶対誤差を求めた後，MSE, RMSE, MAE の計算をする．RMSE と MAE に比べ，MSE の大きさに顕著な違いがあることに気づくだろうか．これは MSE が2乗した値だからである．そのため，RMSE のほうが使いやすい．コードの終わりには，目的変数の分散（平均二乗偏差）や標準偏差（分散の平方根）の計算がある．これらは予測誤差に対して MSE と RMSE をそれぞれ比較する際に便利である．例えば，もし予測誤差に対する MSE が目的変数の分散とほぼ同じ（または RMSE が目的変数の標準偏差とほぼ同じ）であるならば，予測アルゴリズムはうまく機能していない．予測アルゴリズムを単に目的変数に対する平均値の計算に置き換えても，同様の精度を示せる．コード3.1の誤差を RMSE で見ると，目的変数の約半分の標準偏差である．これはかなり良い精度である．

誤差に関する要約統計量の計算に加え，誤差のヒストグラムや端にある値（四分位数や十分位数），正規性などから誤差の程度やその出所を探索することは有効である．そして，それらの結果から，誤差の情報や精度改善の可能性に対する考えが生み出される．

分類問題は少し扱いが違う．分類問題に対するアプローチは，一般的に誤分類率を中心に展開していく．例としては，サイト訪問者が提示されたリンクをクリックするかどうかを予測する問題が挙げられる．一般的に，分類のアルゴリズムは，クリックするか

どうかを確率の形で表すことができる．本書に出てくるアルゴリズムは，すべて確率で結果を出力する．

これはとても便利な情報であり，クリックするかどうかという予測が確率（クリックする確率が 80%，しない確率が 20% など）でわかったら，データサイエンティストはリンクを提示するかしないかの境界線として 50% を使うという選択肢を持つことになる．しかし，場合によっては，それとは違う境界線のほうが良い最終結果を与えることもある．

例えば，問題を（クレジットカード，自動決済，保険金請求などにおける）不正取引への対応と仮定してみよう．不正かどうかで決まる次にとるアクションは，カード会社などのコールセンターに取引へ介入してもらうか，そのままにするかであり，どちらにしろコストがかかる．もし電話をするなら，コールセンターに対するコストと顧客に対するコストがかかる．もし電話しないなら，不正の可能性に対するコストがかかる．アクションをとるコストがとらないコストに比べてとても低かったら，介入にフラグが立つ取引のほうが多くなる．

しかし，顧客に会計を中断させたり，カード会社に電話するよう顧客に要求したりするラインは，どこに引けばよいのだろうか？ 予測アルゴリズムは，取引が不正である確率が 20%，50%，80% のどのときに取引を中断させるだろうか？ 20% のところに中断の閾値を置くと，不正取引は減少するだろう．しかし，同時に，より多くの顧客をいらいらさせたり，コールセンターの多くの担当者を忙しくさせたりすることになるだろう．おそらく，閾値を高くし（80%），より多くの不正を受け入れるほうがよい．

これを考えるのに便利な方法は，アウトプットを**混同行列**や**分割表**（http://en.wikipedia.org/wiki/Confusion_matrix）と呼ばれるものに並び替えることである．図 3.9 は混同行列の例である．分割表内の数字は，すぐ上で説明した閾値の選択に基づく結果を表している．図 3.9 の混同行列は，閾値のそれぞれの確率に対して 135 個の検

実際の分類	予測した分類	
	陽性 （クリックする）	陰性 （クリックしない）
陽性 （クリックする）	真陽性 10	偽陰性 7
陰性 （クリックしない）	偽陽性 22	真陰性 96

図 3.9　混同行列の例

証用データを予測した結果をまとめている．行列には，予測値を表す2列と真の値（ラベル）を表す2行がある．したがって，検証用データのそれぞれの行は，表の四つあるセルのうちの一つに割り当てられる．図3.9にある二つの分類は，広告を「クリックする」か「クリックしない」かである．先ほど扱った具体例で言うと，これらは「不正」か「不正でない」かに相当する．

　左上のセルには，クリックすると予測され，かつ，ラベルが真であるデータが割り当てられる．これらは真陽性と呼ばれ，普通 TP（true positive）と短縮される．左下のセルには，クリックすると予測されたが，実際はされなかったデータが割り当てられる．これは偽陽性と呼ばれ，FP（false positive）と短縮される．そして，行列の右側にある列には，「クリックしない」と予測されたデータが割り当てられており，右上は，本当はクリックされているデータであり，偽陰性または FN（false negative）と呼ばれる．右下は，予測も実際も「クリックしない」となったデータであり，真陰性または TN（true negative）と呼ばれる．

　確率の閾値が変わると，何が起きるだろう？ 極端な値を考えてみよう．もし確率の閾値が0.0だったら，モデルがどんな確率を予測しようとも「クリックする」と分類される．すべての事例が最終的に左側の列に寄るということである．右側の列は0だけになる．TP の数は17まで，FP の数は118まで増える．もし FP に対するコストも TN に対するメリットもないなら，これは良い選択であるが，予測アルゴリズムがすべての場合で「クリックする」と仮定する必要はない．同様に，もし FN に対するコストも TP に対するメリットもないなら，閾値はすべての場合で「クリックしない」と分類されるように定められる．これは理解を助けるための極端な例であり，デプロイされたシステムでは役に立たない．以下では，岩と機雷のデータセットに対する分類器を作るプロセスを示す．

　岩と機雷のデータセットは，音波探知機のデータから海底にある物質が岩か機雷かを判定する分類器を作る問題である（データセットの詳細は第2章を参照）．コード3.2は，岩と機雷のデータセットに対する単純な分類器を生成する Python のコードである．

コード3.2　岩と機雷のデータセットから生成した分類器の精度を測る
　　　　　　（classifierPerformance_RocksVMines.py）

```
__author__ = 'mike-bowles'

#scikit-learn パッケージを使って岩と機雷のデータに対する分類器を生成する
#分類精度を測る


import urllib2
import numpy
import random
from sklearn import datasets, linear_model
```

```python
from sklearn.metrics import roc_curve, auc
import pylab as pl

def confusionMatrix(predicted, actual, threshold):
  if len(predicted) != len(actual): return -1
  tp = 0.0
  fp = 0.0
  tn = 0.0
  fn = 0.0
  for i in range(len(actual)):
    if actual[i] > 0.5: #1.0(正例)のラベル
      if predicted[i] > threshold:
        tp += 1.0 #正しく予測された
      else:
        fn += 1.0 #誤って予測された
    else:         #0.0(負例)のラベル
      if predicted[i] < threshold:
        tn += 1.0 #正しく予測された
      else:
        fp += 1.0 #誤って予測された
  rtn = [tp, fn, fp, tn]
  return rtn

#岩と機雷のデータを読み込む
target_url = ("https://archive.ics.uci.edu/ml/machine-learning-"
  "databases/undocumented/connectionist-bench/sonar/sonar.all-data")
data = urllib2.urlopen(target_url)

#データをラベルと属性に並び替える
xList = []
labels = []
for line in data:
  #カンマで分割する
  row = line.strip().split(",")
  #"M"なら1.0, "R"なら0.0のラベルを割り当てる
  if(row[-1] == 'M'):
    labels.append(1.0)
  else:
    labels.append(0.0)
  #行からラベルだけ取り除く
  row.pop()
  #小数に変換
  floatRow = [float(num) for num in row]
  xList.append(floatRow)

#学習用データ（データの2/3)を属性の行列とラベルのベクトルに分割する
#残り1/3は検証用データとする
indices = range(len(xList))
```

```python
xListTest = [xList[i] for i in indices if i%3 == 0 ]
xListTrain = [xList[i] for i in indices if i%3 != 0 ]
labelsTest = [labels[i] for i in indices if i%3 == 0]
labelsTrain = [labels[i] for i in indices if i%3 != 0]

#scikit-learn の線形モデルに適用するために
#値を numpy の配列に格納する
xTrain = numpy.array(xListTrain); yTrain = numpy.array(labelsTrain)
xTest = numpy.array(xListTest); yTest = numpy.array(labelsTest)

#行列数の確認
print("Shape of xTrain array", xTrain.shape)
print("Shape of yTrain array", yTrain.shape)
print("Shape of xTest array", xTest.shape)
print("Shape of yTest array", yTest.shape)

#線形回帰モデルの学習
rocksVMinesModel = linear_model.LinearRegression()
rocksVMinesModel.fit(xTrain,yTrain)

#予測値を生成する
trainingPredictions = rocksVMinesModel.predict(xTrain)
print("Some values predicted by model", trainingPredictions[0:5],
      trainingPredictions[-6:-1])

#予測値の混同行列を生成する
confusionMatTrain = confusionMatrix(trainingPredictions, yTrain, 0.5)
#閾値を取り出し，混同行列の値を取得する
tp = confusionMatTrain[0]; fn = confusionMatTrain[1]
fp = confusionMatTrain[2]; tn = confusionMatTrain[3]

print("tp = " + str(tp) + "\t fn = " +
      str(fn) + "\n" + "fp = " + str(fp) + "\t tn = " + str(tn) + '\n')

#検証用データから予測値を生成する
testPredictions = rocksVMinesModel.predict(xTest)

#予測値の混同行列を生成する
conMatTest = confusionMatrix(testPredictions, yTest, 0.5)
#閾値を取り出し，混同行列の値を取得する
tp = conMatTest[0]; fn = conMatTest[1]
fp = conMatTest[2]; tn = conMatTest[3]
print("tp = " + str(tp) + "\tfn = " + str(fn) + "\n" + "fp = " +
str(fp) + "\ttn = " + str(tn) + '\n')

#サンプルの ROC 曲線を生成する

fpr, tpr, thresholds = roc_curve(yTrain,trainingPredictions)
```

```
roc_auc = auc(fpr, tpr)
print( 'AUC for in-sample ROC curve: %f' % roc_auc)

#ROC曲線をプロット
pl.clf()
pl.plot(fpr, tpr, label='ROC curve (area = %0.2f)' % roc_auc)
pl.plot([0, 1], [0, 1], 'k?')
pl.xlim([0.0, 1.0])
pl.ylim([0.0, 1.0])
pl.xlabel('False Positive Rate')
pl.ylabel('True Positive Rate')
pl.title('In sample ROC rocks versus mines')
pl.legend(loc="lower right")
pl.show()

#検証用データのROC曲線を生成する
fpr, tpr, thresholds = roc_curve(yTest,testPredictions)

roc_auc = auc(fpr, tpr)
print( 'AUC for out-of-sample ROC curve: %f' % roc_auc)

#ROC曲線をプロット
pl.clf()
pl.plot(fpr, tpr, label='ROC curve (area = %0.2f)' % roc_auc)
pl.plot([0, 1], [0, 1], 'k?')
pl.xlim([0.0, 1.0])
pl.ylim([0.0, 1.0])
pl.xlabel('False Positive Rate')
pl.ylabel('True Positive Rate')
pl.title('Out-of-sample ROC rocks versus mines')
pl.legend(loc="lower right")
pl.show()
```

　コードの最初のセクションは，UC Irvine Data Repository からデータを読み込み，それをラベルと属性のリストの形に整えている．次のステップは，データ（ラベルと属性）を，データの 2/3 からなる学習用データと，残る 1/3 からなる検証用データに分割することである．検証用データは分類器の学習には使わず，分類器の学習後に精度を評価するために確保しておく．精度を評価するステップは，分類器がデプロイされた後，新しいデータに対してどの程度の精度が発揮されるかを確認するために行われる．本章では，データを出力したり，新しいデータに対する精度を評価したりするためのさまざまな方法を説明する．

　もともとのデータセットの M（機雷）と R（岩）を数値に変換し（機雷の場合は 1，岩の場合は 0），次に，最小二乗法を使って線形モデルを適用し，分類器を学習させる．

この方法は理解や実行がとても簡単であり，あとで説明するより高度なアルゴリズムと同じくらいの精度を示す．コード 3.2 のプログラムは，最小二乗法で学習するために，scikit-learn パッケージにある線形回帰のクラスを使っている．そして，学習したモデルを使用して，学習用データと検証用データに対する予測を生成する．

コード 3.2 のプログラムでは，予測値の一部を出力している．線形回帰モデルは，すべてではないがほとんどの場合，0.0 から 1.0 の間の数値を生成する．予測値は必ずしも確率であるとは限らないということである．予測値は，閾値と比較することによって，混同行列の「陽」と「陰」のどちらに割り当てられるかが決まる．confusionMatrix 関数は，図 3.9 と同様に，混同行列の値を生成する．

それぞれの閾値に対する誤り率は，混同行列から読み取ることができる．誤りの総数は FP と FN の合計である．先ほどのプログラムでは，学習用データと検証用データに対する混同行列を生成し，その両方を出力している．誤分類率は学習用データに対しては約 8％，検証用データに対しては約 26％であった．一般的に，検証用データに対する精度は学習用データに対する精度よりも悪い．これは新しいデータに対する予測誤差も表している．

閾値を変更すると，誤分類率も変わる．表 3.2 は，閾値が変わるにつれて誤分類率がどのように変化していくかを表している．表の値は検証用データに対する結果に基づいている．これは精度を評価するための値である．もし目的が誤分類を最小化することであるならば，最も良い閾値は 0.25 である．

表 3.2 閾値と誤分類率の関係

閾値	誤分類率
0.0	28.6％
0.25	24.3％
0.5	25.7％
0.75	30.0％
1.0	38.6％

最も良い閾値は，誤分類率を最小化するものかもしれない．しかし，その閾値を使ったときのコストのほうが他に比べてかかることもある．例えば，岩と機雷の問題において視覚的に調査するためにダイバーに 100 ドル，不発弾を取り除かないことによりケガが予想されたり，物的損失になったりするので不発弾を取り除く必要があり，それに 1000 ドルかかるとする．つまり，FP は 100 ドルかかり，FN は 1000 ドルかかる．これらの仮定が与えられると，異なる閾値における失敗のコストを，表 3.3 のようにまとめることができる．機雷を岩と間違える（そして，人的あるいは物質的な安全を脅かす

3.3 予測モデルの精度を測る

表 3.3 異なる閾値における失敗のコスト

閾値	偽陰性コスト	偽陽性コスト	合計
0.0	1000	1900	2900
0.25	3000	1400	4400
0.5	9000	900	9900
0.75	18000	300	18300
1.0	26000	100	26100

場所にそれを置いておく）ことに対するコストは高く，閾値を 0 に押し下げる．それは FN が増えることを意味するが，それらは高価ではない．より徹底した分析は，TP と TN に関連したコストを含めることである．例えば，TP は機雷の除去に関連したコストがかかるが，1000 ドルの利益をもたらすとする．もし読者が直面している問題で，この数値が利用できる（または近似できる）なら，より良い閾値を算出するためにそれを使う必要がある．

FP と FN を比較したときの合計コストは，データセットの陽性と陰性の割合によることに注意しよう．岩と機雷のデータセットには，陽性と陰性のデータが同じ数だけある．それはおそらく実験の手順によって決まる．陽性と陰性の割合は，実践時には変わってしまうかもしれない．システムがデプロイされたとき，数値が異なるようであれば，実際の比率に合うように調節する必要がある．

データサイエンティストはコストの値を入手できなくても，閾値に対する誤分類率を使うのでなく分類器全体の精度を評価する方法を求めるだろう．これを行うための共通のテクニックは，**ROC 曲線**（受信者操作特性曲線）と呼ばれる（http://en.wikipedia.org/wiki/Receiver_operating_characteristic[*1]）．

ROC は，もともとの活用方法である，敵の航空機が存在するかどうかを判定するためのレーダー受信機の処理から，その名前（receiver operating characteristic）がつけられた．ROC 曲線は，これらの異なる分割表をすべて一つにまとめたプロットを作る．ROC 曲線は，真陽性率（TPR）と偽陽性率（FPR）をプロットする．分割表の要素は以下の式で与えられる．

$$\mathrm{TPR} = \frac{\mathrm{TP}}{\mathrm{TP}+\mathrm{FN}} \tag{3.8}$$

$$\mathrm{FPR} = \frac{\mathrm{FP}}{\mathrm{TN}+\mathrm{FP}} \tag{3.9}$$

TPR は，式 (3.8) のように，正しく陽性に分類されたデータの割合である．FPR は，式

[*1] 訳注：https://ja.wikipedia.org/wiki/受信者操作特性

(3.9) のように，実際は陰性であるデータの総数に対する FP の数である．

閾値にとても低い値を設定した場合を考えてみよう．低い値では，すべてのデータが陽性と判断される．このとき，TPR は 1.0 となる．すべて陽性に分類されるので，FN はない（FN = 0.0）．一方，閾値をとても高く設定した場合，TP は 0.0 になり，陽性には一つも分類されないので，TPR も FP も 0 となる．したがって，FPR も 0 となる．図 3.10 と図 3.11 は，pylab パッケージの roc_curve 関数と auc 関数を使って描かれ

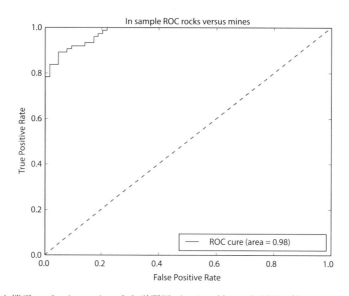

図 3.10 岩と機雷のデータセットのうち学習用データに対して分類器を使ったときの ROC 曲線

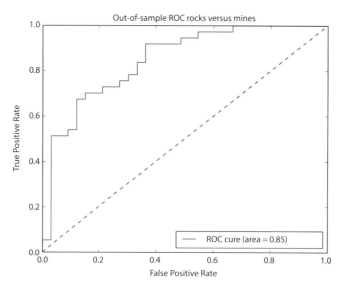

図 3.11 岩と機雷のデータセットのうち検証用データに対して分類器を使ったときの ROC 曲線

ており，図 3.10 は学習用データの ROC 曲線を，図 3.11 は検証用データの ROC 曲線を示している．

岩か機雷かをランダムに決める分類器を使った ROC 曲線は，プロットの左下から右上に対角線を描く．通常，その線は基準点として ROC 曲線に引かれる．完璧な分類器では，ROC 曲線は $(0,0)$ から $(0,1)$ にまっすぐ伸びていき，やがて $(1,1)$ を通る．当然，学習用データを使った図 3.10 は，検証用データを使った図 3.11 よりもそれに近くなっている．分類器は左上に行けば行くほど良い．もし ROC 曲線が対角線のかなり下のほうに落ちているならば，それはデータサイエンティストがどこかで条件分岐を間違えているかもしれないので，プログラムを注意深く見るべきである．

図 3.10 と図 3.11 は曲線下の面積（AUC）も示している．"area under the ROC curve" という原綴からわかるように，AUC は ROC 曲線下の面積である．完璧な分類器では AUC は 1.0 となり，ランダムな場合は 0.5 となる．図 3.10 と図 3.11 の AUC は，学習用データとの誤差に基づいた高精度な例を表している．学習用データの AUC は 0.98 で，検証用データの AUC は 0.85 である．

また，2 クラス分類器の精度の計算を多クラス分類器に応用するという方法もある．とはいえ，誤分類にも意味があり，混同行列が役に立つ．ROC 曲線と AUC を多クラスに一般化したものもある[1]．

▶ 3.3.2　デプロイしたモデルの精度を評価する

前項の事例では，一度，予測モデルをデプロイしたら，予測の精度を有効に評価するために，学習用データセットから取っておいたデータで精度を検証する必要があると述べた．その事例では，ラベルを持つデータを二つに分割していた．一方のデータセット（学習用データセット）に 2/3 のデータを持たせ，最小二乗法を行うために使った．残りの 1/3（検証用データセット）は，精度を測定するためだけに使った（モデルの学習には使っていない）．これは機械学習の標準的な手順である．

データを分ける比率に関して明確なルールはないが，検証用データにはデータの 25〜35% が使われる．心に留めておくべきことは，学習用データセットが小さくなるに従い，モデルの精度が悪化することである．学習用データセットから多くのデータを取りすぎることは，最終的な精度に悪影響を及ぼす．

データを分割する別の方法として，**N 分割交差検証**と呼ばれるものがある．図 3.12 は，N 分割交差検証でどのようにデータセットを学習用データと検証用データに分割するかを図示している．それぞれのセットは，およそ同じサイズのデータを持っている．図における n は 5 である．データによって，いくつかの学習用データと検証用データのパターンが作られる．一つ目の状況では，データの 1 番目のブロックが検証用データとして使われ，残りの $n-1$ 個のデータは学習に使われる．二つ目の状況では，2 番目のブ

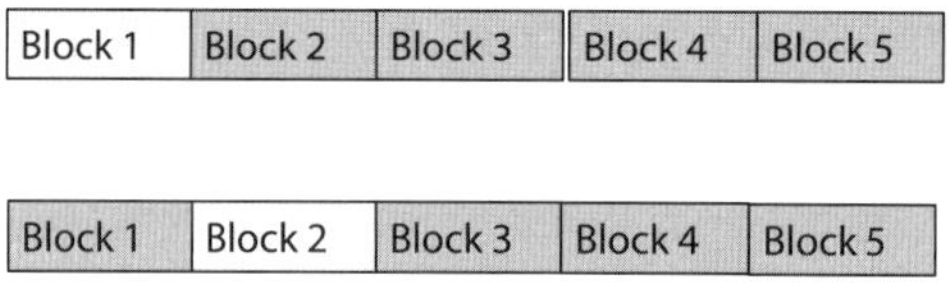

| Block 1 | Block 2 | Block 3 | Block 4 | Block 5 |

| Block 1 | Block 2 | Block 3 | Block 4 | Block 5 |

図 3.12　N 分割交差検証

ロックが検証用データとして使われ，残りの $n-1$ 個は学習に使われる．このプロセスは，すべてのデータが検証用データになるまで続けられる（図 3.12 の 5 分割の例では，5 回繰り返すことになる）．

　学習用データセットに多くのデータを割り当てられると，汎化誤差が小さくなり，最終的な精度が良くなる．例えば，10 分割交差検証が選ばれたら，データのたった 10% だけがそれぞれの学習の状況下で検証に使われる．N 分割交差検証の特徴は，学習にかかる時間を大幅に増やしてしまうことである．固定のデータセットを使うというアプローチは，学習用データがたった一通りなので，学習が速くなるというメリットがある．N 分割交差検証において学習時間が我慢できないほど長い場合や，精度に悪影響を及ぼさない余分な学習用データセットがたくさんある場合は，固定のデータセットを使うのがおそらく良い選択となる．

　もう一つ心に留めておいてほしいことは，サンプル（学習用データセット）はデータセット全体の代表値であるべきだということである．前項で事例として使われていたサンプル抽出の方法は，無作為抽出ではなかった．3 の倍数番目にあるデータであった．一様にデータを広げることは，一般に良い影響を及ぼす．しかし，学習用データと検証用データにバイアスを与える方法で抽出することは，避けなければならない．例えば，日ごとのデータを日付順に並び替えたデータを与えられたら，7 分割交差検証を選択したり，7 点ごとに抽出したりすることは避けるべきである．

　問題の対象が異常な統計量を持つ場合，サンプル抽出は慎重に行う必要があり，検証用データの統計的特徴に注意を払わなければならない．この種の事例には，不正行為や広告のクリックのような稀にしか起きないイベントを予測することも含まれる．モデル化されるイベントはめったに起こらないので，無作為抽出は検証用データのイベントの頻度を過小または過大に評価し，誤った精度の推定を導いてしまう．層化抽出法（http://en.wikipedia.org/wiki/Stratified_sampling[*2]）は，データを別々に抽出して再結合することにより，部分集合を形成する方法である．正例と負例に分割し，学習用データと検証用データの正例の割合が合うように抽出・結合する必要がある．なぜなら，それらのデータは新しいデータセットとしてモデル構築に使われるから

[*2] 訳注：https://ja.wikipedia.org/wiki/層化抽出法

である.

　モデルを学習し，検証した後，学習用データと検証用データを一つのデータセットに再結合し，大きなデータセットでモデルをもう一度学習するとよい．検証用データに対する検証結果は精度が高いだろう．モデルは多くのデータで学習したら，より良い精度を示し，一般化される．デプロイされたモデルは，すべてのデータで学習されるべきである．

　本節では，予測モデルの精度を定量化するための方法を紹介した．次節では，3.2節にあったモデルや問題の複雑さに対する直観的なグラフ比較を，数値比較に置き換える方法を紹介する．この置き換えにより，選択プロセスが機械的にできるようになる．

3.4 モデルとデータの調和を生み出す

　本節では，説明のために最小二乗法（OLS）を使う．まず，OLSによってどのくらい問題に**過学習**してしまうかを説明する．先ほどの節で岩と機雷の分類問題を解くためにOLSを使ってわかったように，過学習は学習用データにおける誤差と検証用データにおける誤差の間に重大な違いがあることを意味する．次に，過学習した問題を，OLSで解決する二つの方法を紹介する．この方法は直観を洗練し，第4章で詳細をカバーする罰則付き線形回帰のお膳立てとなる．さらに，過学習に打ち勝つ方法は，現代的な機械学習アルゴリズムに共通する特徴を有している．現代のアルゴリズムは，さまざまな複雑さを持つモデルをたくさん生成し，検証用データに対する精度を使って，モデルの複雑さ，問題の複雑さ，データセットの豊富さのバランスをとろうとする．したがって，これらはデプロイするモデルによって決まってくる．このプロセスは以降，繰り返し使われる．

　最小二乗法は，機械学習アルゴリズムの原形とも言える．この手法は学習やデプロイの手順が決まっているアルゴリズムで役に立つだろう．これらの特徴は，他の現代的な関数近似アルゴリズムでも同じである．しかし，OLSは現代のアルゴリズムの重要な特徴を失っている．もともとの公式（最も馴染みのある公式）には，過学習を抑制する手段が含まれておらず，フルスロットルで走るだけの車のようである（道路が広いときは良いが，狭いところでは扱いづらい）．幸運にも，最小二乗法は，ガウスとルジャンドルによって200年以上前に発明されて以来，数多くの研究で使われてきた．本節では，最小二乗法のスロットルを調節するための二つの方法を説明する．一つは**前進ステップワイズ回帰**と呼ばれ，もう一つは**リッジ回帰**と呼ばれる．

▶ 3.4.1　問題の複雑さ，モデルの複雑さ，データセットのサイズの バランスで，モデルを選択する

現代の機械学習の技術が，問題やデータセットに最大限適合するように，どのように調節しているかを，いくつかの事例を通して説明する．一つ目は，前進ステップワイズ回帰と呼ばれる最小二乗法を部分的に変更したものである．式 (3.1) と式 (3.2) を思い出そう（それらを式 (3.10), (3.11) に再掲する）．ベクトル Y はラベルを，行列 X はラベルを予測するために利用できる属性を表している．

$$Y = \begin{pmatrix} y_1 \\ y_2 \\ \vdots \\ y_n \end{pmatrix} \tag{3.10}$$

$$X = \begin{pmatrix} x_{11} & x_{12} & \cdots & x_{1m} \\ x_{21} & x_{22} & \cdots & x_{2m} \\ \vdots & \vdots & \ddots & \vdots \\ x_{n1} & x_{n2} & \cdots & x_{nm} \end{pmatrix} \tag{3.11}$$

もしこれが回帰問題なら Y は実数の列ベクトルであり，線形問題では，線形モデルの係数ベクトルである β と，スカラー β_0 を使って表すことができる．

$$\beta = \begin{pmatrix} \beta_1 \\ \beta_2 \\ \vdots \\ \beta_m \end{pmatrix} \tag{3.12}$$

β の値は，Y にうまく近似されるようにして決まる．

$$Y \sim X\beta + \begin{pmatrix} \beta_0 \\ \beta_0 \\ \vdots \\ \beta_0 \end{pmatrix} \tag{3.13}$$

もし X の列数が X の行数と同じで X の列が独立なら，X を反転させ，"∼"を"="に変えることができる．係数ベクトル β は，直線を正確にラベルにフィットさせる．しかし，これでは当てはまりが良すぎて，おかしい．これは過学習である．つまり，学習用データでは高い精度になるが，新しいデータでは再現できないということである．実際の問題ではこれは良くない．過学習の根源は，X の列が多すぎることである．しかし，いくつ取り除けばよいのか，何を取り除くべきなのかを決めなければならない．このようなときは，総当たりで決める方法が最も良いと言われている．

3.4.2 過学習をコントロールするために前進ステップワイズ回帰を使う

以下のコードは，総当たりのアルゴリズムの概要を示している．基本的な考えは，列数を制限（nCol とする）し，その列数を持つ X の部分集合を全通り作り，最小二乗法で精度を検証し，検証用データに対する誤差を最小にする部分集合を特定し，nCol を増やして，もう一度同じことを行う，というものである．このプロセスでは，1 列から全列の場合まで行い，それぞれにおいて最も精度が高いときの属性群を見つける．そして，次のステップでは何列でデプロイするかを決める．しかし，これは比較的簡単で，最小の誤差を示すものを選ぶだけである．

```
初期化: Out_of_sample_error = NULL
    XとYを検証用データと学習用データに分割する
for i in range(X の列数):
  for (i+1)列を持つX の部分集合:
      最小二乗法を適用する
  Out_of_sample_error.append((i+1)列を持つX の部分集合のうち
                             最小の誤差を示すもの)
全体のうち最小の誤差を示した部分集合をピックアップ
```

最も良い部分集合を選択するという問題は，属性数（X の列数）が少量でも，とてもたくさんの計算が必要となる．例えば属性数が 10 個でも，$2^{10} = 1024$ 個の部分集合が必要になる．しかし，これを避けるテクニックはいくつかある．以下のコードは前進ステップワイズ回帰の手順を示している．前進ステップワイズ回帰の考え方は，X のうちの 1 列の部分集合から始まり，まず最も良い 1 列を決める．そして，2 列の部分集合をすべて評価する代わりにモデルに加えるべき 2 番目の列を見つける．

```
初期化: ColumnList = NULL
    Out-of-sample-error = NULL
    XとYを検証用データと学習用データに分割する
For X の列数:
  For trialColumn(ColumnList にない列):
    ColumnList と trialColumn を併せた X の部分行列を作る.
    部分行列からOLS を計算し, 検証用データから計算した RSS を記録する.
  ColumnList.append(最小のRSS を持つ trialColumn)
  Out-of-sample-error.append(最小のRSS)
```

最も良い部分集合の選択と前進ステップワイズ回帰は，よく似たプロセスになっている．まず，一連のモデルを学習する（1 列のものをいくつか，2 列のものをいくつかなど）．そして，パラメータ化されたモデルの集合（列数分パラメータ化されたすべての

線形回帰モデル）を作り出す．モデルの複雑さはさまざまで，最終的なモデルは検証用データを使って求めた精度に基づいて選ばれる．

コード3.3は，ワインのデータセットに対して前進ステップワイズ回帰を行うPythonのコードである．

コード3.3　前進ステップワイズ回帰：ワインの質に関するデータ（fwdStepwiseWine.py）

```python
import numpy
from sklearn import datasets, linear_model
from math import sqrt
import matplotlib.pyplot as plt

def xattrSelect(x, idxSet):
    #行列 X から idxSet 列を含む部分集合を切り出す
    xOut = []
    for row in x:
        xOut.append([row[i] for i in idxSet])
    return(xOut)

#データを読み込む
target_url = ("http://archive.ics.uci.edu/ml/machine-learning-databases/"
              "wine-quality/winequality-red.csv")
data = urllib2.urlopen(target_url)
xList = []
labels = []
names = []
firstLine = True
for line in data:
    if firstLine:
        names = line.strip().split(";")
        firstLine = False
    else:
        #セミコロンで分割する
        row = line.strip().split(";")
        #配列を分解し，ラベルに加える
        labels.append(float(row[-1]))
        #行からラベルを取り除く
        row.pop()
        #行を小数に変換する
        floatRow = [float(num) for num in row]
        xList.append(floatRow)

#ラベルと属性を学習用データと検証用データに分割する
indices = range(len(xList))
xListTest = [xList[i] for i in indices if i%3 == 0 ]
xListTrain = [xList[i] for i in indices if i%3 != 0 ]
```

```
labelsTest = [labels[i] for i in indices if i%3 == 0]
labelsTrain = [labels[i] for i in indices if i%3 != 0]

#属性を 1列ずつ格納していく
attributeList = []
index = range(len(xList[1]))
indexSet = set(index)
indexSeq = []
oosError = []

for i in index:
  attSet = set(attributeList)
  #すでに属性はリストではない
  attTrySet = indexSet - attSet
  #リストに変換する
  attTry = [ii for ii in attTrySet]
  errorList = []
  attTemp = []
  #各属性における誤差のうち最小のものを選択する
  for iTry in attTry:
    attTemp = [] + attributeList
    attTemp.append(iTry)
    xTrainTemp = xattrSelect(xListTrain, attTemp)
    xTestTemp = xattrSelect(xListTest, attTemp)
    #numpy の配列に変換する
    xTrain = numpy.array(xTrainTemp)
    yTrain = numpy.array(labelsTrain)
    xTest = numpy.array(xTestTemp)
    yTest = numpy.array(labelsTest)
    #scikit-learn の線形回帰を使う
    wineQModel = linear_model.LinearRegression()
    wineQModel.fit(xTrain,yTrain)
    #学習したモデルを使って予測を生成し，RMSE を計算する
    rmsError = numpy.linalg.norm((yTest-wineQModel.predict(xTest)),
                                 2)/sqrt(len(yTest))
    errorList.append(rmsError)
    attTemp = []

  iBest = numpy.argmin(errorList)
  attributeList.append(attTry[iBest])
  oosError.append(errorList[iBest])

print("Out of sample error versus attribute set size" )
print(oosError)
print("\n" + "Best attribute indices")
print(attributeList)
namesList = [names[i] for i in attributeList]
print("\n" + "Best attribute names")
```

```
    print(namesList)

    #誤差と属性数の関係をプロットする
    x = range(len(oosError))
    plt.plot(x, oosError, 'k')
    plt.xlabel('Number of Attributes')
    plt.ylabel('Error (RMS)')
    plt.show()

    #最も良い属性数におけるモデルで検証用データを予測したときの誤差の
    #ヒストグラムをプロットする．
    #最小値と一致するところを割り出し，その属性でもう一度学習する．
    #その結果のモデルを使い，検証用データで予測したときの誤差をプロットする．
    indexBest = oosError.index(min(oosError))
    attributesBest = attributeList[1:(indexBest+1)]

    #最も良い属性の組み合わせを定義する
    #numpy に変換する
    xTrainTemp = xattrSelect(xListTrain, attributesBest)
    xTestTemp = xattrSelect(xListTest, attributesBest)
    xTrain = numpy.array(xTrainTemp); xTest = numpy.array(xTestTemp)

    #学習させ，誤差のヒストグラムをプロットする
    wineQModel = linear_model.LinearRegression()
    wineQModel.fit(xTrain,yTrain)
    errorVector = yTest-wineQModel.predict(xTest)
    plt.hist(errorVector)
    plt.xlabel("Bin Boundaries")
    plt.ylabel("Counts")
    plt.show()
    #実際の値と予測値の関係を散布図で示す
    plt.scatter(wineQModel.predict(xTest), yTest, s=100, alpha=0.10)
    plt.xlabel('Predicted Taste Score')
    plt.ylabel('Actual Taste Score')
    plt.show()
```

　このコードには，行列 X から選ばれた列を抽出するための関数が使われている．この関数は，行列 X とラベルのベクトルを学習用データと検証用データに分割する．その後，コードは先ほどのアルゴリズムの説明どおりに続いている．アルゴリズムの手順は，属性の部分集合を作るところから始まる．最初，この部分集合は空である．その後，1回に 1 個の属性を選び，部分集合を作る．そして，それぞれに対して，部分集合に加える新しい属性を選ぶ．選ばれる属性は，部分集合に含まれていない属性を部分集合に加えたときに最も良い精度を示したものである．順番にそれぞれの属性が部分集合に加えられ，その部分集合に対して最小二乗法を使って線形モデルを適用する．検証したそれ

ぞれの属性に対し，検証用データを使ってその精度を測る．そして，最も良い RSS の値を示す属性をデータセットに追加し，RSS も保存する．回帰に使われた属性数に対する RMSE の値をプロットする（図 3.13）．誤差は属性数が 9 個になるまでは減少し，それ以降はいくらか増加した．

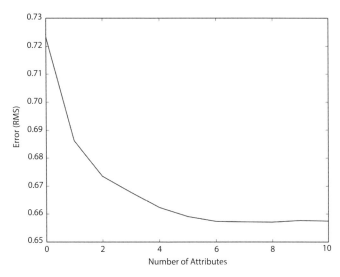

図 3.13　前進ステップワイズ回帰を使ったときのワインの質の予測誤差

以下に，ワインの質のデータに前進ステップワイズ回帰を適用したときの数値的なアウトプットを示す．

出力：前進ステップワイズ回帰のアウトプット（`fwdStepwiseWineOutput.txt`）

```
Out of sample error versus attribute set size
[0.7234259255116281, 0.68609931528371915, 0.67343650334202809,
 0.66770322138977984, 0.66225585685222743, 0.65900047541546247,
 0.65727172061430772, 0.65709058062076986, 0.65699930964461406,
 0.65758189400434675, 0.65739098690113373]

Best attribute indices
[10, 1, 9, 4, 6, 8, 5, 3, 2, 7, 0]

Best attribute names
['"alcohol"', '"volatile acidity"', '"sulphates"', '"chlorides"',
 '"total sulfur dioxide"', '"pH"', '"free sulfur dioxide"',
 '"residual sugar"', '"citric acid"', '"density"', '"fixed acidity"']
```

最初のリストは RSS を示している．誤差はリストの 8 番目までは減少し，その後増加していく．次のリストは，それに対応する列の順番を示し，最後のリストは，関連する列の属性の名前（列の見出し）を示している．

▶ 3.4.3　予測モデルの評価と理解

他のいくつかのプロットは，学習したアルゴリズムの精度を理解するのに役立ち，その精度をより良くする方法も示している．図 3.14 は，実際のラベルと検証用データから予測したラベルの散布図である．理想は，図 3.1 のすべての点が 45 度の直線（実際のラベルと予測したラベルが等しいことを示す線）上にあることである．実際のスコアが整数なので，散布図は水平な線になる．実際の値が接近しているときは，色が濃いときにたくさんの点があることを示すように，点を半透明にするとよい．実際の得点が 5 と 6 のものは，とてもうまく再現されている．また，値が大きいところはうまく予測できていない．一般的に，機械学習アルゴリズムは，データの値が端にあるものに対しては精度が良くない．

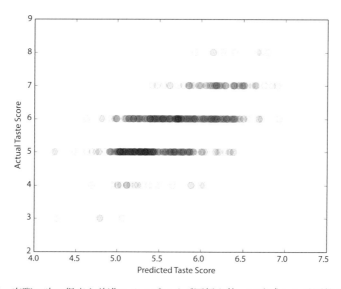

図 3.14　実際の味の得点と前進ステップワイズ回帰を使って生成した予測値の散布図

図 3.15 は，ワインの味のスコアを予測するために使った前進ステップワイズ法における予測誤差のヒストグラムを示している．誤差のヒストグラムが二つ以上の山を持つことがたまにある．おそらくそのようなときは，グラフの右端または左端に小さな山があるだろう．そのケースでは，その山を形成している要因を見つけたり，点の構成を説明できる新しい属性を加えたりすることで，予測誤差を減らすことができる．

3.4 モデルとデータの調和を生み出す

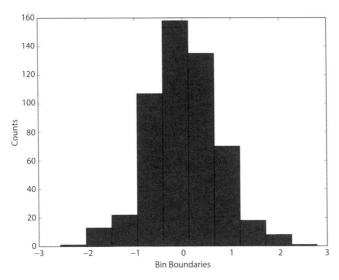

図 3.15　前進ステップワイズ回帰を使って予測したワインの味に対する誤差のヒストグラム

このアウトプットについて何点か言いたいことが出てくるだろう．まず，プロセスを見ていこう．このケースにおけるプロセスとは，モデル群を学習させること（このケースでは，X の列方向の部分集合で学習する普通の線形回帰を指す）である．すべてのモデルは（このケースでは，線形モデルに使われる属性の数によって）パラメータ化されている．デプロイするモデルには，検証用データに対する誤差を最小化するものを選ぶ．属性の数は特に**複雑度**と呼ばれている．大きな複雑度を持つモデルほど自由度が大きく，複雑でないモデルより過学習しやすい．

また，属性が予測値の重要度で並び替えられていることに注意しよう．列数のリストと属性名のリストは，1 番目が最初に選ばれた属性，2 番目がその次に選ばれた属性…，となっている．使われた属性は，その順番に従ったリストになって出てくる．これは機械学習の技術において重要で魅力的な特徴である．機械学習の初期段階の作業のほとんどは，予測に使う属性の最良の組み合わせを見つけることである．重要度順に属性をランク付ける技術を手に入れることは，このプロセスにおいてとても役立つ．本書で紹介する他のアルゴリズムも，この特徴を持っている．

最後に，機械学習アルゴリズムが生成するモデル群からモデルを選ぶことを考える．モデルが複雑であるほど，うまく一般化できない．これは複雑でないモデルを使って間違いを犯すよりは良い．先ほどの事例は，9 番目に良いモデルと 10 番目に良いモデルとでほとんど違いがないことを示していた（有効数字 4 桁で判断）．たとえ有効数字 4 桁でより良くなっていたとしても，これらの属性は取り除いたほうがよいだろう．

▶ 3.4.4　罰則付き回帰係数で過学習をコントロール──リッジ回帰

この項では，モデルの複雑さをコントロールし過学習を防ぐための，最小二乗法とは異なる方法を説明する．この方法は，第 4 章で扱う罰則付き線形回帰の導入として役立つ．

最小二乗法は，式 (3.14) を満たすようなスカラー β_0 とベクトル β を求めるものである．

$$\beta_0^*, \beta^* = \operatorname*{argmin}_{\beta_0, \beta} \left(\frac{1}{n} \sum_{i=1}^{n} (y_i - (\beta_0 + x_i.\beta))^2 \right) \tag{3.14}$$

$\operatorname{argmin}_{\beta_0, \beta}$ という表現は「式を最小化する β_0 と β の値」を意味している．結果として得られる係数 β_0^* と β^* は，最小二乗法の解である．属性の部分集合で行う回帰や前進ステップワイズ回帰は，使う属性数を制限することによって，単純な回帰になるようにコントロールしている．これはベクトル β の値に 0 となるものを含むという制限を強要しているに等しい．別のアプローチは**罰則付き回帰**の係数である．これは，いくつかの係数を 0 にする代わりに，すべての係数を小さくすることによって同じことをするというものである．この方法の一つに**リッジ回帰**がある．次式はリッジ回帰の最小化問題を示している．

$$\beta_0^*, \beta^* = \operatorname*{argmin}_{\beta_0, \beta} \left(\frac{1}{n} \sum_{i=1}^{n} (y_i - (\beta_0 + x_i.\beta))^2 + \alpha \beta^T \beta \right) \tag{3.15}$$

式 (3.15) と最小二乗法の式 (3.14) の違いは，$\alpha \beta^T \beta$ の部分があるかないかである．$\beta^T \beta$ は β（係数ベクトル）の 2 乗和である．変数 β は式における複雑なパラメータである．もし $\alpha = 0$ ならば，問題は最小二乗法になる．α が大きいとき，β は 0 に近づき，固定値 β_0 だけがラベル y_i を予測するのに使用される．リッジ回帰は scikit-learn パッケージから使用できる．コード 3.4 は，リッジ回帰を使ってワインの味の回帰問題を解くためのコードである．

コード 3.4　リッジ回帰でワインの味を予測する（ridgeWine.py）

```
__author__ = 'mike-bowles'
import urllib2
import numpy
from sklearn import datasets, linear_model
from math import sqrt
import matplotlib.pyplot as plt

#データを読み込む
target_url = ("http://archive.ics.uci.edu/ml/machine-learning-databases/"
              "wine-quality/winequality-red.csv")
```

```python
data = urllib2.urlopen(target_url)

xList = []
labels = []
names = []
firstLine = True
for line in data:
  if firstLine:
    names = line.strip().split(";")
    firstLine = False
  else:
    #セミコロンで分割する
    row = line.strip().split(";")
    #配列からラベルを取り出す
    labels.append(float(row[-1]))
    #行からラベルを消す
    row.pop()
    #行を小数に変換する
    floatRow = [float(num) for num in row]
    xList.append(floatRow)

#属性とラベルを学習用データと検証用データに分割する
indices = range(len(xList))
xListTest = [xList[i] for i in indices if i%3 == 0 ]
xListTrain = [xList[i] for i in indices if i%3 != 0 ]
labelsTest = [labels[i] for i in indices if i%3 == 0]
labelsTrain = [labels[i] for i in indices if i%3 != 0]

xTrain = numpy.array(xListTrain); yTrain = numpy.array(labelsTrain)
xTest = numpy.array(xListTest); yTest = numpy.array(labelsTest)

alphaList = [0.1**i for i in [0,1, 2, 3, 4, 5, 6]]

rmsError = []
for alph in alphaList:
  wineRidgeModel = linear_model.Ridge(alpha=alph)
  wineRidgeModel.fit(xTrain, yTrain)
  rmsError.append(numpy.linalg.norm((yTest-wineRidgeModel.predict(
          xTest)), 2)/sqrt(len(yTest)))

print("RMS Error alpha")
for i in range(len(rmsError)):
  print(rmsError[i], alphaList[i])

#検証用データでの誤差とαの関係をプロットする
x = range(len(rmsError))
plt.plot(x, rmsError, 'k')
plt.xlabel('-log(alpha)')
```

```
plt.ylabel('Error (RMS)')
plt.show()

#最も良いαのときの検証用データの誤差についてのヒストグラムと
#実際の値と予測した値の散布図

#最小値と一致するところを見分け，
#αの値と一致するもので，もう一度学習させる

#検証用データに対して結果の予測モデルを適用し，
#誤差をプロットする
indexBest = rmsError.index(min(rmsError))
alph = alphaList[indexBest]
wineRidgeModel = linear_model.Ridge(alpha=alph)
wineRidgeModel.fit(xTrain, yTrain)
errorVector = yTest-wineRidgeModel.predict(xTest)
plt.hist(errorVector)
plt.xlabel("Bin Boundaries")
plt.ylabel("Counts")
plt.show()

plt.scatter(wineRidgeModel.predict(xTest), yTest, s=100, alpha=0.10)
plt.xlabel('Predicted Taste Score')
plt.ylabel('Actual Taste Score')
plt.show()
```

　前進ステップワイズ回帰で，アルゴリズムが異なるモデル群を生成したことを思い出そう．一つ目は一つの属性，二つ目は二つの属性…と，すべての属性を含むまで，モデルを生成するものである．リッジ回帰のコードもモデル群を作る．リッジ回帰モデルは，異なる属性数ではなく，異なる α（β の罰則の大きさを決めるパラメータ）の値を持つ．α リストの要素は，10 の累乗で減少していく．決まった数ずつではなく，指数的に減少させたいためである．範囲はかなり広くとる必要があり，確定するまでにいくらか実験が必要かもしれない．

　図 3.16 は，リッジ回帰のパラメータ α の関数として RMSE をプロットしたものである．パラメータは左から値が大きい順に並んでいる．プロットの左側に最も単純なモデルを，右側に最も複雑なモデルを示すのが普通である．プロットは前進ステップワイズ回帰とほぼ同じ特徴を示している．誤差はほぼ同じであるが，前進ステップワイズ回帰のほうがわずかに良い．

　以下にリッジ回帰の出力結果を示す．その数値は，リッジ回帰が前進ステップワイズ回帰とほぼ同じ特徴を持っていることを示している．数値は前進ステップワイズ回帰よりわずかに良い．

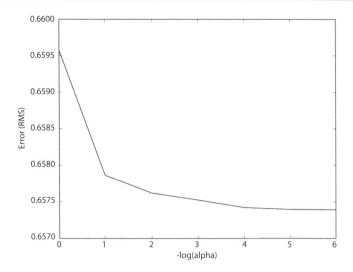

図 3.16　リッジ回帰を使ったときのワインの質の予測誤差

出力：リッジ回帰のアウトプット（ridgeWineOutput.txt）

```
RMS Error            alpha
(0.65957881763424564, 1.0)
(0.65786109188085928, 0.1)
(0.65761721446402455, 0.010000000000000002)
(0.65752164826417536, 0.0010000000000000002)
(0.65741906801092931, 0.00010000000000000002)
(0.65739416288512531, 1.0000000000000003e-05)
(0.65739130871558593, 1.0000000000000004e-06)
```

　図 3.17 は，実際の味の得点とワインの味のデータを学習したリッジ回帰の予測器を使って予測した味の得点をプロットしたものである．図 3.18 は予測誤差のヒストグラムを示している．

　分類問題に対しても同じ方法を適用できる．3.3 節では，分類器の精度を定量化するための方法を述べた．おおまかに言うと，その方法には，分類誤差を使うことや，さまざまな予測結果と経済的コストを関連付けること，精度を定量化するために AUC を使うことが含まれる．

　前節では最小二乗法を使った分類器を構築した．コード 3.5 は，同じ一般的な手順に従った Python のコードである．岩と機雷の分類器を作るための回帰手法として，OLS の代わりに，（複雑さを調節したパラメータとともに）リッジ回帰を使い，分類器の精度を測るために AUC を使っている．コード 3.5 のプログラムは，リッジ回帰を使ったワインの味の予測値とよく似ている．大きな違いは，scikit-learn パッケージの roc_curve

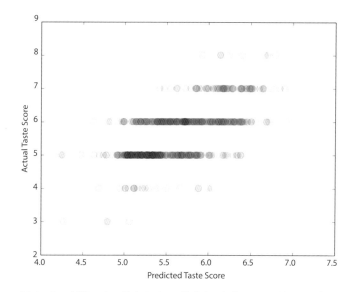

図 3.17 実際の味の得点とリッジ回帰で生成した予測値の散布図

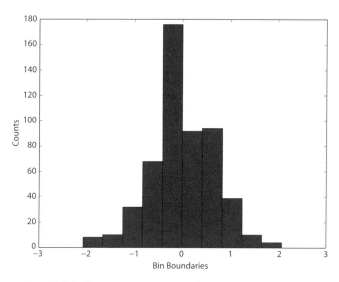

図 3.18 リッジ回帰を使ったときのワインの味の予測誤差に関するヒストグラム

関数への入力値として，検証用データでの予測値と検証用データの実際のラベルを使っているかである．これにより，学習中の AUC の計算が楽になる．そして，それらは蓄積され，コード 3.5 に続いて示す出力となる．

コード 3.5　岩と機雷のデータにリッジ回帰を用いる（classifierRidgeRocksVMines.py）

```python
__author__ = 'mike-bowles'
import urllib2
import numpy
from sklearn import datasets, linear_model
from sklearn.metrics import roc_curve, auc
import pylab as plt

#データを読み込む
target_url = ("https://archive.ics.uci.edu/ml/machine-earning-"
   "databases/undocumented/connectionist-bench/sonar/sonar.all-data")
data = urllib2.urlopen(target_url)

#データをラベルと属性に分割する
xList = []
labels = []
for line in data:
  #カンマで分割する
  row = line.strip().split(",")
  #"M"に1.0を，"R"に0.0を割り当てる
  if(row[-1] == 'M'):
    labels.append(1.0)
  else:
    labels.append(0.0)
  #行からラベルを取り除く
  row.pop()
  #行を小数に変換する
  floatRow = [float(num) for num in row]
  xList.append(floatRow)

#学習用データ（データの2/3）と検証用データ（1/3）に分割する
indices = range(len(xList))
xListTest = [xList[i] for i in indices if i%3 == 0 ]
xListTrain = [xList[i] for i in indices if i%3 != 0 ]
labelsTest = [labels[i] for i in indices if i%3 == 0]
labelsTrain = [labels[i] for i in indices if i%3 != 0]

#scikit-learnの線形モデルに当てはめるためにnumpyの配列に変換する
xTrain = numpy.array(xListTrain); yTrain = numpy.array(labelsTrain)
xTest = numpy.array(xListTest); yTest = numpy.array(labelsTest)

alphaList = [0.1**i for i in [-3, -2, -1, 0,1, 2, 3, 4, 5]]

aucList = []
for alph in alphaList:
  rocksVMinesRidgeModel = linear_model.Ridge(alpha=alph)
  rocksVMinesRidgeModel.fit(xTrain, yTrain)
```

```
    fpr, tpr, thresholds = roc_curve(yTest,rocksVMinesRidgeModel.
                                     predict(xTest))
    roc_auc = auc(fpr, tpr) aucList.append(roc_auc)

print("AUC alpha")
for i in range(len(aucList)):
    print(aucList[i], alphaList[i])

#AUCとαの関係をプロット
x = [-3, -2, -1, 0,1, 2, 3, 4, 5]
plt.plot(x, aucList)
plt.xlabel('-log(alpha)')
plt.ylabel('AUC')
plt.show()

#最も良い分類器の精度を可視化
indexBest = aucList.index(max(aucList))
alph = alphaList[indexBest]
rocksVMinesRidgeModel = linear_model.Ridge(alpha=alph)
rocksVMinesRidgeModel.fit(xTrain, yTrain)

#実際の値と予測した値の散布図をプロット
plt.scatter(rocksVMinesRidgeModel.predict(xTest),
            yTest, s=100, alpha=0.25)
plt.xlabel("Predicted Value")
plt.ylabel("Actual Value")
plt.show()
```

以下は，AUCとそれに対応するα（罰則項にかかる数）を示している．

出力：リッジ回帰を使った岩と機雷のデータに対する分類モデルのアウトプット
（classifierRidgeRocksVMinesOutput.txt）

```
AUC                    alpha
(0.84111384111384113,  999.9999999999999)
(0.86404586404586403,  99.99999999999999)
(0.9074529074529073,   10.0)
(0.91809991809991809,  1.0)
(0.88288288288288286,  0.1)
(0.8615888615888615,   0.010000000000000002)
(0.85176085176085159,  0.0010000000000000002)
(0.85094185094185093,  0.00010000000000000002)
(0.84930384930384917,  1.0000000000000003e-05)
```

AUC の値は，1 に近いほど精度が良いことを意味している．0.5 に近い値だと良くない．したがって，AUC のゴールは，先述した MSE で行ったように値を最小化するのではなく，最大化することである．AUC は $\alpha = 1.0$ のとき，かなり鋭い山となる．上の数値と図 3.19 のプロットは，$\alpha = 1.0$ から離れると，精度が著しく低下することを示している．α が小さくなると，解は制約なしの線形回帰問題の解に近くなる．α の値が 1.0 より小さいときの精度の低下は，制約なしの解がリッジ回帰と同様の精度にならないことを示している．3.3 節では，制約なしの最小二乗法の結果を述べた．学習用データの AUC は 0.98 で，検証用データでは 0.85 であった．比較的小さな α (1e-5) を使ったリッジ回帰の AUC に非常に近い．リッジ回帰は精度を大きく改善してくれる．

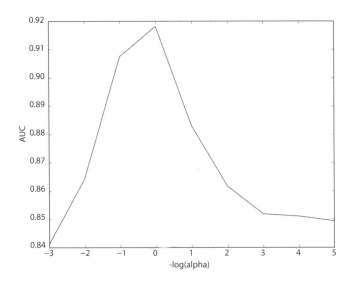

図 3.19　リッジ回帰を使った岩と機雷のデータの分類器の AUC

ここでの問題は，岩と機雷のデータが 208 行であるのに対し，属性が 60 個であることである．検証用データとして使う 70 行を除いた後，残った 138 行のデータで学習を行う．これは属性の 2 倍を超える数であるが，制約のない解法（最小二乗法）では過学習してしまう．この例では，10 回交差検証を行うことで，良い候補が得られるだろう．それは，各組み合わせで得られたたった 20 行（データの 10%）のデータに対する結果であり，精度は当然良くなっている．このアプローチについては，第 5 章で触れる．

図 3.19 は，パラメータ α の関数として AUC の値をプロットしている．これは，係数ベクトルの 2 乗和に対し，制約を与えることによって，最小二乗法の複雑さが減っていくことを視覚的に説明している．

図 3.20 は，実際の分類と分類器による予測値の散布図である．このプロットは，ワインの得点予測に対する散布図とよく似た特徴を持っている．実際の結果は離散値なので，散布図の点は 2 層の平行線をなす．

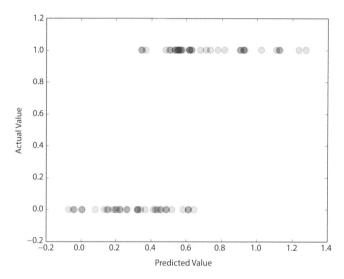

図 3.20 リッジ回帰を使った岩と機雷のデータの分類器による予測と実際の値の散布図

この節では最小二乗法の延長にある二つの方法を紹介した．これらは，予測モデルに学習させたり，精度や複雑さのバランスをとったりするプロセスに役立つ．さらに，これらは一般的な罰則付き回帰を理解するのに役立つ．罰則付き回帰については，詳細を第 4 章で説明し，第 5 章でさまざまな問題を解くために利用する．

3.5 本章のまとめ

本章では，後に出てくる手法の基礎となるトピックを紹介した．最初に，問題やモデルの複雑さを表す視覚的な事例を紹介し，それらの要因やデータセットの大きさが分類器の精度にどれほど影響するかを述べた．そして，関数近似問題における問題の種類（回帰，2 クラス分類，多クラス分類）ごとに，予測精度の測定基準を考えた．また，新しいデータに対する精度を測定するための二つの方法（学習用データの一部を検証用データとして精度を検証していく方法と，N 分割交差検証）を紹介した．本章では，機械学習の手法を使ってパラメータ化されたモデル群を生成したり，検証用データに対する精度に基づいてデプロイするモデルを選択したりするプロセスを紹介した．最小二乗法に少し変更を加えた前進ステップワイズ回帰やリッジ回帰が，それに当たる．

参考文献

[1] David J. Hand and Robert J. Till (2001). A Simple Generalization of the Area Under the ROC Curve for Multiple Class Classification Problems. *Machine Learning*, 45(2), 171–186.

第4章

罰則付き線形回帰

　第3章で説明したように，線形回帰を実際に利用するには，最小二乗法をうまく扱うことが求められる．最小二乗回帰は，モデルと学習用データに関する誤差を最小化するために，利用可能なすべてのデータを必要とした．この場合，学習用データに対する精度は良いが，新しいデータに対する精度が悪いモデルが生成されてしまう可能性がある．また，第3章では最小二乗回帰の二つの拡張方法を示した．それらはいずれも，最小二乗回帰に利用するデータの数を減らすことと，サンプル外誤差尺度（どの程度のデータ数があれば最良の精度となるかを求めるための指標）を用いることを必要としている．

　ステップワイズ回帰は，最小二乗回帰における説明変数のうち一つのみを用いて最良のものを選択することから始め，次に既存のモデルに新しい説明変数を追加する，というプロセスで実行される．

　リッジ回帰は，それとは異なる種類の制約を導入しており，解の自由度を抑えるために係数の大きさに罰則を課す．例題において，ステップワイズ回帰とリッジ回帰は，そのどちらとも最小二乗法よりも良い解を与えている．

　本章では，最小二乗法に固有の問題である過学習を抑制するための拡張手法を導入する．本章で議論する拡張手法を，**罰則付き線形回帰**と呼ぶ．罰則付き線形回帰は，第3章で紹介した手法と似たようなアルゴリズムをいくつか包含している．リッジ回帰は，罰則付き線形回帰の具体例の一つであり，回帰係数の二乗和に罰則を課すことで過学習を抑制する．他の罰則付き回帰は，それとは異なる形式の罰則を使用する．本章では，罰則を課すという方法が，解の性質と解に関する有益な情報をどのように与えるのかを説明する．

4.1 罰則付き線形回帰が有用である理由

以下のようないくつかの性質が，罰則付き線形回帰を非常に役立つものにしている．

- モデルの学習が非常に高速であること
- 変数の重要度が得られること
- デプロイ後におけるモデルの実行が非常に高速であること
- 多種多様な問題に対して信頼性の高い精度が得られること——特にデータ数と比較して次元数が極端に多い行列や疎な説明変数の行列に対して有効で，疎な解（すなわち，倹約的なモデル）が得られる
- 線形モデルであること

以降で，機械学習モデルの設計者にとって，上記の性質が何を意味するのかを説明する．

▶ 4.1.1 学習の高速性

学習時間の問題は，いくつかの原因によって生じる．その一つは，モデルの構築過程における反復試行である．これは，特徴選択や特徴エンジニアリングをモデルの学習プロセスの一部として用いるためである．仮に，妥当と思われるいくつかの特徴を選択し，モデルを学習し，検証用データでモデルを評価し，より良い精度を求め，モデルにいくつかの変更を加え，再試行するとしよう．ここでもし，モデルの学習が素早く終了していたなら，計算結果を待っている間にコーヒーを飲んで休憩しなくて済むようになるだろう（カフェイン摂取量が抑えられて，より健康になれる！）．また，開発プロセスの短縮にも繋がる．学習時間が重要であるもう一つの理由は，モデルを少し修正して動作させたい場合に，モデルの再学習が都度必要になることである．例えば，ツイッターの呟きを分類するモデルを学習する場合，日々変化する語彙の変化にモデルを対応させる必要がある．あるいは，金融市場での取引に関するモデルを学習する場合，条件は常に変化する可能性がある．したがって，学習時間は，特徴エンジニアリングを除いて，このような条件変化にどのくらい素早く反応できるかに影響することになるだろう．

▶ 4.1.2 変数の重要度

本書で扱うアルゴリズムは，変数の重要度を提供することができる．具体的には，モデル構築のために用いた説明変数のそれぞれに対して，順位付け（ランキング）を行う．順位付け結果によって，モデルにとって説明変数のそれぞれが他の説明変数と比べてどのくらい重要なのかを知ることができる．順位が上位の説明変数は，下位の説明変数よりもモデルの予測能力に貢献していることになる．この順位は，いくつかの理由から重大な情報である．まず，特徴エンジニアリングの過程において，予測に寄与しない変数

を除外するのに役立つ．良い特徴量はリストの上位に現れ，あまり良くない特徴量は下位に現れる．さらに，どの変数が予測に寄与しているかがわかることは，特徴エンジニアリングに役立つ以外に，モデルの理解と他者（上司や顧客，社内の専門家など）への説明に役立つだろう．重要な説明変数が人々の期待するものであれば，このモデルは意味をなしているという信頼が得られる．仮に説明変数のいくつかが意外な順位であっても，その結果から問題に対する新しい視点が得られるかもしれない．相対的な重要度についての議論を行えば，開発グループは，精度改善のためにはどの部分を追究すればよいかについて，新しいアイデアが得られる可能性がある．

学習の高速性と変数の重要度の二つの性質から，罰則付き回帰は新しい問題に対して最初に試みるべき良いアルゴリズムであると言える．そして，問題を素早く理解し，どの特徴量が有効であるのかを素早く判断するのに役立つ．

▶ 4.1.3 実行の高速性（デプロイ後）

いくつかの問題設定では，モデルの実行（評価）の速さは重要な精度指標となる．電子通信市場（例えば，インターネット広告や自動取引など）では，答えに最初にたどり着いた者がビジネスを制する．他の多くの応用（例えばスパムフィルタリングなど）においても，Yes/No の答えの妥当性より時間が重要になるだろう．なお，実行の速さに関しては，線形モデルを凌ぐことは難しい．線形モデルの予測計算に必要な演算の数は，説明変数一つにつき 1 回の乗算と 1 回の加算の二つである．

▶ 4.1.4 信頼性の高い精度

信頼性の高い精度とは，罰則付き線形回帰が，形式や規模が異なるさまざまな問題に対して理にかなった答えを作り出せることを意味している．いくつかの問題に対しては，罰則付き線形回帰は最高の精度を出すことができ，あるケースでは，説得力の弱い競合手法より優れた精度を示すだろう．さらに，本章では線形回帰と類似する説得力のある手法についても述べる．第 6 章では，このトピックを再度取り上げ，アンサンブル手法と罰則付き線形回帰を併用して精度を改善する方法について説明する．

▶ 4.1.5 疎な解

疎な解は，モデルにおける多くの回帰係数が 0 であることを意味する．すなわち，乗算の回数が加算の回数よりも少なくなるということである．さらに重要なことは，スパースモデル（回帰係数に 0 が多いモデル）は解釈が容易だということである．すなわち，モデルが生成した予測結果にどの説明変数が寄与しているのかを，簡単に知ることができる．

▶ 4.1.6 線形モデルを要求する問題

罰則付き線形回帰を用いる最後の動機は，解の形として線形モデルが望まれる場合があるという点である．保険の払戻金の計算は線形モデルが要求される一例であり，払戻金の公式は，保険契約書の一部として変数とその係数とともに示されるのが普通である．1000個の木構造を持ち，それぞれに1000個のパラメータを持つアンサンブルモデルは，言葉で書き下すことはほぼ不可能である．また，薬物検査の例では，規制団体は統計的な影響に対して線形な数式を要求している．

▶ 4.1.7 アンサンブル手法を使う場合

アンサンブル手法のような別のアプローチのほうが良い精度を発揮する場合は，罰則付き線形回帰を使わない一つの理由となる．第3章で，問題の複雑性を分解するために，十分なデータ数が用意された複雑な問題（例えば，極めて一様でない決定面）において，アンサンブル手法は最良の精度を示すことを述べた．加えて，変数の重要度を測るためにアンサンブル手法を用いると，予測結果と説明変数の関係について，より多くの情報を得ることができる．例えば，アンサンブル手法は，個々の変数の重要度の和よりも，どの変数とどの変数の組み合わせが重要であるかに関して，2次（以上）の情報を与える．その情報は，実際に罰則付き回帰を超える精度を与えることがある．その詳細に関しては第6章で述べる．

4.2 罰則付き線形回帰
── 線形回帰問題に罰則項を加えて精度を高める

第3章で述べたように，本書は**関数近似**と呼ばれる問題の分野を扱う．関数近似問題のモデルを学習するための第一歩は，多数の実例または事例を含むデータセットである．それぞれの事例は，ある目的変数（**ターゲット**，**ラベル**，**エンドポイント**などとも呼ばれる）と，その目的変数の予測に用いる多数の説明変数を持つ．第3章では，単純で説明の容易な例を取り上げたが，その実例を少し修正したものを表4.1に示す．

表4.1 学習セットの例

目的変数 2013年の購入額	特徴1 性別	特徴2 2012年の購入額	特徴3 年齢
100	M	0	25
225	F	250	32
75	F	12	17

この表において，目的変数は実数であり，これは回帰問題である．性別の説明変数（特徴1）は2クラスであり，カテゴリ（またはファクター）説明変数になる．他の二つの説明変数は数値である．関数近似問題の目的は，(1) 説明変数を目的変数に関係付ける関数を構築することと，(2) ある程度まで誤差を最小化することである．第3章では，全体の誤差量の定量化に用いられる，誤差を特徴付ける代替的な方法をいくつか議論した．

表4.1のタイプのデータセットは，目的変数（最左列）を含む列ベクトルと，説明変数（特徴の3列）を含む行列としてよく表現される．特徴1〜3の列を一つの行列に当てはめるやり方は，数学用語からすると少し誤用している．厳密に言うと，行列が含む要素はすべて同一の型になっている必要がある．また，行列のすべての要素は実数，整数，複素数，2クラスなどになりうるが，実数とカテゴリ変数を混合して用いることはできない．

これは重要なポイントである．線形モデルは数値データに対してのみ適用できる．表4.1のデータは非数値の属性を含むため，線形モデルを適用することはできない．幸運にも，表4.1のデータは比較的簡単に数値データに変換（または符号化）することができる．カテゴリ説明変数を数値の説明変数に符号化する技術は，4.4.4項で取り上げる．説明変数がすべて実数で与えられた（最初に問題を定式化する段階において，あるいはカテゴリ説明変数を実数に変換することによって）とき，線形回帰問題に用いるデータは，Y と X という二つの変数で表現される．ここで，Y は目的変数の列ベクトルであり，X は実数の説明変数の行列である．

$$Y = \begin{pmatrix} y_1 \\ y_2 \\ \vdots \\ y_n \end{pmatrix} \tag{4.1}$$

表4.1の例では，Y は目的変数とラベル付けされた列に相当する．

$$X = \begin{pmatrix} x_{11} & x_{12} & \cdots & x_{1m} \\ x_{21} & x_{22} & \cdots & x_{2m} \\ \vdots & \vdots & \ddots & \vdots \\ x_{n1} & x_{n2} & \cdots & x_{nm} \end{pmatrix} \tag{4.2}$$

表4.1の例では，X は目的変数以外の列に相当する．

Y の i 番目の要素 y_i は，X の i 番目の行と同じ事例（データ）である．X の i 行目は，単一の下付き文字を伴う x_i で表記され，ベクトル $x_i = (x_{i1}, x_{i2}, \cdots, x_{im})$ を意味する．最小二乗回帰の問題は，y_i と，X の i 番目の行の説明変数である x_i の線形関数との間の誤差を最小化するものである．これはすなわち，最適な実数ベクトル β を求めることに相当する．

$$\beta = \begin{pmatrix} \beta_1 \\ \beta_2 \\ \vdots \\ \beta_m \end{pmatrix} \tag{4.3}$$

β とスカラー値 β_0 を用いて，Y の要素 y_i のそれぞれは次のように近似される．

$$y_i \text{ の予測値} = x_i * \beta + \beta_0 = x_{i1} * \beta_1 + x_{i2} * \beta_2 + \cdots + x_{im} * \beta_m + \beta_0 \tag{4.4}$$

ここで，問題となる対象の知識を利用して β の値を求めることができる可能性がある．例えば，表 4.1 において，2013 年の購入額が 2012 年の購入額よりも 10% 多くなり，2013 年の購入額は 1 歳につき 10 ドル上昇し，新生児でさえ本を 50 ドル分購入する，と見積もるとしよう．このとき，本の購入額を予測する数式は，式 (4.5) となる．

$$2013 \text{ 年の購入額の予測値} = \$50 + 1.1 * (2012 \text{ 年の購入額}) + \$10 * \text{年齢} \tag{4.5}$$

ここで，式 (4.5) は性別の変数を使用していないことに注意する．その理由は，性別の変数がカテゴリ変数だからである（詳細は 4.4.4 項で述べる）．また，式 (4.5) によって生成される予測結果は，表 4.1 の出力値（実際の値）と正確には一致しない．

▶ 4.2.1 線形モデルの学習 —— 誤差の最小化とその周辺

たいていの場合，人の手で β の値を求めることは最善の方法にはならないが，もしそれが可能ならば，常に良いサニティチェックとなる．多くの問題において，問題の大きさや変数間の相互関係が β の推測を不可能にしている．そこで，最小化問題を解くことで，説明変数の乗数 β を求めるアプローチをとる．最小化問題では，β の値を求めるために，平均二乗誤差を最小化する（誤差を 0 にするのではない）．

式 (4.4) の両辺が等号で結ばれることは，モデルが過学習の状態にあることを意味する．式 (4.4) の右辺は，学習対象の予測モデルである．基本的には，各説明変数の値とそれぞれに対応する β の要素との積をとり，その和を求めた後に定数を加算することによって予測を行う．「モデルを学習する」とは，定数 β_0 とベクトル β を構成する数値を求めることを意味する．「誤差」は，式 (4.4) で与えられる y_i の予測値と，実際の値 y_i との差として定義される．平均二乗誤差は，複数ある個別の誤差値を単一の値に変換するために使う．二乗誤差が使われる理由は，誤差の符号が必ず正になることや，二乗関数が数学的に都合が良いためである．最小二乗回帰問題の定式化は，次式を満たす β_0^* と β^* を求めることである（上付き文字 "*" は，最適な β の値であることを示す）．

$$\beta_0^*, \beta^* = \underset{\beta_0, \beta}{\operatorname{argmin}} \left(\frac{1}{n} \sum_{i=1}^n (y_i - (x_i * \beta + \beta_0))^2 \right) \tag{4.6}$$

ここで，argmin はこの表記より右側の式を最小化する引数という意味を持っている．和の操作は行全体に対して行われ，行には説明変数値とそれに対応するラベルが含まれ

る．( )² の内側の式 $y_i - (x_i * \beta + \beta_0)$ は，y_i とそれを近似する線形関数との誤差である．したがって，2013 年の購入額を予測するには，目的変数の列から予測結果（式 (4.4) の計算結果）を差し引いた値の総和を求めればよい．

式 (4.6) を言葉にすると，「ベクトル β^* と定数 β_0^* は，期待される予測二乗誤差を最小化するような値をとる」となる．すなわち，y_i とそれを予測する説明変数の行に関する，すべてのデータ行（$i = 1, \cdots, n$）にわたる平均二乗誤差を最小化することを意味している．式 (4.6) における最小化は，回帰モデルに対する最小二乗値を与える．この機械学習モデルの実体は，ベクトル β^* と定数 β_0^* を含んだ実数のリストである．

[1] 最小二乗法への罰則項の追加

罰則付き線形回帰問題の数学的な記述は，式 (4.6) に非常によく似ている．第 3 章で述べたリッジ回帰は，罰則付き線形回帰の一例である．リッジ回帰は，式 (4.6) で表される基本的な最小二乗問題に罰則項を追加したものである．リッジ回帰での罰則項を次式に示す．

$$\frac{\lambda \beta^T \beta}{2} = \frac{\lambda(\beta_1^2 + \beta_2^2 + \cdots + \beta_m^2)}{2} \tag{4.7}$$

式 (4.6) における最小二乗問題は，二乗誤差の和を最小化するような β を選ぶことであった．罰則付き回帰問題では，式 (4.6) の右辺に，式 (4.7) の罰則項を追加する．すると，最適化においては，係数の二乗値と予測二乗誤差をそれぞれ最小化するという別々の目的が設定され，それらをバランスした解を求めるように最小化が行われる．また，係数の二乗和を最小化することは，特定の係数をすべて 0 にするだけでよく，容易である．しかし，結果として予測誤差が大きくなる．同様に，最小二乗解は予測誤差を最小化するが，結果として λ の大きさに依存して罰則項が大きくなる可能性がある．

さて，これはどのように理解すればよいだろうか？ 直観的な理解を助けるために，第 3 章で述べた部分集合選択のプロセスを考えることにする．部分集合を選び，いくつかの説明変数を取り除く，あるいはそれらの係数を 0 とすることによって，過学習の影響を排除することができた．罰則付き回帰は，それと同様のことを行っているが，部分集合選択のように少数の説明変数の係数を 0 にする代わりに，小さな係数をすべての説明変数から取り除くように学習している点が異なる．ここで，いくつかの極端なケースを考えることは，このアプローチの理解に役立つ．

パラメータ λ は，0 から $+\infty$ までの値をとることができる．仮に $\lambda = 0$ とした場合，罰則項はなくなることになり，考えていた問題は通常の最小二乗問題に戻る．逆に $\lambda \to \infty$ の場合，β の罰則は非常に強くなり，係数はすべて 0 をとることになる（β_0 は罰則項に含まれないため，予測値は x とは独立した定数となることに注意する）．

第 3 章で示したように，リッジ罰則はいくつかの説明変数を取り除くことと同様の効

果を有している．その過程は，式 (4.6) に示す最小化問題の罰則付き回帰のすべての解のバリエーションを生成することにある．それはすなわち，多様に異なった λ の値に対する罰則付き最小化問題を解くことを意味する．そして，解のそれぞれを検証用データで評価し，検証用データに対する誤差が最も小さくなるような解を実世界の予測に使用する．第 3 章では，リッジ回帰を用いた一連の手続きを示した．

[2]　その他の有用な罰則項── Lasso

罰則付き回帰に利用できる有用な罰則は，リッジ罰則だけではない．あらゆるベクトル長の距離関数が適用でき，ベクトルの長さは多くの方法で測ることができる．異なる長さの指標を用いることで，解の重要な性質は変化する．リッジ回帰には，ユークリッド幾何距離（β の二乗和に相当）が用いられている．また，Lasso 回帰と呼ばれる便利なアルゴリズムには，**マンハッタン距離**または **L1 ノルム**（β の絶対値の和に相当）と呼ばれるタクシー幾何が用いられている．Lasso 回帰は，いくつかの有用な性質を有している．

リッジ回帰と Lasso 回帰の違いは，線形係数のベクトル β の罰則に使用する距離の指標にある．リッジは 2 乗ユークリッド距離，すなわち β の成分の二乗和を用いる．Lasso は，タクシーまたはマンハッタン距離と呼ばれる β の成分の絶対値の和を用いる．リッジ罰則は，0 とベクトル空間点 β の間の直線（一直線上の距離）の 2 乗の長さである．Lasso 罰則は，たとえると北か南あるいは東か西にしか進めないという制約付き道路を走行しなければならないタクシーが通る距離である．Lasso 罰則は次の式で与えられる．

$$\lambda\|\beta\|_1 = \lambda(|\beta_1| + |\beta_2| + \cdots + |\beta_m|) \tag{4.8}$$

ここで，二重の縦線はノルムバーと呼ばれ，ベクトルや演算子のようなものの大きさを示すために使用される．ノルムバーの右側の下付き文字 1 は，l_1 ノルムを示す．l_1 ノルムは，絶対値の和を意味している．また，l_1 は大文字で L_1 と表記されることもある．下付き文字が 2 のノルムバーは，二乗和の値の平方根（ユークリッド距離）を意味する．これらの係数罰則関数は，いくつかの重要かつ有用な変化を解に与える効果がある．その主な違いの一つは，Lasso の係数ベクトル β^* が疎になることであり，これは，λ の値を大きくすることで，多くの係数が 0 となることを意味する．それとは対照的に，リッジ回帰の β^* は 0 にはならない．

[3]　Lasso 罰則が疎な係数ベクトルを生成する理由

図 4.1 および図 4.2 に，係数罰則関数の形状から，疎な性質がどのように生じるかを示す．これらの図における問題は，二つの説明変数（x_1 と x_2）で表現されているとする．

図 4.1 と図 4.2 には，最小二乗誤差と罰則項を表現した等高線の集まりが二つずつ描かれている．一つ目は同心楕円で，式 (4.6) の最小二乗誤差を表現している．また，楕円

4.2 罰則付き線形回帰 ── 線形回帰問題に罰則項を加えて精度を高める

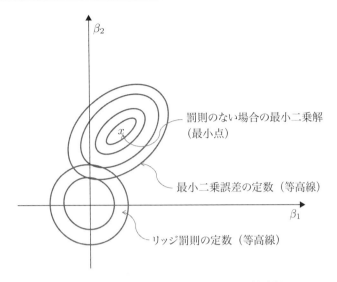

図 4.1　二乗和の罰則項を用いた場合の最適解

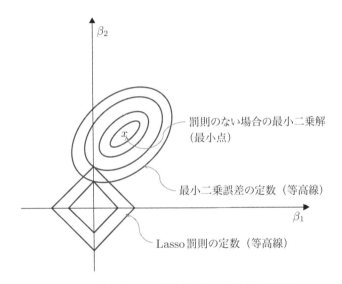

図 4.2　絶対値の和の罰則項を用いた場合の最適解

は二乗和誤差のある定数に関する曲線を表現している．それらは，楕円形のくぼみを持つ立体地形と見なすことができる．くぼみの底のほうに向かって標高が下がるのと同じように，楕円の中心ほど誤差は小さくなっていく．くぼみの最小点を x で示している．点 x は最小二乗解（係数に罰則がない場合の解の位置）を表す．

図 4.1 と図 4.2 におけるもう一つの等高線の集まりは，式 (4.7) と式 (4.8) の係数に対する罰則項（リッジ罰則と Lasso 罰則）を表現している．図 4.1 において罰則項を表現

する等高線は，原点を中心とした円となっている．β_1 と β_2 の二乗和が定数である点の集合は，一つの円をなす．定数で表した罰則項の等高線の形状は，円（超球面や，高次元の l_2 ball と呼ばれる）や，菱形（または l_2 ball）など，扱う距離尺度の性質によって変わる．円あるいは菱形が小さいと，距離関数の値も小さくなるという対応関係がある．その形状は罰則関数の性質によって決まるが，それぞれの等高線に対応する値は非負パラメータ λ によって決まる．図 4.1 において，外部と内部の円で表される二つの罰則項の等高線が，それぞれ 1.0 と 2.0 の値を持つ「β_1 と β_2 の二乗和」に一致すると仮定しよう．$\lambda = 1$ の場合，二つの円に関する罰則は 1 と 2 になる．$\lambda = 10$ の場合，それぞれの罰則は 10 と 20 になる．同様のことが，図 4.2 の菱形についても成り立つ．図 4.2 において，λ を増加させることは，同心の菱形に対応する罰則を強化させることに繋がる．

予測誤差の二乗和（楕円）は，x で示された，罰則などの制約のない場合の最小値から離れるほど大きくなる．式 (4.6) に示す二つの関数の和を最小化することは，予測誤差の最小値と罰則項との間で妥協的な解を求めることに等しい．λ がより大きい値をとると，すべての係数が 0 になる罰則に対応する最小値に近い妥協解となり，λ がより小さい値をとると，制約のない最小の予測誤差（図 4.1 および図 4.2 における x 印）に近い解となる．

ここで，二乗和の罰則項と絶対値の和の罰則項の違いが重要となる．式 (4.6) または式 (4.8) についての全体最小値は，常に罰則の等高線と予測誤差の 2 乗の等高線の接点の上に存在する．図 4.1 と図 4.2 では，この接点を説明する二つの例を示している．図 4.1 における重要なポイントは，λ が変化して最小値の点が移動しても，ほとんどの場合，二乗和（円）の接点がどちらの座標軸上にも乗らないことである．すなわち，β_1 と β_2 は 0 でない値をとる．一方，図 4.2 における絶対値の和（菱形）の接点は，解のとりうる範囲で β_2 の軸上に留まる性質を持つ．β_2 の軸に沿って留まったとすると，$\beta_1 = 0$ となる．

疎な係数ベクトルは，完全に無視できる変数を知らせてくれるアルゴリズムである．λ が十分小さければ，β_2 および β_1 の最適値は β_2 の軸から遠ざかり，やがて 0 以外となるだろう．より小さい罰則ほど β_1 を 0 としないことから，β_2 と β_1 に順序関係ができる．ある意味で，β_2 は β_1 よりも重要になる．これは，より大きい λ の値の場合にも β_2 は 0 でない係数となるからである．ここで，係数は説明変数の値と積算されることを思い出してほしい．ある説明変数に関する係数が 0 であるならば，その係数は他の 0 でない係数に対応する説明変数よりも重要でない．λ の値を大きな値から小さな値まで変化させて調べることで，すべての説明変数の重要度を順位付けすることができる．次節では，この方法を具体的な問題に適用し，式 (4.8) を用いた解を計算する一部として，説明変数間の重要性を比較する Python のコードを紹介する．

[4] Lassoとリッジの両方を含むElasticNet罰則

前述の係数の計算方法を説明する前に，罰則付き回帰のもう一つの一般化された方式を知る必要がある．それは，ElasticNetと呼ばれる定式化である．罰則付き回帰問題に対するElasticNet罰則は，リッジ罰則とLasso罰則を足し合わせ，追加のパラメータαでその混合率を調整可能にしたものである．端点である$\alpha = 1$では，リッジ罰則はなく，すべてLasso罰則に相当することになる．

ElasticNetを用いる場合，ある一つの線形モデルの係数を推定するためにはλとαの両方を求めておく必要がある．通常，このアプローチでは，あるαの値を選び，ある範囲のλについて解いていく．その計算機的な理由は後述する．多くの場合で，$\alpha = 1$と$\alpha = 0$の間，つまり何らかのαの中間値において，精度に大きな差はない．しかし，場合によっては大きな差を生むこともあるので，不必要に精度を犠牲にしていないことを確認するために，それぞれ値の異なるいくつかのαを用いて結果を確認しておくべきである．

4.3 罰則付き線形回帰問題の解法

前節において，罰則付き線形回帰モデルを求めることは，最適化問題を解くことであると説明した．一般的な数値最適化アルゴリズムの多くは，式(4.6)のような最適化問題を解くことを目的とするが，罰則付き線形回帰問題の重要性は，高速な解の生成に特化したアルゴリズムを開発する動機を研究者に与えている．本節では，そのようなアルゴリズムの基本を説明し，その構造を理解できるようにコードを紹介する．また，LARSとglmnetと呼ばれる二つのアルゴリズムを紹介する．この二つを選出した理由は，二つは互いに関連付けることができ，またリッジ回帰や前進ステップワイズ回帰など，これまでに扱った手法との関連もあるためである．加えて，それらのアルゴリズムはともに高速な学習が可能で，Pythonパッケージの一部として利用できる．第5章では，それらのアルゴリズムが組み込まれたPythonパッケージを利用して，例題を解く．

▶ 4.3.1 LARS，およびLARSと前進ステップワイズ回帰の関係

高速かつ賢いアルゴリズムの一つは，Bradley Efron, Trevor Hastie, Iain Johnstone, Robert Tibshiraniによって開発されたLARS (least angle regression) である (`http://en.wikipedia.org/wiki/Least-angle_regression`)[1]．LARSは，第3章で紹介した前進ステップワイズ回帰の改良版と見なせる．前進ステップワイズ回帰は，以下のようにまとめられる．

第 4 章 罰則付き線形回帰

前進ステップワイズ回帰

- β の要素をすべて 0 で初期化する

以下を各ステップで実行する．

- （過去に）選択した変数を使って残差（誤差）を求める
- 未使用の変数のうち，残差を最も良く説明する変数を決定し，それを構成に含める

LARS は，前進ステップワイズ回帰と非常によく似ている．主な違いは，新しい説明変数を素直に取り込む代わりに，部分的に取り込むところのみである．LARS の概要を以下に示す．

LARS

- β の要素をすべて 0 で初期化する

以下を各ステップで実行する．

- 残差と最も大きい相関を持つ説明変数を決定する
- 相関が正の場合は説明変数の係数を少し増加させ，相関が負の場合は同様に係数を少し減少させる

LARS は先に挙げた問題とは少し異なる問題を解いているが，たいていの場合，Lasso と同様の解を生成する．また，解に差があっても，その差はあまり重要ではない．LARS に注目する理由は，Lasso や前進ステップワイズ回帰との関連が強く，さらに，そのコードが俯瞰しやすく，かつ比較的コンパクトなためである．LARS に関するコードを確認することで，ElasticNet の動作の内側で行われていることを理解できるようになる．さらに重要なことは，罰則付き回帰を解く際に発生する問題とその回避策を知ることができる点である．LARS アルゴリズムのプログラム実装例を，コード 4.1 に示す．

コードには主要な部分が三つある．まず簡潔にそれらを記述してから，詳細を述べる．

1. データとヘッダを読み込み，それを説明変数とラベルに関するリストを含むリストに整形する
2. 説明変数とラベルを標準化する
3. 係数の解 (β_0^*, β^*) を求める

コード 4.1　ワインの味を予測する LARS アルゴリズム（larsWine2.py）

```python
__author__ = 'mike-bowles'
import urllib2
import numpy
from sklearn import datasets, linear_model
from math import sqrt
import matplotlib.pyplot as plot

#反復可能オブジェクトにデータを読み込む
target_url = "http://archive.ics.uci.edu/ml/machine-learning-"
             "databases/wine-quality/winequality-red.csv"
data = urllib2.urlopen(target_url)

xList = []
labels = []
names = []
firstLine = True
for line in data:
  if firstLine:
    names = line.strip().split(";")
    firstLine = False
  else:
    #セミコロンで分割する
    row = line.strip().split(";")
    #labels に分割した配列を加える
    labels.append(float(row[-1]))
    #row からラベルを取り除く
    row.pop()
    #row を float 型に変換する
    floatRow = [float(num) for num in row]
    xList.append(floatRow)

#x と labels の列を標準化する

nrows = len(xList)
ncols = len(xList[0])

#平均値と分散を求める
xMeans = []
xSD = []
for i in range(ncols):
  col = [xList[j][i] for j in range(nrows)]
  mean = sum(col)/nrows
  xMeans.append(mean)
  colDiff = [(xList[j][i] - mean) for j in range(nrows)]
  sumSq = sum([colDiff[i] * colDiff[i] for i in range(nrows)])
  stdDev = sqrt(sumSq/nrows)
```

```
      xSD.append(stdDev)

   #求めた平均値と標準偏差を使用してxListを標準化する
   xNormalized = []
   for i in range(nrows):
      rowNormalized = [(xList[i][j] - xMeans[j])/xSD[j] for j in range(ncols)]
      xNormalized.append(rowNormalized)

   #labelsを標準化する
   meanLabel = sum(labels)/nrows
   sdLabel = sqrt(sum([(labels[i] - meanLabel) * (labels[i] - meanLabel) \
                  for i in range(nrows)])/nrows)

   labelNormalized = [(labels[i] - meanLabel)/sdLabel for i in range(nrows)]

   #係数ベクトルβを初期化する
   beta = [0.0] * ncols

   #各ステップでβの行列を初期化する
   betaMat = []
   betaMat.append(list(beta))

   #実行するステップ数
   nSteps = 350
   stepSize = 0.004
   nzList = []

   for i in range(nSteps):
      #残差を求める
      residuals = [0.0] * nrows
      for j in range(nrows):
         labelsHat = sum([xNormalized[j][k] * beta[k] for k in range(ncols)])
         residuals[j] = labelNormalized[j] - labelsHat

      #標準化されたwineと残差から説明変数列間の相関を求める
      corr = [0.0] * ncols

      for j in range(ncols):
         corr[j] = sum([xNormalized[k][j] * residuals[k] \
                     for k in range(nrows)]) / nrows

      iStar = 0
      corrStar = corr[0]

      for j in range(1, (ncols)):
         if abs(corrStar) < abs(corr[j]):
            iStar = j; corrStar = corr[j]
```

```
    beta[iStar] += stepSize * corrStar / abs(corrStar)
    betaMat.append(list(beta))

    nzBeta = [index for index in range(ncols) if beta[index] != 0.0]
    for q in nzBeta:
      if (q in nzList) == False:
        nzList.append(q)

nameList = [names[nzList[i]] for i in range(len(nzList))]

print(nameList)
for i in range(ncols):
  #各説明変数のβ値の範囲をプロットする
  coefCurve = [betaMat[k][i] for k in range(nSteps)]
  xaxis = range(nSteps)
  plot.plot(xaxis, coefCurve)

plot.xlabel("Steps Taken")
plot.ylabel(("Coefficient Values"))
plot.show()
```

　最初のセクションは，ファイル全体を読み込んで，ヘッダを分離し，ヘッダを説明変数名のリストに整形するために";"のデリミタで分割し，残りの行を float 型のリストに分割し，説明変数を複数のリストをまとめるリストに分離し，ラベルをリストに分離している．たいていの場合，Python のリストはデータ構造の構築に用いられる．その理由は，アルゴリズムで行と列を扱うような反復計算を実行するためである．また，この目的に対して Pandas のデータフレームを用いると計算が遅くなる要因になるためでもある．

　二つ目のセクションは，第 2 章で紹介したものと同じ標準化を使用する．第 2 章では，説明変数を標準化することによって，プロットを読み取りやすくし，かつ説明変数間の尺度を揃えた．通常，標準化処理はほぼ同様の理由で罰則付き線形回帰の前処理として用いられる．

　LARS アルゴリズムの各ステップでは，β の要素の一つをある固定値だけ増加させる．このとき，説明変数が標準化されていないと，この操作は説明変数ごとに異なる意味合いを持ってしまう．また，ある一つの説明変数に基づいて他の説明変数のスケールを修正する場合も，それぞれ異なった結果が出力されてしまう．これらの理由により，罰則付き線形回帰のパッケージでは，一般的に第 2 章で紹介した標準化を使用する．この標準化処理では，説明変数の平均値を 0 にし（平均値を差し引く），標準偏差を 1 にする（結果を標準偏差で割る）．パッケージはよく標準化しないというオプションを与えるが，標準化しないほうがよい理由を筆者は聞いたことがない．

三つ目と最後のセクションでは，β_0^* と β^* の値を求める．ここでは，標準化した説明変数に対してアルゴリズムを実行するため，切片の β_0^* を用いる必要はない．通常，切片はラベルと重み付けられた説明変数の差を説明するものである．すべての説明変数の平均値が 0 に標準化されているので，それらの間にオフセットはなく，β_0^* を求める必要がなくなる．二つの β が関連するリストは初期化されていることに注意する．一方を beta と呼び，それは説明変数の数と同じ要素数を持つ（説明変数ごとに一つの重みを持つ）．もう一方は，LARS アルゴリズムの各ステップで β のリストを格納する，複数のリストをまとめる行列のようなリストである．この方法は，一般に罰則付き線形回帰や現代の機械学習アルゴリズムにおける重要な概念である．

[1] LARS による複雑度の異なる複数モデルの生成方法

一般に，現代の機械学習アルゴリズムと罰則付き線形回帰は，単一の解ではなく複数の解を生成する．式 (3.15) を見てみると，この数式の左辺は β の最適解で，右辺はすべて，一つの例外を除いて，利用できるデータと係数ベクトル β の値である．罰則項を表す式 (4.7) と式 (4.8) には，何らかの方法で決めなければならないパラメータ λ が含まれている．これらの数式に関するこれまでの議論で指摘しているが，$\lambda = 0$ の場合，問題は最小二乗回帰に帰着し，$\lambda \to \infty$ の場合は $\beta^* \to 0$ となる．そのため，式 (4.7) と式 (4.8) においては，β は λ に依存していると言える．

LARS は明示的に λ の値を扱っていないが，それと同様の効果が得られる．LARS のアルゴリズムでは，まず β の初期値を 0 に設定し，次に最も誤差を減少させる β の要素の値を微小に増加させる．その増加量に応じて，β の絶対値の和（l_1 ノルム）が大きくなる．値の増加量が小さく，かつそれが最適な説明変数に施された場合，この処理は式 (4.8) の罰則を課した最小化問題を解く効果を得ることになる．このプロセスは，コード 4.1 を追うことで確認できる．

基本的な繰り返し計算は，nSteps に関する for ループの初めにある数行のコードのみである．繰り返し計算の開始点は，β の値であり，初回のループでは初期値として 0 が設定される．その後のループでの値は，前回のループの結果から求められる．また，この繰り返し計算は 2 ステップに分けられる．1 ステップ目は，残差の計算で，これには β の値が使用される．**残差**とは，観測された目的変数と予測した目的変数との差を意味している．コード 4.1 では，各説明変数と対応する β の要素を掛け合わせ，それらを合計することで目的変数を予測している．2 ステップ目は，残差と各説明変数の相関値を求める計算である．この計算は，どの説明変数が残差（誤差）の減少に最も寄与するかを決定するために必要となる．2 変数間の相関は，それぞれの平均値との差分の積を，それぞれの標準偏差で標準化した値によって求められる．

互いに標準化された変数は，それらの標準化が正か負かに依存して，$+1$ か -1 の相関

を持つ．仮に二つの変数が互いに独立に変化するとしたら，それらの相関は0となる．相関に関するWikipediaのページ（http://en.wikipedia.org/wiki/Correlation_and_dependence[*1]）には，片方に一定の相関を持つ変数に関する良い説明図が掲載されている．リストcorrは，各説明変数の計算結果を含んでいる．ここで，厳密に言えば，平均値，残差，および標準化した説明変数についての標準偏差の計算を省略しているが，これで正常に機能する．その理由は，すべての説明変数の標準偏差が1になるように標準化されていることで，たとえ結果の値が最も大きい相関を持つようにすべての値にある定数を掛けたとしても，その順序関係が変わらないためである．

一度相関を計算したあとは，残差との相関が最も大きい説明変数（絶対値で比較）を単純に選べばよい．ここで，βのリストの対応する要素を微小な値で増加させるが，相関が正の場合は増加量も正で，そうでなければ負とする．更新したβの値は，次回の繰り返し計算で使用される．

LARSの最終結果は，図4.3に示す係数曲線となる．曲線を読み取る際は，まずグラフにおいて各実行ステップを表す横軸に沿ってある点をイメージする．イメージしたある点に対する垂直線は，すべての係数曲線が通過する．係数曲線と垂直線の交点の値が，LARSの漸近変化における各ステップでの係数の値である．仮に曲線を生成するのに350ステップかかったとすると，係数は350セット作られることになる．それぞれの係数は，ある値のλに対して式(4.8)を最適化している．すると，どの係数を採用すべきかという疑問が生じる．以降で，この疑問について短く取り上げる．

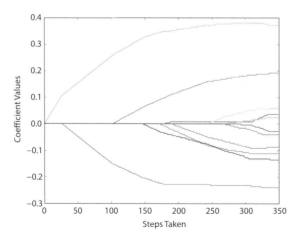

図4.3　ワインデータに対するLARSによる係数曲線

[*1] 訳注：日本語版Wikipediaページ（https://ja.wikipedia.org/wiki/相関係数）にも，同様の説明図が掲載されている．

最初の 25 ステップ程度までは，ただ一つの係数のみが 0 となっていない．これは，Lasso 回帰に由来する疎性である．最初に 0 でなくなった係数はアルコール度数（alcohol）であり，しばらくの間は，その一つの変数だけが LARS の回帰モデルで使用されている．その後，二つ目の変数が加わっている．この過程が，すべての変数が回帰モデルに採用されるまで続く．係数が 0 以外になる順序は，変数の重要度順位の目安として利用する．もし，いずれかの変数を捨てなければならないとしたら，最初に生じた変数よりも最後に生じた変数を捨てるべきである．

重要度の重要性

変数の重要度順位を示す性質は，罰則付き回帰手法の重要な特徴である．この特徴のため，罰則付き回帰手法は開発の初期段階における便利なツールとなりうる．その理由は，どの変数を残してどの変数を捨てるべきかという，特徴エンジニアリングの過程における変数選択に役立つためである．後述するように，アンサンブル学習を用いても，変数の重要度に関する指標が得られる．また，すべての機械学習の手法がこの種の性質を持つわけではない．もちろん，それらの手法を使わなくても，1 変数や 2 変数などの組み合わせをすべて試行することによって順位を求めることができる．しかし，ワインデータのたった 10 個の説明変数でさえ，すべての組み合わせを試行するためには 10 の階乗通りの試行が必要となり，簡単な問題ではないことがわかる．

---

[2] 数百個の LARS 回帰モデルからの最良モデル選択

いま，ワインの科学的性質からワインの味のスコアを予測する問題を解くために有効な解が 350 個あるとしよう．どのようにして一つの最良のモデルを選べばよいだろうか？ どの係数曲線を使うべきかを選ぶためには，350 個のそれぞれの精度を測る必要がある．第 3 章で議論したように，精度とは学習用データ以外に対しての精度を意味する．第 3 章では，学習プロセスからデータを取り出して精度を求めるいくつかの方法の概要を説明した．ここでは，10 分割交差検証法を実行し，最適な組み合わせの係数セットを求める実装例をコード 4.2 に示す．

10 分割交差検証法は，入力データを 10 個程度のグループに等分し，データから一つのグループを除いて残りのデータで学習し，学習後，取り除いたデータを使用して精度の評価を行う処理である．評価時に 1 個のグループを除きながら 10 個のグループを循環することで，良好な誤差と変動量の推定値を得ることができる．

コード 4.2　最良の係数セットを選択するための 10 分割交差検証法（`larsWineCV.py`）

```
__author__ = 'mike-bowles'
import urllib2
import numpy
```

```
from sklearn import datasets, linear_model
from math import sqrt
import matplotlib.pyplot as plot

#反復可能オブジェクトにデータを読み込む
target_url = ("http://archive.ics.uci.edu/ml/machine-learning-"
              "databases/wine-quality/winequality-red.csv")
data = urllib2.urlopen(target_url)

xList = []
labels = []
names = []
firstLine = True
for line in data:
  if firstLine:
    names = line.strip().split(";")
    firstLine = False
  else:
    #セミコロンで分割する
    row = line.strip().split(";")
    #labelsに分割した配列を加える
    labels.append(float(row[-1]))
    #rowからラベルを取り除く
    row.pop()
    #rowをfloat型に変換する
    floatRow = [float(num) for num in row]
    xList.append(floatRow)

#xとlabelsの列を標準化する

nrows = len(xList)
ncols = len(xList[0])

#平均値と標準偏差を求める
xMeans = []
xSD = []
for i in range(ncols):
  col = [xList[j][i] for j in range(nrows)]
  mean = sum(col)/nrows
  xMeans.append(mean)
  colDiff = [(xList[j][i] - mean) for j in range(nrows)]
  sumSq = sum([colDiff[i] * colDiff[i] for i in range(nrows)])
  stdDev = sqrt(sumSq/nrows)
  xSD.append(stdDev)

#求めた平均値と標準偏差を使用してxListを標準化する
xNormalized = []
for i in range(nrows):
```

```
    rowNormalized = [(xList[i][j] - xMeans[j])/xSD[j] for j in range(ncols)]
    xNormalized.append(rowNormalized)

#labelsを標準化する
meanLabel = sum(labels)/nrows
sdLabel = sqrt(sum([(labels[i] - meanLabel) * (labels[i] - meanLabel) \
              for i in range(nrows)])/nrows)

labelNormalized = [(labels[i] - meanLabel)/sdLabel for i in range(nrows)]

#最良の係数値を決定するための交差検証ループを構築する

#交差検証の分割グループ数
nxval = 10

#実行ステップ数とステップサイズ
nSteps = 350
stepSize = 0.004

#誤差を蓄積するリストの初期化
errors = []
for i in range(nSteps):
    b = []
    errors.append(b)

for ixval in range(nxval):
    #検証用と学習用のインデックスセットの定義
    idxTest = [a for a in range(nrows) if a%nxval == ixval*nxval]
    idxTrain = [a for a in range(nrows) if a%nxval != ixval*nxval]

    #学習用と検証用の説明変数とラベルセットの定義
    xTrain = [xNormalized[r] for r in idxTrain]
    xTest = [xNormalized[r] for r in idxTest]
    labelTrain = [labelNormalized[r] for r in idxTrain]
    labelTest = [labelNormalized[r] for r in idxTest]

    #学習用データに対するLARS回帰の学習
    nrowsTrain = len(idxTrain)
    nrowsTest = len(idxTest)

    #係数ベクトルβの初期化
    beta = [0.0] * ncols

    #各ステップでのβ行列の初期化
    betaMat = []
    betaMat.append(list(beta))

    for iStep in range(nSteps):
```

```
      #残差を求める
      residuals = [0.0] * nrows
      for j in range(nrowsTrain):
        labelsHat = sum([xTrain[j][k] * beta[k] for k in range(ncols)])
        residuals[j] = labelTrain[j] - labelsHat

      #標準化されたwineと残差から説明変数列間の相関を求める
      corr = [0.0] * ncols

      for j in range(ncols):
        corr[j] = sum([xTrain[k][j] * residuals[k] \
                  for k in range(nrowsTrain)]) / nrowsTrain

      iStar = 0
      corrStar = corr[0]

      for j in range(1, (ncols)):
        if abs(corrStar) < abs(corr[j]):
          iStar = j; corrStar = corr[j]

      beta[iStar] += stepSize * corrStar / abs(corrStar)
      betaMat.append(list(beta))

      #予測用のβを使用してサンプル外誤差を蓄積する（βの計算では使用されない）
      for j in range(nrowsTest):
        labelsHat = sum([xTest[j][k] * beta[k] for k in range(ncols)])
        err = labelTest[j] - labelsHat
        errors[iStep].append(err)

cvCurve = []
for errVect in errors:
  mse = sum([x*x for x in errVect])/len(errVect)
  cvCurve.append(mse)

minMse = min(cvCurve)
minPt = [i for i in range(len(cvCurve)) if cvCurve[i] == minMse ][0]
print("Minimum Mean Square Error", minMse)
print("Index of Minimum Mean Square Error", minPt)

xaxis = range(len(cvCurve))
plot.plot(xaxis, cvCurve)

plot.xlabel("Steps Taken")
plot.ylabel(("Mean Square Error"))
plot.show()
```

出力

```
('Minimum Mean Square Error', 0.5873018933136459)
('Index of Minimum Mean Square Error', 311)
```

■ **モデル選択のための交差検証法の実装**　コード 4.2 は，コード 4.1 と同じように始まっている．両者の違いは明らかで，nxval 回の交差検証法のループにある．このコードは nxval = 10 の場合だが，他の値が設定されても同様である．分割グループ数の設定にはトレードオフがあり，分割グループ数が小さいほど少ないデータ数で学習することになる．仮に分割グループ数を 5 とした場合，交差検証法の各学習において 20% のデータを除外することになり，分割グループ数を 10 とした場合，10% のデータを除外することになる．第 3 章で述べたように，少ないデータ数での学習は，アルゴリズムの精度不良を引き起こす．しかしながら，大きな分割グループ数で実行しようとすると，より多くの学習プロセスを実行しなければならなくなる．学習時間の観点から，これは厄介な問題である．

　交差検証法のループの前に，誤差リストを初期化している．この誤差リストは，LARS アルゴリズムにおける繰り返し計算の各ステップの誤差で構成されている．さらに，誤差リストには 10 分割交差検証法のすべてのステップでの誤差が累積されている．交差検証法のループの内側には，検証用データセットと，学習用データセットが定義されている．筆者は通常，特に理由がない限り，それらのデータセットの定義に絶対値関数を用いる．例えば，**層化抽出法**と呼ばれる手法が必要になるかもしれない．複数クラスのうちの一つのデータ数がかなり少ないような，バランスのとれていないデータをもとに分類器を作るケースを考えよう．学習用データセットはなるべく完全なデータセットの形をとることが望ましいため，学習用データと検証用データの両方においてクラスが構成されるように，クラス単位でデータを分離する必要があるかもしれない．

　学習用データセットと検証用データセットを定義する関数に，ランダム関数を使用する場合があるかもしれない．その際は，観測データが交換可能でない場合のような，サンプリング過程に悪影響を与える，データセット内でのあらゆるパターン化に注意する必要がある．例えば，週単位の事象の観測結果が日次データとして得られた場合，5 分割交差検証法で絶対値関数を使用すると，月曜日と火曜日のデータがすべて一つのセットに統合される可能性がある．

■ **交差検証法における各分割グループの累積誤差と結果の評価**　学習用データセットと検証用データセットがいくつかの定数とともに一度定義されると，LARS の繰り返し計算が開始する．これは，コード 4.1 に記載した処理と非常によく似ているが，二つの重要な違いがある．一つ目は，すべてのデータセットではなく学習用データセッ

トに対してアルゴリズムが繰り返し実行されることである．二つ目は，繰り返し計算の各ステップと交差検証法の各分割グループで，β の最新の値を検証用データの説明変数とそのラベルとともに使用して，各ステップの検証用データセットに対する誤差量を求めていることである．その計算は交差検証法のループの後半において実行される．β が更新されるたびに，更新後の回帰モデルが検証用データに対して適用され，その誤差量が，適切なリストに累積される．次に，誤差リストのそれぞれを単純に二乗平均する．この結果は，各繰り返し単位での平均二乗誤差（MSE）の曲線の作成に使用される．ただし，MSE は交差検証法で 10 分割した各分割グループの全体で平均して求められる．

ここで，検証用データが適切に使用されているかどうかが心配になるかもしれない．検証用データの学習プロセスへの漏れ込みについて気を配ることは，常に重要である．コード 4.2 においては，検証用データが β の増加量の計算に使用されないことに注意すればよい．増加量の計算には，学習用データのみが使用される．

■ モデル選択と学習経過の実践的考察　　MSE 曲線と LARS の繰り返し計算におけるステップ数の関係を，図 4.4 に示す．この曲線はかなりよくあるパターンを示している．曲線はすべての範囲において単調に減少している．厳密に言えば，コード 4.2 の出力に示されるように，ステップ 311 の傍に最小点がある．しかし，グラフにおいて最小点はかなり傾きが緩やかで，鋭く尖っていない．時には，この曲線がある点で鋭い最小点を持ち，最小点の左側あるいは右側で著しく上昇することがある．交差検証法の結果は，LARS によって生成された 350 個の解のうち，どれが予測に利用できるかを決めるのに利用できる．この例では，最小点はステップ 311 なので，311 番目の β のセットをデプロイ用の係数として採用する．最良の解が曖昧な場合は，通常，より保守的な解

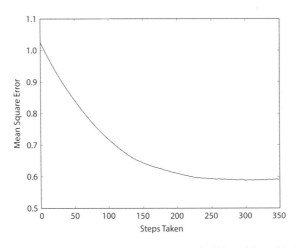

図 4.4　ワインデータに対する LARS の交差検証平均二乗誤差

を採用するとよい．罰則付き回帰において，より保守的であるというのは，小さな係数値を持つ解を意味する．慣例によると，検証用データに対する精度は，通常，あまり複雑でないモデル（グラフ左側）と，より複雑なモデル（グラフ右側）で表現される．あまり複雑でないモデルは，より優れた汎化誤差を持つ．すなわち，新しいデータに対してより良い予測を行うことができる．よって，より保守的なモデルは，グラフの左側にある．

LARS と交差検証プロセスの説明では，まずデータセット全体に対するアルゴリズムの学習を経て，次に交差検証を実行した．しかし実際には，おそらく最初に交差検証をして，次にデータセット全体に対してアルゴリズムの学習を行うだろう．交差検証の目的は，達成できる MSE（あるいは他の指標）の精度がどの程度なのかを決めることと，データセットに対するモデルの複雑さがどの程度であればよいのかを知ることである．第 3 章において，データセットの大きさとモデルの複雑性に関する問題を紹介した．交差検証（または適切な精度推定値を得るためにデータを分離する他の方法）は，デプロイ用の最良なモデルの複雑性を決定する方法である．その方法では，特定のモデル（すなわち，特定の β のセット）を求めるのではなく，複雑性を求める．コード 4.2 から確認できるように，10 分割交差検証法のために，実際に 10 個のモデルを学習し，その 10 個の中でモデルを決定する方法はない．実践的に最も良いのは，すべてのデータセットで学習することと，交差検証によって選ばれたモデルを用いることである．交差検証の結果から，どのモデルをデプロイ用のモデルとして採用すればよいかがわかる．コード 4.2 に示す例では，交差検証は学習過程の 311 ステップ目で 0.59 という最小の MSE を与えている．図 4.3 に示した係数曲線は，すべてのデータセットに対して学習したものである．交差検証に関する余談だが，図 4.3 に表現された 350 セットの係数のうち，どれでデプロイすべきかわからないという問題が，交差検証を行う動機となっている．交差検証法は，MSE の適切な推定結果を与え，かつデータセット全体で学習を行った 311 ステップ目のモデルをデプロイ版として採用すればよいことを教えてくれる．

▶ 4.3.2　一般的で高速な手法 "glmnet" の利用

glmnet は，スタンフォード大学の Jerome Friedman 教授と彼の同僚によって開発された [2]．glmnet アルゴリズムは，ElasticNet 問題を解く手法である．ElasticNet 問題は，Lasso 罰則（絶対値の和）とリッジ罰則（二乗和）の両方を含む罰則付き関数の一般化に立脚している．ElasticNet はパラメータ λ を持ち，この λ は，係数罰則とモデルの当てはめ誤差を比較して，どの程度罰則を与えるかを決めるパラメータである．また，ElasticNet はリッジ（$\alpha = 0$）または Lasso（$\alpha = 1$）にどのくらい近いかを決定するパラメータを持つ．glmnet のアルゴリズムは，LARS と同様に，係数曲線を与える．

LARS は係数曲線を描画するために β に係数を蓄積するが，glmnet の場合は λ を着実に減少させる．式 (4.9) に Friedman の論文に記載されている重要な数式を示す．これは，Friedman の論文の Equation 1（ElasticNet の式）を解く係数を求めるための重要な反復式である．

$$\widetilde{\beta_j} \leftarrow \frac{S\left(\frac{1}{n}\sum_{i=1}^{n} x_{ij} r_i + \widetilde{\beta_j}, \lambda\alpha\right)}{1 + \lambda(1-\alpha)} \tag{4.9}$$

計算過程を追いたい読者のために言及しておくと，式 (4.9) は，Friedman の論文における Equation 5 と Equation 8 の組み合わせである．式 (4.9) は複雑に見えるが，少し考察すると，前項で説明した LARS との関係性や類似性をいくつか見つけることができる．

[1]　glmnet と LARS の構造比較

式 (4.9) は，β についての基本的な更新式を与えている．LARS の更新式は「残差との相関が最も大きい説明変数を見つけ，その係数を小さな固定値だけ増加（減少）させる」というものであった．式 (4.9) の更新式はもう少し複雑になり，等号の代わりに矢印を使用している．この矢印は，マッピングのような意味合いを持つ．矢印の両側に $\widetilde{\beta_j}$ があることに注意しよう．矢印の右側の $\widetilde{\beta_j}$ は更新前の値で，左側の $\widetilde{\beta_j}$ は更新後の値である．数回の更新後に，$\widetilde{\beta_j}$ は変化しなくなる（より正確には，変化が無意味になる）．一度 $\widetilde{\beta_j}$ の変化が止まると，アルゴリズムは，事前に与えた λ と α の値に関しての一つの解に到達したことになる．そのときが，係数曲線が次の点に移るタイミングとなる．

初めに注意すべきことは，和の中の $x_{ij} r_i$ の数式表現である．i（データの行番号）に関する $x_{ij} r_i$ の和が j 番目の説明変数と残差との相関を与えている．LARS の回帰の各ステップにおいて，各説明変数と残差が相関していたことを思い出してほしい．LARS では，どの説明変数が残差に対して最も大きい相関を有するかを分析し，相関の高い説明変数に対応する係数を増加させていた．一方，glmnet は少々異なった相関の使い方をしている．glmnet では，残差の間の相関関係を利用して，各係数をどの程度の大きさで変化させるべきかを計算する．しかし，その結果は $\widetilde{\beta_j}$ を変化させる前に，関数 S を適用したものとなっている．関数 S は Lasso の係数を縮小する関数であり，図 4.5 に示す形状をしている．図 4.5 から読み取れるように，第 1 引数の入力が第 2 引数の入力よりも小さい場合，出力は 0 となる．一方，第 1 引数の入力が第 2 引数の入力よりも大きい場合，出力は第 2 引数の入力によって減じられた第 1 引数の入力となる．これをソフトリニア関数と呼ぶ．

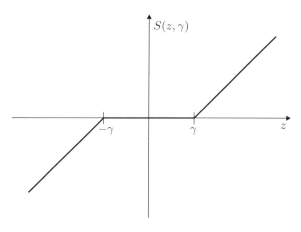

図 4.5　関数 S のプロット

[2]　glmnet アルゴリズムの初期化と繰り返し計算

コード 4.3 に glmnet の実装を示す．このコードから，ElasticNet の係数曲線の生成において，β の更新式である式 (4.9) の使用方法を確認することができる．論文は容易に入手できるので，もし数学的な詳細に興味があれば参照していただきたい．

glmnet の繰り返し計算は，大きな λ の値から始める．すなわち，すべての β の要素を 0 にするような大きな値の λ から始める．ここで，式 (4.9) を参照すると，λ の初期値を計算する方法を確認することができる．式 (4.9) における関数 S は，第 1 引数の入力（$x_{ij}r_i$ の相関値）が第 2 引数の入力（$\lambda\alpha$）よりも小さい場合，0 を出力する．すべての β の要素を 0 にした状態で繰り返し計算を実行すると，残差はラベルの値と等しくなる．開始時の λ を求めるコードでは，説明変数とラベルのそれぞれに関する相関を計算し，相関が最大となる値を求め，その最大相関値が $\lambda\alpha$ と等しくなるような λ の値を求めている．その解は λ の最大値であり，このときすべての β の要素が 0 になる．

繰り返し計算は，λ を減少させることから始める．具体的には，λ に 1 よりわずかに小さい数値を乗じる．ここで，Friedman は $\lambda^{100} = 0.001$ となるような乗数を選ぶことを提案している．彼の提案では，約 0.93 の値を用いている．長時間たってもアルゴリズムが収束しない場合，λ の乗数を 1 より小さい値に設定する必要がある．Friedman のコードでは，良い解を得るための設定として，100 のステップ数を 200 まで増やし，200 ステップかけて開始時点の λ を初期値の 0.001 まで減らしていく方法をとっている．コード 4.3 では，乗数を直接的にコントロールできるようになっている．この結果である係数曲線を図 4.6 に示す．

コード 4.3　glmnet アルゴリズム（glmnetWine.py）

```python
__author__ = 'mike-bowles'
import urllib2
import numpy
from sklearn import datasets, linear_model
from math import sqrt
import matplotlib.pyplot as plot
def S(z, gamma):
  if gamma >= abs(z):
    return 0.0
  return (z/abs(z))*(abs(z) - gamma)


#反復可能オブジェクトにデータを読み込む
target_url = ("http://archive.ics.uci.edu/ml/machine-learning-"
              "databases/wine-quality/winequality-red.csv")
data = urllib2.urlopen(target_url)

xList = []
labels = []
names = []
firstLine = True
for line in data:
  if firstLine:
    names = line.strip().split(";")
    firstLine = False
  else:
    #セミコロンで分割する
    row = line.strip().split(";")
    #labels に分割した配列を加える
    labels.append(float(row[-1]))
    #row からラベルを取り除く
    row.pop()
    #row を float 型に変換する
    floatRow = [float(num) for num in row]
    xList.append(floatRow)

#x と labels の列を標準化する

nrows = len(xList)
ncols = len(xList[0])

#平均値と標準偏差を求める
xMeans = []
xSD = []
for i in range(ncols):
  col = [xList[j][i] for j in range(nrows)]
  mean = sum(col)/nrows
```

```python
    xMeans.append(mean)
    colDiff = [(xList[j][i] - mean) for j in range(nrows)]
    sumSq = sum([colDiff[i] * colDiff[i] for i in range(nrows)])
    stdDev = sqrt(sumSq/nrows)
    xSD.append(stdDev)

#求めた平均値と標準偏差を使用してxListを標準化する
xNormalized = []
for i in range(nrows):
    rowNormalized = [(xList[i][j] - xMeans[j])/xSD[j]
                    for j in range(ncols)]
    xNormalized.append(rowNormalized)

#labelsを標準化する
meanLabel = sum(labels)/nrows
sdLabel = sqrt(sum([(labels[i] - meanLabel) * (labels[i] -
                meanLabel) for i in range(nrows)])/nrows)

labelNormalized = [(labels[i] - meanLabel)/sdLabel for i in range(nrows)]

#αパラメータを設定する

alpha = 1.0

#すべての係数を抑圧するλの値を決定するためのデータを渡す
#すべての要素が0のβで開始する

xy = [0.0]*ncols
for i in range(nrows):
    for j in range(ncols):
        xy[j] += xNormalized[i][j] * labelNormalized[i]

maxXY = 0.0
for i in range(ncols):
    val = abs(xy[i])/nrows
    if val > maxXY:
        maxXY = val

#λの初期値を計算する
lam = maxXY/alpha

#このλの値はβが0となるリストに関連している
#係数βのベクトルを初期化する
beta = [0.0] * ncols

#各ステップでβの行列を初期化する
betaMat = []
betaMat.append(list(beta))
```

```python
#繰り返し計算を開始する
nSteps = 100
lamMult = 0.93 #λの1000の要素により，100ステップで減少（筆者による推薦）
nzList = []

for iStep in range(nSteps):
    #係数のいくつかが0とならないようにλを小さくする
    lam = lam * lamMult

    deltaBeta = 100.0
    eps = 0.01
    iterStep = 0
    betaInner = list(beta)
    while deltaBeta > eps:
        iterStep += 1
        if iterStep > 100: break

        #説明変数を繰り返し一つずつ更新する
        #比較用に初期値を記録する
        betaStart = list(betaInner)
        for iCol in range(ncols):

            xyj = 0.0
            for i in range(nrows):
                #現在のβで残差を計算する
                labelHat = sum([xNormalized[i][k]*betaInner[k]
                                for k in range(ncols)])
                residual = labelNormalized[i] - labelHat

                xyj += xNormalized[i][iCol] * residual

            uncBeta = xyj/nrows + betaInner[iCol]
            betaInner[iCol] = S(uncBeta, lam * alpha) / (1 + lam * (1 - alpha))

        sumDiff = sum([abs(betaInner[n] - betaStart[n])
                       for n in range(ncols)])
        sumBeta = sum([abs(betaInner[n]) for n in range(ncols)])
        deltaBeta = sumDiff/sumBeta
    print(iStep, iterStep)
    beta = betaInner

    #新しく決定したβをリストに追加する
    betaMat.append(beta)

    #βが0とならない順序をトラッキングする
    nzBeta = [index for index in range(ncols) if beta[index] != 0.0]
    for q in nzBeta:
```

```
        if (q in nzList) == False:
            nzList.append(q)

    #βの順序付きリストを出力する
    nameList = [names[nzList[i]] for i in range(len(nzList))]
    print(nameList)

    nPts = len(betaMat)
    for i in range(ncols):
        #各説明変数のβ値の範囲をプロットする
        coefCurve = [betaMat[k][i] for k in range(nPts)]
        xaxis = range(nPts)
        plot.plot(xaxis, coefCurve)

    plot.xlabel("Steps Taken")
    plot.ylabel(("Coefficient Values"))
    plot.show()
```

出力

```
['"alcohol"', '"volatile acidity"', '"sulphates"',
 '"total sulfur dioxide"', '"chlorides"', '"fixed acidity"', '"pH"',
 '"free sulfur dioxide"', '"residual sugar"', '"citric acid"',
 '"density"']
```

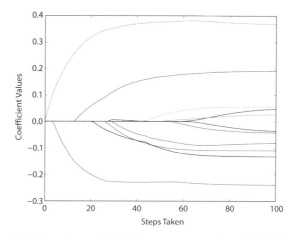

図 4.6　ワインの味を予測する glmnet モデルの係数曲線

図 4.6 は，コード 4.3 で生成される係数曲線である．曲線の形状は，LARS によって生成されたものと一致はしていないものの，類似している．LARS と Lasso は通常同じ曲線を生成するが，時には若干異なった結果となる．どちらの方法がより優れているか

を知る唯一の方法は，二つの方法を検証用データに適用し，どちらの精度が良いかを比較することである．

Lassoモデルの開発プロセスは，LARSと同様である．まず，第3章で述べた検証用データに対して精度の評価を行う方法（N分割交差検証法など）を用いて，得られた結果から最適なモデルの複雑性を決める．次に，すべてのデータセットに対して学習を行い，係数曲線を作成し，検証用データに対する評価により最適と判定された係数曲線のステップを選択する．

本節では，罰則付き線形回帰モデルで定義される最小化問題に関して，二つのアプローチを取り上げ，それぞれがアルゴリズム的にどのように動作するのか，互いにどのような関係性があるのか，どのようなコードで実装されるのかについて述べた．これらの情報は，Pythonで実装されたアルゴリズムパッケージを利用する際に役立つはずである．また，次節で紹介するモデルの多様な拡張方法（第5章で扱う例題にも登場する）の理解にも役立つだろう．

4.4 数値入力を伴う線形回帰への拡張

これまでは，回帰問題（予測対象の目的変数が実数値をとる問題）に焦点を置いてきた．どのようにすればこれを分類問題（目的変数が，例えば「クリックする」「クリックしない」のような二つの離散値をとる問題）に適用できるだろうか？ これまで扱ってきた方法を分類問題に拡張する方法は，いくつかある．

▶ 4.4.1 罰則付き回帰による分類問題の解き方

2クラス分類問題については，2クラスを実数として扱って実装することで，良い結果が得られることがある．この単純な方法は，2クラスの一方を1，もう一方を0として（あるいは+1と−1として）実装する方法である．この単純な処理で，ラベルで表現されていたリストは実数のリストとなる．そうすると，これまでに紹介したアルゴリズムをそのまま適用できるようになる．この方法より洗練された方法はあるが，これはその良い代替手段と言える．この単純な実装方法は，たいていの場合において，より洗練された方法と比べて素早く学習できる．このことは重要である．

コード4.4は，クラスラベルを0と1の数値で置き換える手法を岩と機雷のデータセットに適用した例である．第2章より，岩と機雷のデータセットは分類問題であったことを思い出してほしい．このデータセットは，音波探知機（ソナー）で水中に設置された不発機雷を検知する実験に由来している．音波探知機の音波は，機雷のほかにもさまざまな物体で反射する．問題は，反射波が不発機雷から生じたものか，あるいは海底にある岩から生じたものかを予測することである．

実験における音波探知機は，チャープ信号と呼ばれる音波を利用している．チャープ信号の波形は，音波探知機の送信パルスが継続している間に周波数が上昇（または下降）するような波形である．岩と機雷のデータセットが含む 60 個の説明変数は，それぞれサンプリングした時刻が異なる 60 時点の受信パルスであり，これらは一つのチャープ波形に含まれる 60 の異なる周波数に対応する．

コード 4.4 は，クラスラベルである R と M を 0.0 と 1.0 に変換する方法を例示している．この変換により，問題を通常の回帰問題として扱えるようになる．このコードでは，分類器を構築するために LARS アルゴリズムを用いている．また，すべてのデータセットに対して 1 回だけ LARS を適用している．前節で述べたように，交差検証法や，データセットをランダムに分割してモデルを検証するその他の方法を使用して最適なモデルの複雑性を決定したいところであるが，それらの設計手順と精度比較は第 5 章で検討する．ここでの重要なポイントは，これまでに扱ってきた回帰の手法を分類問題に適用する方法を理解することである．

コード 4.4　2 クラスラベルに数値を割り当てて，分類問題を回帰問題に変換

```
__author__ = 'mike_bowles'
import urllib2
import sys
from math import sqrt
import matplotlib.pyplot as plot

#UCI データリポジトリからデータを読み込む
target_url = "https://archive.ics.uci.edu/ml/machine-learning-"
   "databases/undocumented/connectionist-bench/sonar/sonar.all-data"
data = urllib2.urlopen(target_url)

#データをラベルリストと説明変数リストのリストに配列する
xList = []

for line in data:
    #カンマで分割する
    row = line.strip().split(",")
    xList.append(row)

#説明変数からラベルを分離して，説明変数の文字列を数値に変換し，
#"M"を 1に，"R"を 0に変換する

xNum = []
labels = []

for row in xList:
    lastCol = row.pop()
```

```
    if lastCol == "M":
      labels.append(1.0)
    else:
      labels.append(0.0)
    attrRow = [float(elt) for elt in row]
    xNum.append(attrRow)

#x 行列の行数と列数
nrow = len(xNum)
ncol = len(xNum[1])

#平均値と標準偏差を求める
xMeans = []
xSD = []
for i in range(ncol):
  col = [xNum[j][i] for j in range(nrow)]
  mean = sum(col)/nrow
  xMeans.append(mean)
  colDiff = [(xNum[j][i] - mean) for j in range(nrow)]
  sumSq = sum([colDiff[i] * colDiff[i] for i in range(nrow)])
  stdDev = sqrt(sumSq/nrow)
  xSD.append(stdDev)

#求めた平均値と標準偏差を使用して xNum を標準化する
xNormalized = []
for i in range(nrow):
  rowNormalized = [(xNum[i][j] - xMeans[j])/xSD[j] for j in range(ncol)]
  xNormalized.append(rowNormalized)

#labels を標準化する
meanLabel = sum(labels)/nrow
sdLabel = sqrt(sum([(labels[i] - meanLabel) * (labels[i] - meanLabel) \
           for i in range(nrow)])/nrow)

labelNormalized = [(labels[i] - meanLabel)/sdLabel for i in range(nrow)]

#係数ベクトル β を初期化する
beta = [0.0] * ncol

#各ステップで β の行列を初期化する
betaMat = []
betaMat.append(list(beta))

#実行するステップ数
nSteps = 350
stepSize = 0.004
nzList = []
```

```
   for i in range(nSteps):
      #残差を求める
      residuals = [0.0] * nrow
      for j in range(nrow):
         labelsHat = sum([xNormalized[j][k] * beta[k] for k in range(ncol)])
         residuals[j] = labelNormalized[j] - labelsHat

      #標準化されたXと残差から，説明変数列間の相関を求める
      corr = [0.0] * ncol

      for j in range(ncol):
         corr[j] = sum([xNormalized[k][j] * residuals[k] \
                    for k in range(nrow)]) / nrow

      iStar = 0
      corrStar = corr[0]

      for j in range(1, (ncol)):
         if abs(corrStar) < abs(corr[j]):
            iStar = j; corrStar = corr[j]

      beta[iStar] += stepSize * corrStar / abs(corrStar)
      betaMat.append(list(beta))

      nzBeta = [index for index in range(ncol) if beta[index] != 0.0]
      for q in nzBeta:
         if (q in nzList) == False:
            nzList.append(q)

#xNumの列名を生成する
names = ['V' + str(i) for i in range(ncol)]
nameList = [names[nzList[i]] for i in range(len(nzList))]

print(nameList)
for i in range(ncol):
   #各説明変数のβ値の範囲をプロットする
   coefCurve = [betaMat[k][i] for k in range(nSteps)]
   xaxis = range(nSteps)
   plot.plot(xaxis, coefCurve)

plot.xlabel("Steps Taken")
plot.ylabel(("Coefficient Values"))
plot.show()
```

出力

```
['V10', 'V48', 'V44', 'V11', 'V35', 'V51', 'V20', 'V3', 'V21', 'V15',
 'V43', 'V0', 'V22', 'V45', 'V53', 'V27', 'V30', 'V50', 'V58', 'V46',
 'V56', 'V28', 'V39']
```

図 4.7 に，LARS によって生成された係数曲線を示す．この曲線は，ワインの味の予測問題の結果と類似した性質を有しているように見えるが，岩と機雷のデータセットのほうが説明変数の数が多いため，曲線の数が多い（岩と機雷のデータは 60 個の説明変数と 208 行のデータで構成されている）．また，第 3 章での議論から，読者はすべての説明変数を用いると最適解とならないのではないか，と思うかもしれない．説明変数の数と最適解の間にどのようなトレードオフが存在するのかについては，第 5 章で扱う．第 5 章では，その解決策やその他の問題，また，さまざまな手法の比較に焦点を当てる．

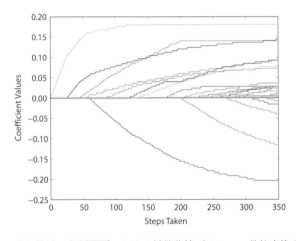

図 4.7　岩と機雷の分類問題における係数曲線（ラベルの数値変換を利用）

別の方法として，二つの目的変数の尤度という観点で問題を定式化する方法がある．この方法は，**ロジスティック回帰**と呼ばれる手法に繋がる．glmnet のアルゴリズムはその枠組みで適用することができ，Friedman の論文では，glmnet のロジスティック回帰版と，その多クラス分類問題（二つ以上の離散的な目的変数を持つ問題）への拡張版が検討されている．2 クラス版と多クラス版のアルゴリズムについては，第 5 章で扱う．

▶ 4.4.2　二つ以上の目的変数を有する分類問題

複数の選択肢から一つを選択する問題がある．例えば，あるウェブサイト訪問者にいくつかのリンクの載ったウェブサイトを見せたとしよう．その訪問者はどれかのリンクをクリックするかもしれないし，あるいは「戻る」ボタンを押したりブラウザを閉じた

第4章 罰則付き線形回帰

りするかもしれない．これらの選択肢は，ワインの味のスコアと同じように順序付けされていない選択肢と言える．例えば，味のスコア4は，3から5の間に位置付けられる．例えば，説明変数（例えばアルコール度数）の変更によってスコアが3から4に変わる場合，説明変数をもう少し変更すると，スコアはさらに同じ方向に変化するかもしれない．一方で，サイト訪問者がとりうる選択肢にそのような順序関係はない．このような問題を多クラス分類問題と呼ぶ．

多クラス分類問題は，2クラス分類のアルゴリズムで扱うことができる．この方法は，その動作の考え方を表す**一対全**あるいは**一対他**という名称で呼ばれる．基本的には，多クラス分類問題を2クラス分類問題と見なす方法である．例えば，ウェブサイト訪問者がそのウェブサイトを去るか，それ以外の選択をするかという2択と，「戻る」ボタンを押すか，他の利用できる選択肢をとるかの2択を予測する．2クラス分類問題を数多く解くことで，結果として，多くの選択的な目的変数が得られる．2クラス分類器は，コード4.4のLARSによる分類器のように，数値を出力する．最も大きい一対全の値を持つ目的変数を勝者とする．第5章では，異なる六つの目的変数を用いて，ガラスのデータセットに対してこの方法を実装する．

▶ 4.4.3 基底展開の理解 —— 非線形問題に対する線形手法の適用

本質的に，分類問題や回帰問題の予測を想定した線形手法は，設計者が利用できる説明変数の線形結合として表現できる．ここで，線形モデルでは不十分と思われる理由があれば，どうすればよいだろうか？そのような場合には，基底展開と呼ばれる方法を用いることで，線形モデルを強い非線形性を伴って機能させることが可能となる．基底展開の基本的な考え方は，問題における非線形性を説明変数の多項式（あるいは，他の非線形関数の和）で近似することである．そして，もとの説明変数のべき乗となる説明変数を追加し，その多項式に関する最良の係数セットを線形手法で求めることができる．

基底展開の具体的な考え方を理解するために，コード4.5を示す．このコードは，ワインの味のデータセットを読み込むところから始まっている．本章の前半で作成した二つの線形モデルにおいて，アルコール度数がワインの味を決定する最も重要な説明変数として示されたことを思い出してほしい．しかし，その関係は直線的ではなく，実際にはアルコール度数が高い，あるいは低い場合に関しては成立しない可能性がある．

コード4.5は，その可能性を確認するものである．

コード4.5　ワインの味の予測のための基底展開

```
__author__ = 'mike-bowles'
import urllib2
import matplotlib.pyplot as plot
```

```
from math import sqrt, cos, log

#反復可能オブジェクトにデータを読み込む
target_url = "http://archive.ics.uci.edu/ml/machine-learning-"
             "databases/wine-quality/winequality-red.csv"
data = urllib2.urlopen(target_url)

xList = []
labels = []
names = []
firstLine = True
for line in data:
  if firstLine:
    names = line.strip().split(";")
    firstLine = False
  else:
    #セミコロンで分割する
    row = line.strip().split(";")
    #labelsに分割した配列を加える
    labels.append(float(row[-1]))
    #rowからラベルを取り除く
    row.pop()
    #rowをfloat型に変換する
    floatRow = [float(num) for num in row]
    xList.append(floatRow)

#アルコール変数を拡張する（説明変数行列の最後の列）
xExtended = []
alchCol = len(xList[1])

for row in xList:
  newRow = list(row)
  alch = row[alchCol - 1]
  newRow.append((alch - 7) * (alch - 7)/10)
  newRow.append(5 * log(alch - 7))
  newRow.append(cos(alch))
  xExtended.append(newRow)

nrow = len(xList)
v1 = [xExtended[j][alchCol - 1] for j in range(nrow)]

for i in range(4):
  v2 = [xExtended[j][alchCol - 1 + i] for j in range(nrow)]
  plot.scatter(v1,v2)

plot.xlabel("Alcohol")
plot.ylabel(("Extension Functions of Alcohol"))
plot.show()
```

これまでと同様に，コードはデータの読み込みから始まる．その後，（読み込んだデータを標準化する前に）データ列を読み取り，列に少数の新しい要素を加え，新しく拡張された行を新しい説明変数のセットに付け加える．付け加えた新しい要素は，元データに含まれるアルコール説明変数のすべての関数となる．例えば，最初の新しい説明変数を ((alch-7)*(alch-7)/10) とする．ただし，alch はアルコール度数を示す．定数の 7 と 10 は，結果として得られる新しい説明変数がうまく一つのプロットに収まるように標準化するためのものである．よって，基本的には，新しい説明変数はアルコール変数の 2 乗となる．

次のステップでは，説明変数を拡張したセットを用いて，本章ですでに紹介した方法（あるいは線形モデルの構築に利用できる他の手法）で線形モデルを構築する．線形モデルの構築にどのようなアルゴリズムを用いても，それぞれの説明変数（新しい説明変数を含む）と乗数（または係数）でモデルは構成されることになる．また，拡張に用いた関数がもとの変数のすべてのべき乗である場合，線形モデルはもとの変数の多項式関数の係数を生成する．拡張についてさまざまな関数を選ぶことで，他の関数項級数を構築することができる．

図 4.8 は，もとの説明変数に対する新しい説明変数（ともとの説明変数）の関数依存性を示している．この図から，拡張のための関数（2 乗，対数，正弦関数）の選択による振る舞いの違いを確認することができる．

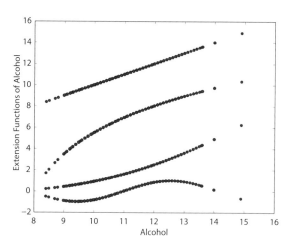

図 4.8　アルコール度数の説明変数を拡張するための関数群

▶ 4.4.4　非数値説明変数の線形モデルへの統合

罰則付き線形回帰（と他の線形手法）は，数値の説明変数を必要としていた．ここで，読者が解こうとしている問題に，非数値の説明変数（カテゴリ説明変数やファクター説

4.4 数値入力を伴う線形回帰への拡張

明変数と呼ばれる）が含まれている場合にはどうすればよいだろうか？　よく知られた例として，性別の説明変数がある．カテゴリ変数を数値に変換する標準的な方法は，カテゴリ変数をいくつかの新しい説明変数データの列として符号化することである．ある一つの説明変数が N 個の離散値を持つ場合，それを $N-1$ 個の新しいデータ列として符号化する．ここで，N 個の説明変数のうち $N-1$ 個は，$N-1$ 個のデータ列に対応している．特定の行がカテゴリ変数の i 番目の値をとる場合，各行において i 番目の列に 1 を入れ，他の列には 0 を入れる．行がカテゴリ変数の N 番目の値をとる場合は，すべてに 0 を入れる．

コード 4.6 に，この手法をアワビのデータセットに適用する方法を示す．アワビのデータセットにおける課題は，多様な物理計測値からアワビの年齢を予測することである．

コード 4.6　カテゴリ変数を含む割則付き線形回帰（アワビのデータセット）（larsAbalone.py）

```
__author__ = 'mike_bowles'
import urllib2
from pylab import *
import matplotlib.pyplot as plot

target_url = "http://archive.ics.uci.edu/ml/machine-learning-"
             "databases/abalone/abalone.data"
#アワビのデータセットの読み込み
data = urllib2.urlopen(target_url)

xList = []
labels = []

for line in data:
    #セミコロンで分割する
    row = line.strip().split(",")

    #labels に分割した配列を加える
    labels.append(float(row.pop()))

    #説明変数リスト（すべての要素が文字列）のリストを形成
    xList.append(row)

names = ['Sex', 'Length', 'Diameter', 'Height', 'Whole weight',\
         'Shucked weight', 'Viscera weight', 'Shell weight', 'Rings']

#3値の性別説明変数を数値として符号化する
xCoded = []
for row in xList:
```

```
    #最初に3値の性別説明変数を符号化
    codedSex = [0.0, 0.0]
    if row[0] == 'M': codedSex[0] = 1.0
    if row[0] == 'F': codedSex[1] = 1.0

    numRow = [float(row[i]) for i in range(1,len(row))]
    rowCoded = list(codedSex) + numRow
    xCoded.append(rowCoded)

namesCoded = ['Sex1', 'Sex2', 'Length', 'Diameter', 'Height',\
              'Whole weight', 'Shucked weight', 'Viscera weight',\
              'Shell weight', 'Rings']

nrows = len(xCoded)
ncols = len(xCoded[1])

xMeans = []
xSD = []
for i in range(ncols):
  col = [xCoded[j][i] for j in range(nrows)]
  mean = sum(col)/nrows
  xMeans.append(mean)
  colDiff = [(xCoded[j][i] - mean) for j in range(nrows)]
  sumSq = sum([colDiff[i] * colDiff[i] for i in range(nrows)])
  stdDev = sqrt(sumSq/nrows)
  xSD.append(stdDev)

#求めた平均値と標準偏差を使用して xCoded を標準化する
xNormalized = []
for i in range(nrows):
  rowNormalized = [(xCoded[i][j] - xMeans[j])/xSD[j]\
                  for j in range(ncols)]
  xNormalized.append(rowNormalized)

#labels を標準化する
meanLabel = sum(labels)/nrows
sdLabel = sqrt(sum([(labels[i] - meanLabel) * (labels[i] -
              meanLabel) for i in range(nrows)])/nrows)

labelNormalized = [(labels[i] - meanLabel)/sdLabel\
                  for i in range(nrows)]

#係数ベクトル β を初期化する
beta = [0.0] * ncols

#各ステップで β の行列を初期化する
betaMat = []
betaMat.append(list(beta))
```

```python
#実行するステップ数
nSteps = 350
stepSize = 0.004
nzList = []

for i in range(nSteps):
  #残差を求める
  residuals = [0.0] * nrows
  for j in range(nrows):
    labelsHat = sum([xNormalized[j][k] * beta[k] for k in range(ncols)])
    residuals[j] = labelNormalized[j] - labelsHat

  #標準化された wine と残差から説明変数列間の相関を求める
  corr = [0.0] * ncols

  for j in range(ncols):
    corr[j] = sum([xNormalized[k][j] * residuals[k]
                for k in range(nrows)]) / nrows

  iStar = 0
  corrStar = corr[0]

  for j in range(1, (ncols)):
    if abs(corrStar) < abs(corr[j]):
      iStar = j; corrStar = corr[j]

  beta[iStar] += stepSize * corrStar / abs(corrStar)
  betaMat.append(list(beta))

  nzBeta = [index for index in range(ncols) if beta[index] != 0.0]
  for q in nzBeta:
    if (q in nzList) == False:
      nzList.append(q)

nameList = [namesCoded[nzList[i]] for i in range(len(nzList))]

print(nameList)
for i in range(ncols):
  #各説明変数のβ値の範囲をプロットする
  coefCurve = [betaMat[k][i] for k in range(nSteps)]
  xaxis = range(nSteps)
  plot.plot(xaxis, coefCurve)

plot.xlabel("Steps Taken")
plot.ylabel(("Coefficient Values"))
plot.show()
```

出力（larsAbaloneOutput.txt）

```
['Shell weight', 'Height', 'Sex2', 'Shucked weight', 'Diameter', 'Sex1']
```

最初の説明変数は，三つの値で表現されるアワビの性別である．幼児期のアワビは性別が確定できない状態（indeterminate）なので，最初の列の入力データにはM, F, Iが入る．

列に対応する変数名は，namesと名づけられたPythonのリストに格納されている．アワビのデータセットにおいて，変数名はデータの最初の行に由来しているのではなく，カリフォルニア大学アーバイン校のウェブサイト上の分割ファイルに由来している．リストにおける最初の変数は性別であり，最後の変数は貝殻の輪紋である．貝殻の輪紋は，貝殻を薄く切り，顕微鏡を用いて数え上げられる．その輪の数は，基本的にはアワビの年齢を示す．この問題の目的は，簡単かつ短時間でできる低コストな計測結果を用いた回帰モデルを学習し，貝殻の輪紋の数を予測することである．

性別の説明変数の符号化は，説明変数行列を標準化する前に終わらせておく．符号化処理では，性別を示す三つの値を表現する二つの列を構築する．その論理構造は，その行のアワビが雄（M）なら最初の列に1を与え，そうでなければ0を与える．2番目の列は雌（F）なら1を与える．幼児期（I）の場合には，両方の列に0を与える．元の列名Sexを作成した新しい2列に置き換え，それぞれSex1とSex2と名づける．

符号化が完了すれば，説明変数の行列はすべて数値で構成されたことになり，前述の例のように解くことができる．次に，平均が0，標準偏差が1となるように変数を標準化し，LARSのアルゴリズムを適用し，係数曲線を作成する．出力は，変数が罰則付き線形回帰の解として採用される順番を示している．ここで，作成した性別に関する二つの列が，解の中に確認できる．

図4.9は，この問題に対するLARSによる係数曲線を示している．第7章では，この問題に本章とは異なる手法を適用し，精度についてさらに掘り下げて解説する．

本節では，罰則付き回帰を幅広い分野の問題に対応させる拡張方法について論じた．また，分類問題を一般の回帰問題に変換する単純かつ効果的な手法を説明し，2クラス分類器を多クラス分類器に変換する方法についても述べた．さらに，線形回帰を用いて非線形な振る舞いをモデル化する方法（もとの説明変数と非線形関数から生成した新しい説明変数をモデルに加える方法）について論じた．最後に，カテゴリ変数を実数変数に変換する方法を紹介し，線形的なアルゴリズムはカテゴリ変数にも利用できることを示した．このカテゴリ変数を変換する方法は，線形回帰だけでは有効に機能しないが，サポートベクトルマシンのような他の線形手法に用いる場合には有用である．

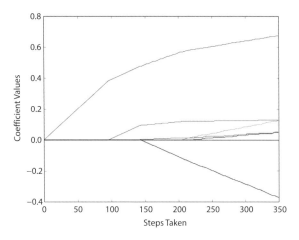

図 4.9　カテゴリ変数を含むアワビのデータで学習した LARS の係数曲線

4.5　本章のまとめ

　本章の目的は，アルゴリズムが実装された Python パッケージを理解し，使えるようになるための基礎作りであった．本章では，入力データセットの性質を，予測対象の目的変数の列ベクトルと，予測のもととなる説明変数のテーブルで表現した．第 3 章では，予測モデルは，問題の複雑さとデータセットの大きさに応じて，最良の精度を発揮できるように複雑性を調整する必要があることを示した．また，第 3 章では，パラメータ調整を線形回帰で行う方法をいくつか紹介した．本章では，第 3 章の背景を踏まえ，調整可能な係数罰則を最小二乗回帰における誤差関数に加える最小化問題を導入した．線形係数の規模を調整できる罰則は，係数の数が多くなる（または少なくなる）度合いを抑制する効果があり，それによってモデルの複雑性に修正を加えることができる．また，最適な精度を達成するために，検証用データに対する誤差を用いることによってモデルの複雑性を調整する方法を紹介した．

　本章では，罰則付き回帰の最小化問題を解くための 2 種類の最新アルゴリズムの動作原理と，それらのアルゴリズムを実装した Python コードを示した．コードは，アルゴリズムの主要な特徴を実装することで，読者がその核心部分を具体的に把握し，動作原理が明確になるようにしている．単純な回帰問題（説明変数と目的変数がすべて数値）を，各アルゴリズムの詳細に踏み込むための模範例として役立てた．また，いくつかのユースケースを広げる拡張（2 クラス分類問題，多クラス分類問題，説明変数と目的変数が非線形な関係を持つ問題，非数値の説明変数を有する問題）も扱った．

　次の第 5 章では，これまでに学んだ概念を定着させるために，さまざまな特性の問題を取り上げ，必要なアルゴリズムを実装した Python パッケージを使って解いていく．

本章で学んだ内容に基づいて，Python パッケージに含まれるさまざまな手法とパラメータを理解できるだろう．

参考文献

[1] Bradley Efron, Trevor Hastie, Iain Johnstone, and Robert Tibshirani (2004). "Least Angle Regression". *Annals of Statistics*, 32(2), 407–499.

[2] Jerome H. Friedman, Trevor Hastie and Rob Tibshirani (2010). "Regularization Paths for Generalized Linear Models via Coordinate Descent". *Journal of Statistical Software*, vol. 33, issue 1, Feb 2010.

第5章

罰則付き線形回帰を用いた予測モデル構築

　第2章では，データセット，多様な変数とラベル間の関係性，そして問題の性質を理解するために，多数のデータセットを紹介した．本章では，それらのデータセットを再び取り上げ，第4章で導入した罰則付き線形回帰を用いて予測モデルを構築するプロセスを，いくつかのケーススタディを通じて学ぶ．一般に，モデル構築は二つ以上のステップに分割できる．

　第4章で罰則付き線形回帰を使ってモデルを構築した際，二つのステップを踏んでいたことを思い出してほしい．一つ目は，係数曲線を描くためにデータセット全体で学習することであり，二つ目は，最良の精度を達成できるモデルを決定するために，検証用データセットで交差検証を行うことである．精度を決定するステップには難しい設計作業が含まれており，本章の多くの例では一つのステップのみを示す．データセット全体で学習する目的は，最良のモデル係数の推定値を得ることである．ただし，それによって精度の基準となる誤差の推定値は変化しない．

　本章では，さまざまな種類の問題を扱う．それらは回帰問題，分類問題，カテゴリ説明変数を含む問題，説明変数とラベルが非線形な依存関係を持つ問題である．これらの問題において，基底展開が予測精度を改善するかどうかを確認する．いずれの場合も，デプロイ可能な線形モデルを構築するまでの手順を実行し，いくつかの代替手法と比較することで，最大限の精度を達成していることを確認する．

5.1 罰則付き線形回帰の Python パッケージ

第4章の例では，LARS を含む Python 版の学習アルゴリズムと，ElasticNet 罰則を伴う座標降下を用いていた．第4章においてそれらを Python で一からコードを記述した目的は，アルゴリズムの仕組みをよく見えるようにし，それらの理解を深めるためであった．幸運にも，読者がアルゴリズムを使用する際には，毎回それらのコードを記述する必要はない．

Scikit-learn は，Lasso，LARS，ElasticNet 回帰が実装されたパッケージ群である．それらのパッケージを利用することには，いくつかの利点がある．その一つは，アルゴリズムとデバッグのためのコードをわずかな行数に抑えることができる点である．他の大きな利点は，第4章に記載した実装例よりも高速に動作することである．Scikit-learn パッケージには，計算回数を減らすために不使用の説明変数についての相関計算をしないといった，実践上の利点がある．実際にそれらのパッケージを用いてアルゴリズムを実行すれば，その速さがわかる．

本章で使用するパッケージは sklearn.linear_model に含まれている．http://scikit-learn.org/stable/modules/classes.html#modulesklearn.linear_model に本章で扱うモデルを含むリストが掲載されている．いくつかのモデルには，二つの種類があることに注意する．例えば，linear_model.ElasticNet と題されたパッケージと，linear_model.ElasticNetCV と題されたパッケージがある．それら二つのモデルは，第4章で論じた二つのステップに関連している．linear_model.ElasticNet はデータセット全体を使用して係数曲線を計算するために使用され，linear_model.ElasticNetCV は交差検証を実行し，精度のサンプル外の推定値を出力するために使用される．これらの二つの形式が用意されていることは便利である．

その二つのパッケージへの入力に関して，基本的な入力オブジェクトの形式（二つの Numpy 配列で，一つは説明変数の列，もう一つはラベルの列で構成される）は統一されている．以下のようなケースでは，交差検証における各分割グループで学習用データセットと検証用データセットの内容を細かく制御する必要があるため，パッケージの交差検証版は使用できない．

- カテゴリ変数を扱う問題で，カテゴリの値の頻度にばらつきがある場合，説明変数がすべての分割グループで均一に表現されるようにサンプリングを制御する必要があるかもしれない．
- 交差検証パッケージが実行する**平均二乗誤差（MSE）**とは異なる尺度の誤差を使用したい場合，誤差の統計情報を蓄積するために分割グループごとのデータにアクセスする必要があるかもしれない．実問題における誤差に良く適合するのは**絶

対平均誤差（MAE）のほうである．

- 分割グループごとの誤差の統計情報にアクセスしなければならない他の例は，分類問題を解くために線形回帰を使用する場合である．第3章で議論したように，分類問題の標準的な誤差尺度は，誤分類誤差またはROC曲線下面積（AUC）のようなものである．本章では，「岩と機雷」と「ガラスの分類」のケーススタディを用いて，これらを具体的に取り上げる．

これらのパッケージをじっくり見て，その利用を検討する際に，留意すべきことが二つある．一つ目は，パッケージのうちのいくつか（すべてではない）は，モデルフィッティングを実行する前に自動的に説明変数を標準化していることである．二つ目は，Scikit-learn パッケージは，第4章および Friedman の論文とは異なる変数名を使用している点である．第4章では，係数罰則の乗数として変数 λ を使用し，ElasticNet 罰則における Lasso 罰則とリッジ罰則の比率に変数 α を用いていた．Scikit-learn パッケージでは，λ の代わりに α を使用し，α の代わりに `l1_ratio` を使用している．本書の以下の説明では，Scikit-learn パッケージで使用される表記法に切り替える．

Scikit-learn の変更点

本書の執筆時点において，Scikit-learn のドキュメントには，すべての罰則付き回帰のパッケージに標準化処理が含まれることが記載されている．

5.2 多変数回帰——ワインの味の予測

第2章で取り上げたワインの味のデータセットは，カリフォルニア大学アーバイン校（UCI）のデータリポジトリ（http://archive.ics.uci.edu/ml/datasets/Wine+Quality）[1] のものである．このデータセットは，1599種類のワインの化学的な分析結果と味の平均スコアを含んでいる．味の平均スコアとは，3人のソムリエがそれぞれのワインにつけた得点の平均値である．予測問題は，化学的な構成に基づくデータが与えられたもとで味を予測することである．化学的なデータは，11種の異なる化学的性質（アルコール度数，pH，クエン酸など）を数値計測した結果で構成されている．詳細については，第2章に記載されたデータ調査に関する説明を読むか，カリフォルニア大学アーバイン校のホームページに掲載されている情報を参照されたい．

ワインの味の予測問題は，0から10の間の整数で表現される質的なスコアを予測することが目的なので，回帰問題である．データセットには，3から8の間の事例のみが含まれている．また，スコアは整数値なので，この問題は多クラス分類問題としても扱うことができる．多クラス問題では，6個の分類が考えられる（3から8までの整数）．こ

の場合，さまざまなスコアの間に存在する順序関係（例えば，5は6より悪いスコアであり，4より良いスコアであるといった順序関係）は無視されることになる．回帰は，順序関係を保存するため，より自然な問題設定の方法である．

問題の設定方法に関してそのほかに考えるべきことは，回帰問題と多クラス分類問題のそれぞれにおける誤差尺度の違いである．回帰問題の誤差尺度は，平均二乗誤差である．味の真値が3であるとき，5と予測することは，4と予測するよりも大きな累積誤差を与える．多クラス分類問題の誤差尺度は，誤分類される実例の数となる．この誤差尺度によると，味の真値が3の場合に5と予測することと4と予測することは，同量の累積誤差を与えることになる．回帰のほうが自然と言えるが，回帰が優れた精度を有することを証明する方法は，筆者が知る限りでは存在しない．したがって，どちらがより良い手法かを知るためには，両方を試すしかない．5.4節で，多クラス分類問題の扱い方を取り上げる．5.4節を読み終えた後に，多クラス分類の方法を試して，どちらの手法が優れているかを確かめるとよい．読者は，どちらの誤差尺度を選ぶだろうか？

▶ 5.2.1　ワインの味の予測モデルの構築と精度評価

モデル構築プロセスにおける第1ステップは，モデルが要求精度を満たすかどうかを確かめるために，検証用データに対する精度指標値をいくつか生成することである．コード5.1に，10分割交差検証法を実行し，その結果をプロットする実装例を示す．コードの最初の部分では，カリフォルニア大学アーバイン校のウェブサイトからデータを読み込み，リストに格納し，説明変数リストとラベルリストの標準化を行っている．次に，リストをNumpy配列X（説明変数に関する行列）とY（ラベルのベクトル）に変換する．それらの定義には二つのバージョンがある．一方では，標準化されたリストが使用され，もう一方では，標準化されないリストが使用される．使用時には，そのどちらかをコメントアウトして再実行することで，説明変数とラベルの標準化が持つ影響を確かめることができる．Scikit-learnパッケージを用いた部分のコードは，たった1行で交差検証の分割数（10）を定義し，モデルの学習を実行している．次に，プログラムは10分割したグループそれぞれの誤差とα曲線をプロットし，またその平均値をプロットしている．図5.1～5.3に三つのプロットを示す．それら三つは，順番に以下を表している．

1. 標準化されたXと標準化されていないY
2. 標準化されたXと標準化されたY
3. 標準化されていないXと標準化されていないY

5.2 多変数回帰——ワインの味の予測

コード 5.1　交差検証法によるワインの味に対する Lasso モデルのサンプル外誤差の推定
　　　　　（wineLassoCV.py）

```python
__author__ = 'mike-bowles'
import urllib2
import numpy
from sklearn import datasets, linear_model
from sklearn.linear_model import LassoCV
from math import sqrt
import matplotlib.pyplot as plot

#反復可能オブジェクトにデータを読み込む
target_url = "http://archive.ics.uci.edu/ml/machine-learning-"
             "databases/wine-quality/winequality-red.csv"
data = urllib2.urlopen(target_url)

xList = []
labels = []
names = []
firstLine = True
for line in data:
  if firstLine:
    names = line.strip().split(";")
    firstLine = False
  else:
    #セミコロンで分割する
    row = line.strip().split(";")
    #labels に分割した配列を加える
    labels.append(float(row[-1]))
    #row からラベルを取り除く
    row.pop()
    #row を float 型に変換する
    floatRow = [float(num) for num in row]
    xList.append(floatRow)

#x と labels の列を標準化する
#罰則付き回帰パッケージのいくつかでは標準化が含まれていることに注意

nrows = len(xList)
ncols = len(xList[0])

#平均値と標準偏差を求める
xMeans = []
xSD = []
for i in range(ncols):
  col = [xList[j][i] for j in range(nrows)]
  mean = sum(col)/nrows
  xMeans.append(mean)
```

```
    colDiff = [(xList[j][i] - mean) for j in range(nrows)]
    sumSq = sum([colDiff[i] * colDiff[i] for i in range(nrows)])
    stdDev = sqrt(sumSq/nrows)
    xSD.append(stdDev)

#求めた平均値と標準偏差を使用して xList を標準化する
xNormalized = []
for i in range(nrows):
    rowNormalized = [(xList[i][j] - xMeans[j])/xSD[j] \
                    for j in range(ncols)]
    xNormalized.append(rowNormalized)

#labels を標準化する
meanLabel = sum(labels)/nrows
sdLabel = sqrt(sum([(labels[i] - meanLabel) * (labels[i] -
            meanLabel) for i in range(nrows)])/nrows)

labelNormalized = [(labels[i] - meanLabel)/sdLabel for i in range(nrows)]

#sklearn パッケージへの入力とするために，リストのリストを
#numpy 配列（np array）に変換

#標準化していないラベル
Y = numpy.array(labels)

#標準化したラベル
Y = numpy.array(labelNormalized)

#標準化していない X
X = numpy.array(xList)

#標準化した X
X = numpy.array(xNormalized)

#sklearn.linear_model から LassoCV を呼ぶ
wineModel = LassoCV(cv=10).fit(X, Y)

#結果を表示する

plot.figure()
plot.plot(wineModel.alphas_, wineModel.mse_path_, ':')
plot.plot(wineModel.alphas_, wineModel.mse_path_.mean(axis=-1),
        label='Average MSE Across Folds', linewidth=2)
plot.axvline(wineModel.alpha_, linestyle='--',
            label='CV Estimate of Best alpha')
plot.semilogx()
plot.legend()
ax = plot.gca()
```

```
ax.invert_xaxis()
plot.xlabel('alpha')
plot.ylabel('Mean Square Error')
plot.axis('tight')
plot.show()

#交差検証誤差（CV-error）を最小化するαの値を出力する
print("alpha Value that Minimizes CV Error  ",wineModel.alpha_)
print("Minimum MSE  ", min(wineModel.mse_path_.mean(axis=-1)))
```

出力

```
Normalized X, Un-normalized Y
('alpha Value that Minimizes CV Error ', 0.010948337166040082)
('Minimum MSE ', 0.433801987153697)

Normalized X and Y
('alpha Value that Minimizes CV Error ', 0.013561387700964642)
('Minimum MSE ', 0.66558492060028562)

Un-normalized X and Y
('alpha Value that Minimizes CV Error ', 0.0052692947038249062)
('Minimum MSE ', 0.43936035436777832)
```

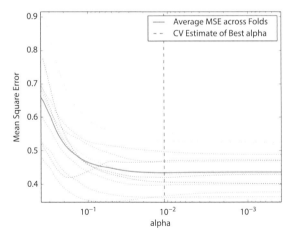

図 5.1　標準化していない Y のサンプル外誤差——ワインの味データに対する Lasso モデル

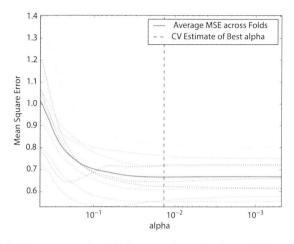

図 5.2　標準化した Y のサンプル外誤差——ワインの味データに対する Lasso モデル

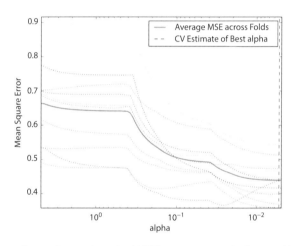

図 5.3　標準化していない X と Y のサンプル外誤差——ワインの味データに対する Lasso モデル

　コード 5.1 の下に出力された文字列は，標準化された Y の MSE が大幅に増加していることを示している．それとは対照的に，図 5.1 と図 5.2 は著しく似た形状をしている．それらの唯一の違いは，Y 軸のスケールである．コード 2.14 を参照すると，標準化していないワインの味のスコアの標準偏差は，おおよそ 0.81 であることが確認できる．これは，標準偏差が 1.0 となる標準化をするには，およそ 1.2 を掛け合わせる必要があることを意味している．すなわち，MSE は 1.2 の 2 乗分増加することになる．ラベルを標準化する唯一の問題は，MSE がもとのデータとの関係を損なうことである．通常，MSE の平方根を抽出し，次にそれをもとのラベルに直接的に関係付けることは簡単にできる．この例では，標準化していない Y による MSE は 0.433 である．すると，その平方根は

おおよそ 0.65 である．これは，±1σ の誤差が 1.3（味のスコア）の幅を持って存在することを意味する．よって，Y を標準化することは，結果に実質的な違いを生まない．では，X についてはどうだろうか？ X を標準化することで精度は向上するだろうか，あるいは低下するだろうか．

コード 5.1 の下の出力では，X を標準化しない場合，MSE にごくわずかな増加が見られる．しかしながら，図 5.3 における交差検証誤差と α に関するプロットは，図 5.1 および図 5.2 のプロットと根本的に異なっている．図 5.3 のプロットは，X を標準化しないことから，軸スケールの不一致を引き起こしている．すなわち，アルゴリズムは，係数が小さくなるように大きな変数を選択している．これは，変数が Y に対して高い相関を有しているか，あるいは変数が Y に対して低い相関を持ち，かつ大きなスケールである場合に生じる．アルゴリズムは，α（第 4 章では λ）が小さくなるまでの少数の繰り返し計算において，少し劣った変数を使用する．α が小さくなると，誤差を急激に減少させる，より良い変数が得られる．この結果からの教訓は，X を標準化しないのであれば，標準化していない X に注意する必要があるということである．

▶ 5.2.2　デプロイ前のデータセット全体に対する学習

データセット全体に対して学習を行う実装例をコード 5.2 に示す．これまでのように，データセット全体で学習する理由は，デプロイに向けた最良の係数を得るためである．交差検証法から，デプロイされたモデル精度の推定結果と，最良の精度を与える α を得ることができる．コード 5.2 では，カリフォルニア大学アーバイン校のデータリポジトリから取得したワインデータを読み込み，標準化した後，データを Numpy 配列に変換し，次に α 値（罰則値）とそれに関連する係数を生成する lasso_path メソッドを呼び出す．これらの係数曲線をプロットしたものを図 5.4 に示す．

コード 5.2　データセット全体に対する Lasso モデルの学習（wineLassoCoefCurves.py）

```
__author__ = 'mike-bowles'
import urllib2
import numpy
from sklearn import datasets, linear_model
from sklearn.linear_model import LassoCV
from math import sqrt
import matplotlib.pyplot as plot

#反復可能オブジェクトにデータを読み込む
target_url = "http://archive.ics.uci.edu/ml/machine-learning-"
             "databases/wine-quality/winequality-red.csv"
data = urllib2.urlopen(target_url)
```

```python
    xList = []
    labels = []
    names = []
    firstLine = True
    for line in data:
      if firstLine:
        names = line.strip().split(";")
        firstLine = False
      else:
        #セミコロンで分割する
        row = line.strip().split(";")
        #labelsに分割した配列を加える
        labels.append(float(row[-1]))
        #rowからラベルを取り除く
        row.pop()
        #rowをfloat型に変換する
        floatRow = [float(num) for num in row]
        xList.append(floatRow)

#xとlabelsの列を標準化する
#罰則付き回帰パッケージのいくつかでは，標準化が含まれていることに注意

nrows = len(xList)
ncols = len(xList[0])

#平均値と標準偏差を求める
xMeans = []
xSD = []
for i in range(ncols):
  col = [xList[j][i] for j in range(nrows)]
  mean = sum(col)/nrows
  xMeans.append(mean)
  colDiff = [(xList[j][i] - mean) for j in range(nrows)]
  sumSq = sum([colDiff[i] * colDiff[i] for i in range(nrows)])
  stdDev = sqrt(sumSq/nrows)
  xSD.append(stdDev)

#求めた平均値と標準偏差を使用してxListを標準化する
xNormalized = []
for i in range(nrows):
  rowNormalized = [(xList[i][j] - xMeans[j])/xSD[j] for j in range(ncols)]
  xNormalized.append(rowNormalized)

#labelsを標準化する
meanLabel = sum(labels)/nrows
sdLabel = sqrt(sum([(labels[i] - meanLabel) * (labels[i] - meanLabel)
                for i in range(nrows)])/nrows)
```

```
labelNormalized = [(labels[i] - meanLabel)/sdLabel for i in range(nrows)]

#sklearn パッケージへの入力とするために，リストのリストを
#numpy 配列（np array）に変換

#標準化していないラベル
Y = numpy.array(labels)

#標準化したラベル
Y = numpy.array(labelNormalized)

#標準化していない X
X = numpy.array(xList)

#標準化した X
X = numpy.array(xNormalized)

alphas, coefs, _ = linear_model.lasso_path(X, Y, return_models=False)

plot.plot(alphas,coefs.T)

plot.xlabel('alpha')
plot.ylabel('Coefficients')
plot.axis('tight')
plot.semilogx()
ax = plot.gca()
ax.invert_xaxis()
plot.show()

nattr, nalpha = coefs.shape

#係数順序を求める
nzList = []
for iAlpha in range(1,nalpha):
  coefList = list(coefs[: ,iAlpha])
  nzCoef = [index for index in range(nattr) if coefList[index] != 0.0]
  for q in nzCoef:
    if not(q in nzList):
      nzList.append(q)

nameList = [names[nzList[i]] for i in range(len(nzList))]
print("Attributes Ordered by How Early They Enter the Model", nameList)

#最良の α 値に対応する係数を求める
#標準化した X と標準化した Y に関する α 値は 0.013561387700964642 である

alphaStar = 0.013561387700964642
indexLTalphaStar = [index for index in range(100) if alphas[index] >
```

第5章 罰則付き線形回帰を用いた予測モデル構築

```
                       alphaStar]
indexStar = max(indexLTalphaStar)

#デプロイ用の係数集合
coefStar = list(coefs[:,indexStar])
print("Best Coefficient Values ", coefStar)

#標準化された説明変数の係数は，他よりもわずかに順序が異なる

absCoef = [abs(a) for a in coefStar]

#大きさでソートする
coefSorted = sorted(absCoef, reverse=True)

idxCoefSize = [absCoef.index(a) for a in coefSorted if not(a == 0.0)]

namesList2 = [names[idxCoefSize[i]] for i in range(len(idxCoefSize))]

print("Attributes Ordered by Coef Size at Optimum alpha", namesList2)
```

出力

```
w. Normalized X:
('Attributes Ordered by How Early They Enter the Model',
['"alcohol"', '"volatile acidity"', '"sulphates"',
'"total sulfur dioxide"', '"chlorides"', '"fixed acidity"', '"pH"',
'"free sulfur dioxide"', '"residual sugar"', '"citric acid"',
'"density"'])

('Best Coefficient Values ',
[0.0, -0.22773815784738916, -0.0, 0.0, -0.094239023363375404,
0.022151948563542922, -0.099036391332770576, -0.0,
-0.067873612822590218, 0.16804102141830754, 0.37509573430881538])

('Attributes Ordered by Coef Size at Optimum alpha',
['"alcohol"', '"volatile acidity"', '"sulphates"',
'"total sulfur dioxide"', '"chlorides"', '"pH"',
'"free sulfur dioxide"'])

w. Un-normalized X:
('Attributes Ordered by How Early They Enter the Model',
['"total sulfur dioxide"', '"free sulfur dioxide"', '"alcohol"',
'"fixed acidity"', '"volatile acidity"', '"sulphates"'])

('Best Coefficient Values ', [0.044339055570034182, -1.0154179864549988,
0.0, 0.0, -0.0, 0.0064112885435006822, -0.0038622920281433199, -0.0,
-0.0, 0.41982634135945091, 0.37812720947996975])
```

```
('Attributes Ordered by Coef Size at Optimum alpha',
['"volatile acidity"', '"sulphates"', '"alcohol"', '"fixed acidity"',
'"free sulfur dioxide"', '"total sulfur dioxide"'])
```

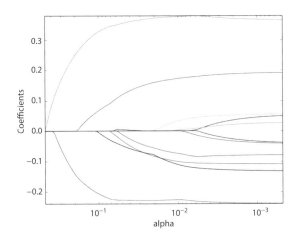

図 5.4 ワインの質を予測するために標準化した X で学習した Lasso の係数曲線

このプログラムでは，交差検証において最良の結果を与える α を，ハードコーディングした値として設定している．したがって，このコードは標準化された説明変数とラベルにより学習された最良の α を使用している．ここで，説明変数とラベルのどちらかを標準化していないものに変更すると，連動して最良の α 値も変化する．また，Y を標準化していないものに変更すると，1.2 の乗数の要素（標準偏差を 1.0 に標準化することに由来）による変化を与えることになる（これは，5.2.1 項で述べた内容と同じである）．ハードコーディングした α 値は，最良の交差検証結果に対応する係数ベクトルの特定に使用される．

コード 5.2 は，二つのケースを出力している．それらは，標準化した説明変数と標準化していない説明変数である．それぞれのケースの出力には，α の減少に応じてモデルに組み込まれる順に並んだ説明変数のリストが含まれる（Python パッケージの α は，第 4 章における罰則項 λ に対応している）．また，出力は，ハードコーディングされた α 値における係数を示している．出力の 3 番目の要素は，それらの係数の大きさから決定された説明変数の順序である．係数の大きさの利用は，説明変数間の相対的な重要度を決定するもう一つの方法である．ただし，係数の大きさの順序は，説明変数が標準化されている場合にのみ意味をなすことに注意してほしい．説明変数が標準化されていれば，これまでに説明してきた重要度を説明変数に割り当てる二つの方法（解と係数の大きさに現れる順序性を考慮した方法）は，基本的に同様の順序付け結果を与える．ただ

し，重要度の低い説明変数については差異がいくつか現れる．

先に述べたように，α が減少するにつれて変数が解に近づき始める順序は，説明変数の標準化によって顕著に修正される．変数を標準化していない場合，ラベルの予測における本来の重要性ではなく，変数の倍率によって大きさを決定することになる．これは，標準化した説明変数（出力における最初のケース）の変数順序と標準化していない変数順序の比較から明らかである．

図 5.4 と図 5.5 は，標準化した説明変数と標準化していない説明変数のそれぞれの場合の Lasso 係数曲線を示している．標準化していない説明変数に対する係数曲線は，標準化した説明変数の場合に比べ，順序性が乏しい．初期の係数のいくつかは 0 付近をさまよっているが，後に係数の軌道に沿って動くようになる．これは，係数がモデルに組み込まれる順序と最良解での係数の大きさとが，完全に異なる順位になることに対応している．

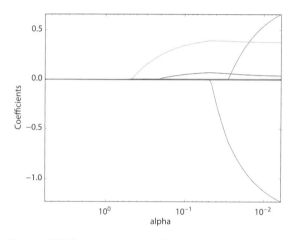

図 5.5 標準化していない X で学習した Lasso の係数曲線

[1] 基底展開 —— 古い変数から新しい変数を作成することによって精度を改善する

第 4 章において，古い説明変数を含む関数に新しい説明変数を追加する方法を述べた．ここでは，この方法で精度を改善できるかどうかを確認する．コード 5.3 に，ワインデータに新しく二つの説明変数を追加する方法を示す．

コード 5.3 サンプル外誤差を用いたワインの質の予測に対する新しい説明変数の評価
（wineExpandedLassoCVs.py）

```
__author__ = 'mike-bowles'
import urllib2
import numpy
from sklearn import datasets, linear_model
```

```python
from sklearn.linear_model import LassoCV
from math import sqrt
import matplotlib.pyplot as plot

#反復可能オブジェクトにデータを読み込む
target_url = "http://archive.ics.uci.edu/ml/machine-learning-"
             "databases/wine-quality/winequality-red.csv"
data = urllib2.urlopen(target_url)

xList = []
labels = []
names = []
firstLine = True
for line in data:
  if firstLine:
    names = line.strip().split(";")
    firstLine = False
  else:
    #セミコロンで分割する
    row = line.strip().split(";")
    #labels に分割した配列を加える
    labels.append(float(row[-1]))
    #row からラベルを取り除く
    row.pop()
    #row を float 型に変換する
    floatRow = [float(num) for num in row]
    xList.append(floatRow)

#最後の項目（alcohol）の 2 乗を付け加える

for i in range(len(xList)):
  alcElt = xList[i][-1]
  volAcid = xList[i][1]
  temp = list(xList[i])
  temp.append(alcElt*alcElt)
  temp.append(alcElt*volAcid)
  xList[i] = list(temp)

#新しい名称を変数リストに加える
names[-1] = "alco^2"
names.append("alco*volAcid")

#x と labels の列を標準化する
#罰則付き回帰パッケージのいくつかでは，標準化が含まれていることに注意

nrows = len(xList)
ncols = len(xList[0])
```

```
#平均値と標準偏差を求める
xMeans = []
xSD = []
for i in range(ncols):
  col = [xList[j][i] for j in range(nrows)]
  mean = sum(col)/nrows
  xMeans.append(mean)
  colDiff = [(xList[j][i] - mean) for j in range(nrows)]
  sumSq = sum([colDiff[i] * colDiff[i] for i in range(nrows)])
  stdDev = sqrt(sumSq/nrows)
  xSD.append(stdDev)

#求めた平均値と標準偏差を使用して xList を標準化する
xNormalized = []
for i in range(nrows):
  rowNormalized = [(xList[i][j] - xMeans[j])/xSD[j] for j in range(ncols)]
  xNormalized.append(rowNormalized)

#labels を標準化する
meanLabel = sum(labels)/nrows
sdLabel = sqrt(sum([(labels[i] - meanLabel) * (labels[i] - meanLabel) \
              for i in range(nrows)])/nrows)

labelNormalized = [(labels[i] - meanLabel)/sdLabel for i in range(nrows)]

#sklearn パッケージへの入力とするために，リストのリストを
#numpy 配列（np array）に変換

#標準化していないラベル
Y = numpy.array(labels)

#標準化したラベル
#Y = numpy.array(labelNormalized)

#標準化していない X
X = numpy.array(xList)

#標準化した X
X = numpy.array(xNormalized)

#sklearn.linear_model から LassoCV を呼ぶ
wineModel = LassoCV(cv=10).fit(X, Y)

#結果を表示する

plot.figure()
plot.plot(wineModel.alphas_, wineModel.mse_path_, ':')
plot.plot(wineModel.alphas_, wineModel.mse_path_.mean(axis=-1),
```

```
              label='Average MSE Across Folds', linewidth=2)
plot.axvline(wineModel.alpha_, linestyle='--',
              label='CV Estimate of Best alpha')
plot.semilogx()
plot.legend()
ax = plot.gca()
ax.invert_xaxis()
plot.xlabel('alpha')
plot.ylabel('Mean Square Error')
plot.axis('tight')
plot.show()

#交差検証誤差（CV-error）を最小化するαの値を出力する
print("alpha Value that Minimizes CV Error  ",wineModel.alpha_)
print("Minimum MSE  ", min(wineModel.mse_path_.mean(axis=-1)))
```

出力（wineLassoExpandedCVPrintedOutput.txt）

```
('alpha Value that Minimizes CV Error ', 0.016640498998569835)
('Minimum MSE ', 0.43452874043020256)
```

　コード 5.3 における重要な部分は，説明変数を読み込んで float 型に変換した直後にある．その部分は，説明変数の各行を取ってきて，揮発性酸度とアルコール度数の計測値に関する 2 変数を抽出し，複数行にわたって説明変数に「アルコール度数の 2 乗」と「アルコール度数と揮発性酸度の積」を付加している箇所である．解においては，より重要な変数から選択されることがわかっているので，これら二つが選択される．よって，最大の改善が期待できる解を見つけるには，価値のある変数同士の組み合わせを試行錯誤するのがよいかもしれない．

　この結果からは，新しい変数の追加はわずかに精度を低下させることが示された．こういった試行錯誤によって，有用な差をもたらす変数がいくつか見つかる可能性がある．また，この例では，今までの最適解として重要であった古い変数のいずれかが新しい変数で置き換え可能かどうかがわかるため，係数曲線は最後まで確認するとよい．その情報によって，古い変数を削除して新しい合成変数に置き換えたほうがよいという結論が得られる可能性がある．

　図 5.6 に，拡張した説明変数を用いて学習した Lasso に関する交差検証誤差曲線を示す．交差検証曲線の特徴は，基底展開のない曲線と実質的に差異はないことがわかる．

　本節では，目的変数が実数をとる問題（回帰問題）に対する罰則付き回帰手法の活用方法を，実例によって示した．次節では，目的変数が 2 クラスの問題に対する罰則付き線形回帰手法の活用方法を示す．次節のコードは本節で扱ったものと似ており，基底展

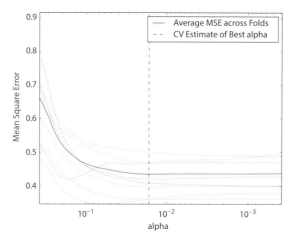

図 5.6　基底展開したワインの味のデータで学習した Lasso の交差検証誤差曲線

開のようなテクニックのいくつかが分類問題においても利用される．主な違いは，分類問題に対してどのような精度が得られるかである．

5.3 ｜ 2 クラス分類 ── 罰則付き線形回帰を用いた不発弾の検出

第 4 章では，罰則付き線形回帰を分類問題に適用する方法と，岩と機雷の問題の処理方法について述べた．本節では，罰則付き回帰を用いた 2 クラス分類問題の扱い方とその解法について，より詳細に説明する．また，本節では Python の ElasticNet パッケージを利用する．第 4 章で述べたように，ElasticNet はさまざまな罰則付き関数（特別な罰則関数として，Lasso やリッジ回帰が含まれる）が組み込まれたパッケージであることを思い出してほしい．これにより，罰則関数を変更すると分類器の精度がどのくらい変化するかを測ることが可能となる．解を得るためには，次のステップを踏む必要がある．

1. 2 クラス分類問題を回帰問題として扱う．クラスの目的変数が 2 クラスの一方をとる場合は 0.0 の値を，もう一方をとる場合は 1.0 の値を割り当てた実数値ラベルの目的変数のベクトルを生成する．
2. 交差検証を実施する．この場合の交差検証は少し複雑になる．その理由は，各分割グループにおいて誤差を計算する必要があるためである．Scikit-learn には，それらの計算を効率化する便利なユーティリティ実装がいくつか備わっている．

第 1 ステップ（第 4 章で概要を説明済み）では，クラスラベルを実数値ラベルに置き換えることによって，2 クラス分類問題を回帰問題として扱うことを可能とする．岩と

機雷の問題は，基本的には，音波探知機を用いて海底にある不発機雷を検出するシステムを構築するためのものである．第 2 章で紹介したデータセットには，機雷の形をした金属円筒と岩から返ってくる信号をデジタル化したものが含まれている．その目的は，デジタル信号を処理し，物体が岩なのか機雷なのかを正しく特定することができる予測システムを構築することである．データセットには 208 回の実験結果が含まれており，208 回中の 111 回は機雷であり，残りの 97 回は岩である．データセットは 61 列の幅がある．最初の 60 列分には，音波探知機が受信したデジタル信号が含まれている．最後の列には，物体が岩か機雷かを示す M（機雷）あるいは R（岩）が入っている．60 列分の数値は，この問題における説明変数値となる．回帰問題の場合は，数値ラベルも必要となる．第 4 章で概要を説明した手法では，1 を二つのラベルのうちのいずれかに割り当て，0 をもう一方に割り当てることにより，数値ラベルの列を構築する．コード 5.4 は `labels` という名前の空のリストを初期化し，M の各行に対して 1.0 を，R の各行に対して 0.0 を付加している．

　数値説明変数と数値ラベルが揃うと，罰則付き線形回帰を実行する準備が整ったことになる．次のステップは，検証用データに対する精度指標の推定値を得るために交差検証を実施することと，罰則のパラメータである α の最適値を特定することである．この問題に対して交差検証を実施するには，学習プロセスと検証用データに対する評価処理を繰り返す交差検証用のループ構造を用意する必要がある．ここで，Python で利用可能な交差検証パッケージ（本章以前にワインの質の例で用いたもの）を使用せずに，交差検証用のループ構造を用意するのはなぜだろうか？

　回帰のための交差検証は，MSE に基づく．これは回帰問題に対しては完全に妥当な手段であるが，分類問題に対してはその限りではない．第 3 章で述べたように，分類問題に対する精度が回帰問題とは異なる観点で示されることになる．第 3 章では，精度の特性を示す方法をいくつか論じた．一つの自然な方法は，誤分類した例の割合を測ることである．もう一つの方法は，AUC を測定することである．これについては，第 3 章か，Wikipedia のページ (https://en.wikipedia.org/wiki/Receiver_operating_characteristic[*1]) を参照し，AUC 指標についてよく思い出してほしい．これらのいずれかを求めるには，交差検証の分割グループごとのラベルと予測結果が必要になる．特定の分割グループについての MSE の統計情報から誤分類誤差を判断することはできないことに注意しよう．

　交差検証ループは，データを学習用のデータセットと検証用のデータセットに分割し，Python の `enet_path` メソッドを呼び出して，学習用データで学習を行う．ルーチンへの二つの入力は，デフォルト設定とは異なっている．一方は `l1_ratio` で，0.8 に設定し

[*1] 訳注：https://oku.edu.mie-u.ac.jp/~okumura/stat/ROC.html

ている．このパラメータは，係数の絶対値の和に関する罰則の比率をどの程度にするかを決定する．0.8 の値は，80% が絶対値の和で 20% が二乗和となるような罰則関数を意図している．もう一つのデフォルト設定を使わないパラメータは `fit_intercept` であり，これは False に設定している．また，コード 5.4 では，標準化したラベルと標準化した説明変数を使用している．よって，それらすべては平均値が 0 であり，切片項を計算する必要がない．切片は，説明変数とラベルの間の定数オフセット量を調整するためだけに必要となる．標準化されたラベルを用いることによって切片項の必要性を除去すると，予測計算を少し簡潔化できる．また，ラベルを標準化することによるデメリットは，回帰問題において MSE が持つ意味を弱めることだけである．いずれにせよ，分類問題に関しては，MSE のような精度の測定基準を使用しなくてよい．

それぞれの分割グループで学習が完了した後に生成される係数は，その分割グループの検証用データに対して予測結果を生成するために使用される．これはコード 5.4 の中では，Numpy の dot 積関数と，分割グループの検証用データに対応する説明変数，そして，その分割グループで学習した係数の三つを使用して実行される．行列の形をした二つの Numpy 配列の積は，別の 2 次元の配列を生成する．その配列の行は，分割グループの検証用データの行に対応し，その配列の列は，`enet_path` によって生成されたモデルの系列（すなわち，係数ベクトル系列とそれに対応する α の系列）に対応している．分割グループごとの予測結果の行列（予測行列）は結合され（視覚的には，行列が別の行列の上に積み上げられる形になる），サンプル外ラベルのようになる．そして実行の最後には，検証用データに対する分割グループごとの結果の要約が，簡潔かつ効率的に求められる．これにより，モデルごとの精度データが得られ，デプロイ用のモデルの複雑性（α）を選択することができる．

コード 5.4 は，二つの評価基準を用いて比較結果を生成している．一つ目は誤分類誤差であり，二つ目は **ROC 曲線下面積**（AUC）である．予測行列の各列は，一組のモデル係数に対する検証用データ全体を対象にして生成された予測結果を表している．また，各行はいずれかの分割グループで保持されているので，すべてのデータは各列に表現されている．誤分類の比較では，一度に予測データの 1 列と，分割グループごとに蓄積されたサンプル外ラベル（コード 5.4 では `yOut`）に注目する．各予測結果は，予測の分類結果を決定するために固定の閾値（この例では 0.0）と比較される．次に，予測した分類結果が正しいかどうかを評価するために，予測した分類結果を，対応する `yOut` に含まれる入力と比較する．図 5.7 のプロットは，同じ最小値を達成する α が複数存在する場合を表している．分析者が誤分類誤差と α のグラフ上で最も左側の最小点を α に選択した場合，それは優れた実践と言える．その理由は，右側の点はより過学習する傾向を持つためである．左側のもっと先の解を選ぶと，より保守的な結果となる．デプロイにおける誤差は，交差検証で得られる誤差に一致する可能性が十分ある．

5.3 2クラス分類——罰則付き線形回帰を用いた不発弾の検出

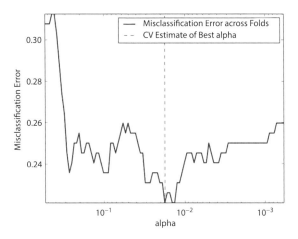

図 5.7　検証用データに対する分類器の誤分類誤差

　得られた分類器の精度を測定する他の方法に，AUC がある．AUC は，その最大化において，分析者の意図するシステム動作（例えば，異なる種類の誤差をおおよそ等しく扱いたい場合や，1 種類の誤差にバイアスを与えたい場合など）とは独立に，最良の精度を得ることができるという利点がある．厳密には，AUC の最大化は，特定の誤差率で最適な精度が得られることを保証するわけではない．AUC によって選ばれたモデルを全体の誤差率の最小化によって選ばれたモデルと比較し，曲線の形状を観察することで，解に信頼性を与えることができ，また，最適化によってあとどの程度精度を改善できるかについてのアイデアが得られる．

　コード 5.4 に示す AUC の計算は，sklearn パッケージに含まれる roc_curve 関数と roc_auc_score 関数を使用している．α に対する AUC の生成処理は，AUC を生成するために予測列と真値が roc_auc_score 関数に適用されることを除いて，誤分類誤差の処理と類似している．以上の処理により得られるプロットが，図 5.8 である．結果として得られる曲線は，誤分類誤差の曲線をおおよそ上下逆転したような形状をしている．これは，誤分類誤差は値が小さいほうが精度が良いことを示したが，AUC は値が大きいほうが精度が良いことを示すためである．コード 5.4 に続いて示す出力は，誤分類誤差に基づく最適モデルの位置が AUC に基づく最適モデルの位置と正確には一致しない（しかし大きな乖離ではない）ことを示している．図 5.9 に，AUC を最大化する分類器の ROC プロットを示す．

　実際の問題では，いくつかの誤差値が他よりも大きくなる場合がある．このとき，小さな誤差値のみを許容し，大きな誤差値を結果に反映しないようにバイアスをかけることを考える．岩と機雷の問題に関しては，岩を不発機雷と誤分類するよりも，不発機雷を岩と誤分類するほうが，リスクが大きい．

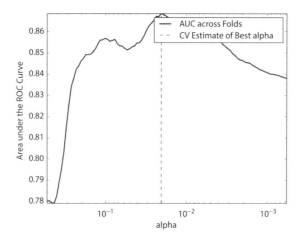

図 5.8　検証用データに対する分類器の AUC 精度

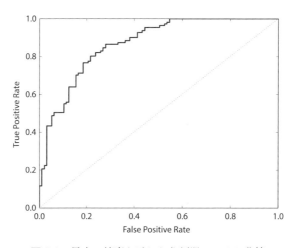

図 5.9　最良の精度を示した分類器の ROC 曲線

このような問題を扱う系統立った方法の一つは，第 3 章で述べた，混同行列を使う方法である．roc_curve 関数の出力から混同行列を構築することは比較的簡単である．ROC 曲線の点は閾値に対応している．点 $(1,1)$ は，すべての点が機雷と分類されるだけ閾値を小さく設定した極値である．これにより，真陽性率と偽陽性率の両方が 1 になる．すなわち，分類器はすべての陽性点を正しく分類するとともに，すべての陰性点を誤分類する．すべての点よりも閾値を高く設定することで，プロットの反対側の角の値を得ることができる．混同行列内の各要素の間でどのような点がシフトしているかに関する詳細を得ようとすると，閾値のいくつかを選択し，結果を出力することが必要になる．コード 5.4 は，閾値の四分位数の中で閾値の範囲から選択された三つの閾値（すなわち，最後の点が除かれる）を示している．閾値を高く設定すると，偽陽性が低く，

かつ偽陰性が高い結果が得られ，閾値を低く設定すると，その反対の結果が得られる．閾値を中間に設定すると，2 種類の誤差の間でおおよそバランスのとれた結果が得られる．

コストを誤差の種類ごとに関連付けて，合計コストを最小化する閾値を探すことで，最適な閾値が得られる．コード 5.4 の出力における三つの混同行列は，この動作の仕組みの例として役立つ．偽陽性と偽陰性のコストがどちらも \$1 の場合，中間テーブル（-0.0455 の閾値に対応）は \$46 の合計コストを与える．一方で，高い閾値は \$68 を与え，低い閾値は \$54 を与える．しかしながら，偽陽性のコストが \$10 で偽陰性のコストが \$1 の場合，高い閾値は \$113 を，中間の閾値は \$226 を，低い閾値は \$504 を与える．ここで，より細かな粒度で閾値を変化させた場合を検討したくなるかもしれない．この方法を適切に動作させるためには，妥当な範囲のコストを得る必要があり，さらに，陽性と陰性の割合が実例に則したものと一致することを確かめる必要がある．岩と機雷の例は，実験室環境で設定された問題であり，現地における岩と機雷の実際の数をおそらく表していない．一方のクラスをオーバーサンプリングして修正することは容易である．すなわち，いずれかのクラスに属する実例のいくつかを複製することで，デプロイ環境で期待される比率に一致させるのである．

岩と機雷のデータセットは，公平かつバランスの良いデータである．すなわち，正例と負例の数がおおよそ同数となっている．データセットによっては，ある特定のクラスのデータが多く含まれている可能性がある．例えば，インターネット広告のクリック数は，広告の表示回数に対して 1% 程度の低い割合である．すべてのクラスのデータ数の比率が近くなるように少数のクラスのデータをオーバーサンプリングすることによって，より良い学習結果が得られる可能性がある．そこで，少数側のクラスのデータをいくつか複製するか，多数側のクラスのデータをいくつか取り除くことによって，クラス間のデータ数のバランスをとることを検討する．

コード 5.4　ElasticNet 回帰を用いた 2 クラス分類器の構築
　　　　　（rocksVMinesENetRegCV.py）

```
__author__ = 'mike_bowles'
import urllib2
from math import sqrt, fabs, exp
import matplotlib.pyplot as plot
from sklearn.linear_model import enet_path
from sklearn.metrics import roc_auc_score, roc_curve
import numpy

#UCI データリポジトリからデータを読み込む
target_url = "https://archive.ics.uci.edu/ml/machine-learning-"
```

```
     "databases/undocumented/connectionist-bench/sonar/sonar.all-data"
data = urllib2.urlopen(target_url)

#データをラベルリストと説明変数リストのリストに配列する
xList = []

for line in data:
   #カンマで分割する
   row = line.strip().split(",")
   xList.append(row)

#説明変数からラベルを分離し，説明変数の文字列を数値に変換し，
#"M"を1に，"R"を0に変換する

xNum = []
labels = []

for row in xList:
   lastCol = row.pop()
   if lastCol == "M":
     labels.append(1.0)
   else:
     labels.append(0.0)
   attrRow = [float(elt) for elt in row]
   xNum.append(attrRow)

#x 行列の行数と列数
nrow = len(xNum)
ncol = len(xNum[1])

alpha = 1.0

#平均値と標準偏差を求める
xMeans = []
xSD = []
for i in range(ncol):
   col = [xNum[j][i] for j in range(nrow)]
   mean = sum(col)/nrow
   xMeans.append(mean)
   colDiff = [(xNum[j][i] - mean) for j in range(nrow)]
   sumSq = sum([colDiff[i] * colDiff[i] for i in range(nrow)])
   stdDev = sqrt(sumSq/nrow)
   xSD.append(stdDev)

#求めた平均値と標準偏差を使用して xNum を標準化する
xNormalized = []
for i in range(nrow):
   rowNormalized = [(xNum[i][j] - xMeans[j])/xSD[j] for j in range(ncol)]
```

```python
    xNormalized.append(rowNormalized)

#labelsを中心化するように標準化する
meanLabel = sum(labels)/nrow
sdLabel = sqrt(sum([(labels[i] - meanLabel) * (labels[i] - meanLabel) \
            for i in range(nrow)])/nrow)

labelNormalized = [(labels[i] - meanLabel)/sdLabel for i in range(nrow)]

#交差検証の分割グループ数
nxval = 10

for ixval in range(nxval):
    #検証用と学習用のインデックスセットの定義
    idxTest = [a for a in range(nrow) if a%nxval == ixval%nxval]
    idxTrain = [a for a in range(nrow) if a%nxval != ixval%nxval]

    #学習用と検証用の説明変数とラベルセットの定義
    xTrain = numpy.array([xNormalized[r] for r in idxTrain])
    xTest = numpy.array([xNormalized[r] for r in idxTest])
    labelTrain = numpy.array([labelNormalized[r] for r in idxTrain])
    labelTest = numpy.array([labelNormalized[r] for r in idxTest])
    alphas, coefs, _ = enet_path(xTrain, labelTrain,l1_ratio=0.8,
                              fit_intercept=False, return_models=False)

    #予測の生成と蓄積のために，係数を検証用データに適用する
    if ixval == 0:
        pred = numpy.dot(xTest, coefs)
        yOut = labelTest
    else:
        #予測を蓄積する
        yTemp = numpy.array(yOut)
        yOut = numpy.concatenate((yTemp, labelTest), axis=0)

        #予測を蓄積する
        predTemp = numpy.array(pred)
        pred = numpy.concatenate((predTemp, numpy.dot(xTest, coefs)), axis = 0)

#誤分類誤差を求める
misClassRate = []
_,nPred = pred.shape
for iPred in range(1, nPred):
    predList = list(pred[:, iPred])
    errCnt = 0.0
    for irow in range(nrow):
        if (predList[irow] < 0.0) and (yOut[irow] >= 0.0):
            errCnt += 1.0
        elif (predList[irow] >= 0.0) and (yOut[irow] < 0.0):
```

```
        errCnt += 1.0
    misClassRate.append(errCnt/nrow)

#プロットと出力用に最小点を求める
minError = min(misClassRate)
idxMin = misClassRate.index(minError)
plotAlphas = list(alphas[1:len(alphas)])

plot.figure()
plot.plot(plotAlphas, misClassRate,
          label='Misclassification Error Across Folds', linewidth=2)
plot.axvline(plotAlphas[idxMin], linestyle='--',
             label='CV Estimate of Best alpha')
plot.legend()
plot.semilogx()
ax = plot.gca()
ax.invert_xaxis()
plot.xlabel('alpha')
plot.ylabel('Misclassification Error')
plot.axis('tight')
plot.show()

#AUCを求める
idxPos = [i for i in range(nrow) if yOut[i] > 0.0]
yOutBin = [0] * nrow
for i in idxPos: yOutBin[i] = 1

auc = []
for iPred in range(1, nPred):
    predList = list(pred[:, iPred])
    aucCalc = roc_auc_score(yOutBin, predList)
    auc.append(aucCalc)

maxAUC = max(auc)
idxMax = auc.index(maxAUC)

plot.figure()
plot.plot(plotAlphas, auc, label='AUC Across Folds', linewidth=2)
plot.axvline(plotAlphas[idxMax], linestyle='--',
             label='CV Estimate of Best alpha')
plot.legend()
plot.semilogx()
ax = plot.gca()
ax.invert_xaxis()
plot.xlabel('alpha')
plot.ylabel('Area Under the ROC Curve')
plot.axis('tight')
plot.show()
```

```python
#最良の ROC 曲線をプロットする
fpr, tpr, thresh = roc_curve(yOutBin, list(pred[:, idxMax]))
ctClass = [i*0.01 for i in range(101)]

plot.plot(fpr, tpr, linewidth=2)
plot.plot(ctClass, ctClass, linestyle=':')
plot.xlabel('False Positive Rate')
plot.ylabel('True Positive Rate')
plot.show()

print('Best Value of Misclassification Error = ', misClassRate[idxMin])
print('Best alpha for Misclassification Error = ', plotAlphas[idxMin])
print('')
print('Best Value for AUC = ', auc[idxMax])
print('Best alpha for AUC   = ', plotAlphas[idxMax])

print('')
print('Confusion Matrices for Different Threshold Values')

#出力するために曲線に沿って何点か取り出す．208点ある．極値は有用でない．
#52, 104, 156でサンプルする．定義と閾値とともにtpr と fpr の計算結果の値を
#使用する．いくつかの用語については，例えば Wikipedia の "receiver
#operating characteristic" を参照．

#P = Positive cases   陽性
P = len(idxPos)
#N = Negative cases   陰性
N = nrow - P
#TP = True positives = tpr * P   真陽性
TP = tpr[52] * P
#FN = False negatives = P - TP   偽陰性
FN = P - TP
#FP = False positives = fpr * N   偽陽性
FP = fpr[52] * N
#TN = True negatives = N - FP   真陰性
TN = N - FP

print('Threshold Value =   ', thresh[52])
print('TP = ', TP, 'FP = ', FP)
print('FN = ', FN, 'TN = ', TN)

TP = tpr[104] * P; FN = P - TP; FP = fpr[104] * N; TN = N - FP

print('Threshold Value =    ', thresh[104])
print('TP = ', TP, 'FP = ', FP)
print('FN = ', FN, 'TN = ', TN)
```

```
TP = tpr[156] * P; FN = P - TP; FP = fpr[156] * N; TN = N - FP

print('Threshold Value =   ', thresh[156])
print('TP = ', TP, 'FP = ', FP)
print('FN = ', FN, 'TN = ', TN)
```

出力（rocksVMinesENetRegCVPrintedOutput.txt）

```
('Best Value of Misclassification Error = ', 0.22115384615384615)
('Best alpha for Misclassification Error = ', 0.017686244720179375)

('Best Value for AUC = ', 0.86867279650784812)
('Best alpha for AUC   = ', 0.020334883589342503)

Confusion Matrices for Different Threshold Values
('Threshold Value =   ', 0.37952298245219962)
('TP = ', 48.0, 'FP = ', 5.0)
('FN = ', 63.0, 'TN = ', 92.0)
('Threshold Value =   ', -0.045503481125357965)
('TP = ', 85.0, 'FP = ', 20.0)
('FN = ', 26.0, 'TN = ', 77.0)
('Threshold Value =   ', -0.4272522354395466)
('TP = ', 107.0, 'FP = ', 49.999999999999993)
('FN = ', 4.0, 'TN = ', 47.000000000000007)
```

交差検証により，デプロイ環境に移した後のこのシステムの精度を，確実に推定することができる．交差検証により得られた精度が十分でなかった場合，システムを改善する必要がある．例えば，5.2節で使用した基底展開を試してみるのもよい．ほかには，大きな誤差が生じたケースを見て，パターンに差異があるか，その差異はデータ入力の誤差なのか，あるいは主な誤差原因となる変数が追加されていないかを確認するとよい．解くべき問題に対する必要条件を誤差が満たしたあとは，デプロイ用のデータセット全体でモデルを学習する．以下ではその過程を扱う．

▶ 5.3.1 デプロイ用の岩と機雷の分類器

ワインの質のケーススタディと同様に，次のステップはデータセット全体でモデルを再学習することと，最良の α（交差検証により検証用データに対する誤差を最小にするように決定された α）をもたらす係数を得ることである．実装例をコード5.5に示す．

5.3 2クラス分類——罰則付き線形回帰を用いた不発弾の検出

コード 5.5　岩と機雷のデータセットで学習された ElasticNet の係数曲線
　　　　　（rocksVMinesCoefCurves.py）

```python
__author__ = 'mike_bowles'
import urllib2
from math import sqrt, fabs, exp
import matplotlib.pyplot as plot
from sklearn.linear_model import enet_path
from sklearn.metrics import roc_auc_score, roc_curve
import numpy

#UCI データリポジトリからデータを読み込む
target_url = "https://archive.ics.uci.edu/ml/machine-learning-"
   "databases/undocumented/connectionist-bench/sonar/sonar.all-data"
data = urllib2.urlopen(target_url)

#データをラベルリストと説明変数リストのリストに配列する
xList = []

for line in data:
    #カンマで分割する
    row = line.strip().split(",")
    xList.append(row)

#説明変数からラベルを分離し，説明変数の文字列を数値に変換し，
#"M"を1に，"R"を0に変換する

xNum = []
labels = []

for row in xList:
    lastCol = row.pop()
    if lastCol == "M":
        labels.append(1.0)
    else:
        labels.append(0.0)
    attrRow = [float(elt) for elt in row]
    xNum.append(attrRow)

#x 行列の行数と列数
nrow = len(xNum)
ncol = len(xNum[1])

alpha = 1.0

#平均値と標準偏差を求める
xMeans = []
xSD = []
```

```python
    for i in range(ncol):
        col = [xNum[j][i] for j in range(nrow)]
        mean = sum(col)/nrow
        xMeans.append(mean)
        colDiff = [(xNum[j][i] - mean) for j in range(nrow)]
        sumSq = sum([colDiff[i] * colDiff[i] for i in range(nrow)])
        stdDev = sqrt(sumSq/nrow)
        xSD.append(stdDev)

    #求めた平均値と標準偏差を使用して xNum を標準化する
    xNormalized = []
    for i in range(nrow):
        rowNormalized = [(xNum[i][j] - xMeans[j])/xSD[j] for j in range(ncol)]
        xNormalized.append(rowNormalized)

    #中心化のために labels を標準化する

    meanLabel = sum(labels)/nrow
    sdLabel = sqrt(sum([(labels[i] - meanLabel) * (labels[i] - meanLabel) \
                    for i in range(nrow)])/nrow)

    labelNormalized = [(labels[i] - meanLabel)/sdLabel for i in range(nrow)]

    #標準化した labels を numpy 配列に変換する
    Y = numpy.array(labelNormalized)

    #標準化した説明変数を numpy 配列に変換する
    X = numpy.array(xNormalized)

    alphas, coefs, _ = enet_path(X, Y,l1_ratio=0.8, fit_intercept=False,
                                 return_models=False)

    plot.plot(alphas,coefs.T)

    plot.xlabel('alpha')
    plot.ylabel('Coefficients')
    plot.axis('tight')
    plot.semilogx()
    ax = plot.gca()
    ax.invert_xaxis()
    plot.show()

    nattr, nalpha = coefs.shape

    #係数順序を求める
    nzList = []
    for iAlpha in range(1,nalpha):
        coefList = list(coefs[: ,iAlpha])
```

```
    nzCoef = [index for index in range(nattr) if coefList[index] != 0.0]
    for q in nzCoef:
      if not(q in nzList):
        nzList.append(q)

#xNum の列名を生成する
names = ['V' + str(i) for i in range(ncol)]
nameList = [names[nzList[i]] for i in range(len(nzList))]
print("Attributes Ordered by How Early They Enter the Model")
print(nameList)
print('')
#最良のα値に対応する係数を求める
#標準化した X と標準化した Y に関する α 値は 0.020334883589342503 である

alphaStar = 0.020334883589342503
indexLTalphaStar = [index for index in range(100) if alphas[index] >
                    alphaStar]
indexStar = max(indexLTalphaStar)

#デプロイ用の係数集合
coefStar = list(coefs[:,indexStar])
print("Best Coefficient Values ")
print(coefStar)
print('')
#標準化された説明変数の係数は，他よりもわずかに順序が異なる

absCoef = [abs(a) for a in coefStar]

#大きさでソートする
coefSorted = sorted(absCoef, reverse=True)

idxCoefSize = [absCoef.index(a) for a in coefSorted if not(a == 0.0)]

namesList2 = [names[idxCoefSize[i]] for i in range(len(idxCoefSize))]

print("Attributes Ordered by Coef Size at Optimum alpha")
print(namesList2)
```

出力（rocksVMinesCoefCurvesPrintedOutput.txt）

```
Attributes Ordered by How Early They Enter the Model
['V10', 'V48', 'V11', 'V44', 'V35', 'V51', 'V20', 'V3', 'V21', 'V45',
'V43', 'V15', 'V0', 'V22', 'V27', 'V50', 'V53', 'V30', 'V58', 'V56',
'V28', 'V39', 'V46', 'V19', 'V54', 'V29', 'V57', 'V6', 'V8', 'V7',
'V49', 'V2', 'V23', 'V37', 'V55', 'V4', 'V13', 'V36', 'V38', 'V26',
'V31', 'V1', 'V34', 'V33', 'V24', 'V16', 'V17', 'V5', 'V52', 'V41',
'V40', 'V59', 'V12', 'V9', 'V18', 'V14', 'V47', 'V42']
```

```
Best Coefficient Values
[0.082258256813766639, 0.0020619887220043702, -0.11828642590855878,
0.16633956932499627, 0.0042854388193718004, -0.0, -0.04366252474594004,
-0.07751510487942842, 0.10000054356323497, 0.0, 0.090617207036282038,
0.21210870399915693, -0.0, -0.010655386149821946, -0.0,
-0.13328659558143779, -0.0, 0.0, 0.0, 0.052814854501417867,
0.038531154796719078, 0.0035515348181877982, 0.090854714680378215,
0.030316113904025031, -0.0, 0.0, 0.0086195542357481014, 0.0, 0.0,
0.17497679257272536, -0.2215687804617206, 0.012614243827937584,
0.0, -0.0, 0.0, -0.171606018809439849, -0.080450013824209077,
0.078096790041518344, 0.022035287616766441, -0.072184409273692227,
0.0, -0.0, 0.0, 0.057018816876250704, 0.096478265685721556,
0.039917367637236176, 0.049158231541622875, 0.0, 0.22671917920123755,
-0.096272735479951091, 0.0, 0.078886784332226484, 0.0,
0.062312821755756878, -0.082785510713295471, 0.014466967172068596,
-0.074326527525632721, 0.068096475974257331, 0.070488864435477847,
0.0]

Attributes Ordered by Coef Size at Optimum alpha
['V48', 'V30', 'V11', 'V29', 'V35', 'V3', 'V15', 'V2', 'V8', 'V44',
'V49', 'V22', 'V10', 'V54', 'V0', 'V36', 'V51', 'V37', 'V7', 'V56',
'V39', 'V58', 'V57', 'V53', 'V43', 'V19', 'V46', 'V6', 'V45', 'V20',
'V23', 'V38', 'V55', 'V31', 'V13', 'V26', 'V4', 'V21', 'V1']
```

コード5.5は，交差検証をしない点を除いてコード5.4と似た構造をしている．求めた係数におけるαの値は，コード5.4によって生成される結果に直接的に由来するものであり，ハードコーディングされる．生成されるαの値は二つある．それらは，誤分類誤差を最小化するものと，AUCを最大化するものである．AUCを最大化するαはわずかに大きく，控え目であった．それは誤分類誤差を最小化する値の左側にあり，そのため控え目と言える．プログラムによって出力される係数を，コード5.5の下にリストした．60個の係数のうち，20個あまりは0となる．交差検証のプログラムと同様に，この実行ではl1_ratio変数は0.8に設定されており，これにより，通常Lasso回帰よりも多くの係数が得られる結果となる．l1_ratioを1.0に設定すると，Lasso回帰に等しくなる．

変数の重要性を示す二つの尺度を，コード5.5の下にリストしている．一方は，αが徐々に減少するにつれて，解として選択された変数の順序を示したものである．もう一方は，最適解における係数の大きさに基づく順序を示している．ワインの質のデータの事例で述べたように，それらの順序は説明変数が標準化されている場合に限り意味をなす．二つの異なる変数順序の間には，ある程度の一致が見られるが，完全には一致していない．例えば，変数 V48，V11，V35，V44，V3は両方のリストにおいて相対的に上位に出現している．しかし，V10は前者の順序では最上位に現れ，係数の大きさに基づいた後者の順序では，はるかに下位に現れる．明らかに，アルゴリズムが単一の説明変

数を容認するほど係数罰則が大きい場合に，V10 は重要となる．しかし，係数罰則が多数の説明変数が含まれている点に縮小する場合，V10 の説明変数は他の説明変数が構成に追加されるにつれて，重要度が落ちる．

一般的に，物体は波長が物体の固有次数と同じ次数である波に最も強く反射する．機雷（金属円筒）は長さと直径があるので，岩とは異なる特有の反射特性を持ち，より広帯域の波長を反射する．データセットに含まれるすべての説明変数値は正（パワーレベル）なので，低い周波数に対応する波長が正の係数を得て，高い周波数に対応する波長が負の係数を得ることが期待できる．その差異が，どのように容易に過学習を引き起こし，汎化せずにデータに過学習したモデルを生成してしまうのかを確認することができる．交差検証は，学習用データがデプロイ環境においてモデルが扱うデータに統計的に類似していない限り，モデルが過学習しないことを保証する．デプロイ環境で扱う岩と機雷のデータの性質とその比率が，学習用データのものと一致すれば，交差検証における誤差はデプロイ環境の誤差と一致することになる．

図 5.10 に，岩と機雷のデータセット全体で学習した ElasticNet 回帰モデルの係数曲線を示す．この曲線から，モデルの複雑性と，有効な説明変数の相対的な重要度の性質の変化がよくわかる．

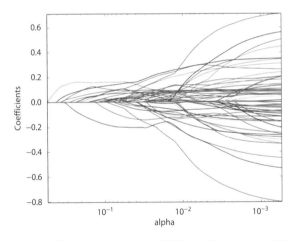

図 5.10　岩と機雷のデータセットで学習した ElasticNet の係数曲線

第 4 章で述べたように，罰則付き回帰を分類問題で利用する別の方法は，罰則付きロジスティック回帰を用いることである．コード 5.6 に，罰則付きロジスティック回帰を使って岩と機雷のデータの分類器を構築する例を示す．この実装例とその結果は，二つのアプローチの類似点と相違点を明らかにしている．アルゴリズムの相違は，繰り返し計算の構造の中に見られる．ロジスティック回帰のアプローチは，岩か機雷である学習サンプルのそれぞれの尤度と確率を，説明変数の線形関数を使用し

て計算する（ロジスティック回帰の背景と，関連する数式の詳細な導出については，http://en.wikipedia.org/wiki/Logistic_regression を参照[*2]）．罰則のないロジスティック回帰のアルゴリズムは，**反復再重み付け最小二乗法（IRLS）** と呼ばれる．この名称は，アルゴリズムの性質に由来している（詳細は http://en.wikipedia.org/wiki/Iteratively_reweighted_least_squares を参照）．IRLS は，学習用データセットの事例ごとの確率的な推定値に基づいて，重みを導出する．重みが得られると，解くべき問題は，重み付き最小二乗回帰の問題に変わる．この過程は，確率（と対応する重み）が変化しなくなるまで繰り返し計算されなければならない．基本的には，ロジスティック回帰に対する IRLS は，第 4 章で述べた（ロジスティックでない）罰則付き回帰のアルゴリズムに，もう一つ繰り返しの階層を加えたものとなる．

変数の読み込みとそれらの標準化の後，プログラムはロジスティック回帰とその罰則付き版の中核をなす重みと確率を初期化する．それらの確率と重みは，罰則パラメータのデクリメントごとに β の係数とともに推定されなければならない．コード 5.6 内の変数のいくつかに "IRLS" という文字列が追加されているが，これは IRLS の繰り返し計算の階層に対応した変数であることを意味する．この確率を推定する繰り返し計算は，λ をデクリメントするループの内側にあり，β の座標降下の繰り返し計算のループを含んでいる．

更新の詳細は，単純な（ロジスティックでない）罰則付き回帰のアルゴリズムよりも少々複雑になる．一つの複雑さは，IRLS で使用される重みにある．重みと確率は，一度に一つの入力事例から計算される．コード 5.6 では，それらは p と w として表記されている．また，説明変数と残差の積や，説明変数の 2 乗のような積和に基づく重みの影響を制御する必要がある．それらの重みは，sumWxx のような変数で表記されている．もう一つの複雑さは，残差がラベルと確率，および（より一般的には）説明変数の関数とそれらの係数（β）の関数になることである．

コード 5.6 を実行すると，変数の順序付け結果と係数曲線が生成される．これは，ロジスティックでない罰則付き回帰を使用して生成した変数と比較するために用いられる．ロジスティック変換は，ロジスティック関数が非線形にスケール変更を行うため，係数間の直接的な比較を難しくする．単純な回帰と（罰則付きあるいは罰則なしの）ロジスティック回帰の両者は，係数ベクトルを生成し，その係数ベクトルと（同じ）説明変数を掛け合わせ，閾値と比較する．閾値は，前述のようにその後の学習により決定されるため，あまり重要ではない．そのため，β の全体的なスケールは，互いに関連する構成要素の大きさほどには問題にならない．相対的な大きさを判断する一つの方法は，二つの手法が新しい変数を取り込む順序を考察することである．コード 5.6 の出力をコード

[*2] 訳注：https://ja.wikipedia.org/wiki/ロジスティック回帰

5.5 の出力と比較すると確認できるように，二つの手法の最初の八つの説明変数の順序は完全に一致している．次の 8 個の変数のうち 7 個は両方のリストに共通しているが，少々順番が異なっている．おおよそ次の 8 個についても同じことが言える．二つの手法間で，順序はかなり一致している．

ここで，どちらの手法を利用すればより良い精度が得られるかという疑問が生じる．それを評価するには，罰則付きロジスティック回帰で交差検証を実行する必要がある．実行するためのコードとツールはすでにある．コード 5.6 は，実行速度に改善の余地があるが，岩と機雷の問題に対してはさほど実行時間はかからない．

コード 5.6　岩と機雷のデータセットで学習した罰則付きロジスティック回帰
　　　　　（rockVMinesGlmnet.py）

```
__author__ = 'mike_bowles'
import urllib2
import sys
from math import sqrt, fabs, exp
import matplotlib.pyplot as plot

def S(z,gamma):
  if gamma >= fabs(z):
    return 0.0
  if z > 0.0:
    return z - gamma
  else:
    return z + gamma

def Pr(b0,b,x):
  n = len(x)
  sum = b0
  for i in range(n):
    sum += b[i]*x[i]
    if sum < -100: sum = -100
  return 1.0/(1.0 + exp(-sum))

#UCI データリポジトリからデータを読み込む
target_url = "https://archive.ics.uci.edu/ml/machine-learning-"
  "databases/undocumented/connectionist-bench/sonar/sonar.all-data"
data = urllib2.urlopen(target_url)

#データをラベルリストと説明変数リストのリストに配列する
xList = []

for line in data:
  #カンマで分割する
  row = line.strip().split(",")
```

```
    xList.append(row)

#説明変数からラベルを分離し，説明変数の文字列を数値に変換し，
#"M"を1に，"R"を0に変換する

xNum = []
labels = []

for row in xList:
    lastCol = row.pop()
    if lastCol == "M":
        labels.append(1.0)
    else:
        labels.append(0.0)
    attrRow = [float(elt) for elt in row]
    xNum.append(attrRow)

#x 行列の行数と列数
nrow = len(xNum)
ncol = len(xNum[1])

alpha = 0.8

#平均値と標準偏差を求める
xMeans = []
xSD = []
for i in range(ncol):
    col = [xNum[j][i] for j in range(nrow)]
    mean = sum(col)/nrow
    xMeans.append(mean)
    colDiff = [(xNum[j][i] - mean) for j in range(nrow)]
    sumSq = sum([colDiff[i] * colDiff[i] for i in range(nrow)])
    stdDev = sqrt(sumSq/nrow)
    xSD.append(stdDev)

#求めた平均値と標準偏差を使用して xNum を標準化する
xNormalized = []
for i in range(nrow):
    rowNormalized = [(xNum[i][j] - xMeans[j])/xSD[j] for j in range(ncol)]
    xNormalized.append(rowNormalized)

#labels を標準化しないが，平均値などは求める
meanLabel = sum(labels)/nrow
sdLabel = sqrt(sum([(labels[i] - meanLabel) * (labels[i] - meanLabel) \
                for i in range(nrow)])/nrow)

#確率と重みを初期化する
sumWxr = [0.0] * ncol
```

```
sumWxx = [0.0] * ncol
sumWr = 0.0
sumW = 0.0

#βの開始点を求める
for iRow in range(nrow):
    p = meanLabel
    w = p * (1.0 - p)
    #ロジスティック用の残差
    r = (labels[iRow] - p) / w
    x = xNormalized[iRow]
    sumWxr = [sumWxr[i] + w * x[i] * r for i in range(ncol)]
    sumWxx = [sumWxx[i] + w * x[i] * x[i] for i in range(ncol)]
    sumWr = sumWr + w * r
    sumW = sumW + w

avgWxr = [sumWxr[i]/nrow for i in range(ncol)]
avgWxx = [sumWxx[i]/nrow for i in range(ncol)]

maxWxr = 0.0
for i in range(ncol):
    val = abs(avgWxr[i])
    if val > maxWxr:
        maxWxr = val

#λの初期値を求める
lam = maxWxr/alpha

#このλの値はβが0となるリストに関連している
#係数ベクトルβを初期化する
beta = [0.0] * ncol
beta0 = sumWr/sumW

#各ステップでβの行列を初期化する
betaMat = []
betaMat.append(list(beta))

beta0List = []
beta0List.append(beta0)

#繰り返し計算を開始する
nSteps = 100
lamMult = 0.93 #λの1000の要素により，100ステップで減少（筆者による推薦）
nzList = []
for iStep in range(nSteps):
    #λを減少させる
    lam = lam * lamMult
```

```
#内部の繰り返しを制御するためにβの漸近的変化を使う

#βに関する中間ループ値を外部の値にセットする
#値は重みと確率の計算に使用される
#内部の値は罰則付き回帰の更新計算に使用される

#繰り返し計算に必要な平均値を計算するためのデータを渡す
#蓄積処理に関する初期化を行う

betaIRLS = list(beta)
beta0IRLS = beta0
distIRLS = 100.0
#固定したIRLS重みと確率で新しいβを計算する中間ループ
iterIRLS = 0
while distIRLS > 0.01:
  iterIRLS += 1
  iterInner = 0.0

  betaInner = list(betaIRLS)
  beta0Inner = beta0IRLS
  distInner = 100.0
  while distInner > 0.01:
    iterInner += 1
    if iterInner > 100: break

    #説明変数を繰り返し一つずつ更新する
    #比較のために初期値を記録する
    betaStart = list(betaInner)
    for iCol in range(ncol):

      sumWxr = 0.0
      sumWxx = 0.0
      sumWr = 0.0
      sumW = 0.0

      for iRow in range(nrow):
        x = list(xNormalized[iRow])
        y = labels[iRow]
        p = Pr(beta0IRLS, betaIRLS, x)
        if abs(p) < 1e-5:
          p = 0.0
          w = 1e-5
        elif abs(1.0 - p) < 1e-5:
          p = 1.0
          w = 1e-5
        else:
          w = p * (1.0 - p)
```

```python
                z = (y - p) / w + beta0IRLS + sum([x[i] * betaIRLS[i]
                                        for i in range(ncol)])
                r = z - beta0Inner - sum([x[i] * betaInner[i]
                                        for i in range(ncol)])
                sumWxr += w * x[iCol] * r
                sumWxx += w * x[iCol] * x[iCol]
                sumWr += w * r
                sumW += w

            avgWxr = sumWxr / nrow
            avgWxx = sumWxx / nrow

            beta0Inner = beta0Inner + sumWr / sumW
            uncBeta = avgWxr + avgWxx * betaInner[iCol]
            betaInner[iCol] = S(uncBeta, lam * alpha) / (avgWxx + lam *
                                                        (1.0 - alpha))

        sumDiff = sum([abs(betaInner[n] - betaStart[n]) \
                    for n in range(ncol)])
        sumBeta = sum([abs(betaInner[n]) for n in range(ncol)])
        distInner = sumDiff/sumBeta
    #振る舞いを監視するために，内部と中間ループの収束ステップ数を出力する
    #print(iStep, iterIRLS, iterInner)

    #内部の while ループを抜ける場合，betaMiddle = betaMiddle とセットして
    #中間ループを再度繰り返す

    #IRLS が収束したかどうかを確かめるために，betaMiddle の変化を確認する
    a = sum([abs(betaIRLS[i] - betaInner[i]) for i in range(ncol)])
    b = sum([abs(betaIRLS[i]) for i in range(ncol)])
    distIRLS = a / (b + 0.0001)
    dBeta = [betaInner[i] - betaIRLS[i] for i in range(ncol)]
    gradStep = 1.0
    temp = [betaIRLS[i] + gradStep * dBeta[i] for i in range(ncol)]
    betaIRLS = list(temp)

beta = list(betaIRLS)
beta0 = beta0IRLS
betaMat.append(list(beta))
beta0List.append(beta0)

nzBeta = [index for index in range(ncol) if beta[index] != 0.0]
for q in nzBeta:
    if not(q in nzList):
        nzList.append(q)

#xNum の列名を生成する
names = ['V' + str(i) for i in range(ncol)]
```

```
nameList = [names[nzList[i]] for i in range(len(nzList))]

print("Attributes Ordered by How Early They Enter the Model")
print(nameList)
for i in range(ncol):
    #各説明変数のβ値の範囲をプロットする
    coefCurve = [betaMat[k][i] for k in range(nSteps)]
    xaxis = range(nSteps)
    plot.plot(xaxis, coefCurve)

plot.xlabel("Steps Taken")
plot.ylabel("Coefficient Values")
plot.show()
```

出力（rocksVMinesGlmnetPrintedOutput.txt）

```
Attributes Ordered by How Early They Enter the Model
['V10', 'V48', 'V11', 'V44', 'V35', 'V51', 'V20', 'V3', 'V50', 'V21',
 'V43', 'V47', 'V15', 'V27', 'V0', 'V22', 'V36', 'V30', 'V53', 'V56',
 'V58', 'V6', 'V19', 'V28', 'V39', 'V49', 'V7', 'V23', 'V54', 'V8',
 'V14', 'V2', 'V29', 'V38', 'V57', 'V45', 'V13', 'V32', 'V31', 'V42',
 'V16', 'V37', 'V59', 'V52', 'V25', 'V18', 'V1', 'V33', 'V4', 'V55',
 'V17', 'V46', 'V26', 'V12', 'V40', 'V34', 'V5', 'V24', 'V41', 'V9']
```

図 5.11 に，罰則付きロジスティック回帰を用いた岩と機雷のデータの係数曲線を示す．以前述べたように，二つの手法の間にはロジスティック関数分の差があるため，係数スケールは単純な罰則付き回帰とは異なっている．通常の回帰では，直線を 0.0 と 1.0

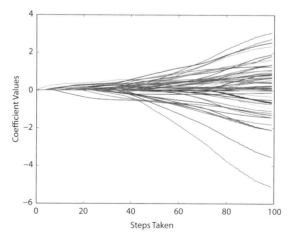

図 5.11 岩と機雷のデータセットで学習した ElasticNet 罰則付きロジスティック回帰の係数曲線

からなる目的変数に当てはめようとする．一方で，ロジスティック回帰は，直線を対数オッズ比に当てはめることによってクラスの確率を予測しようとする．p を機雷クラスに対応する事例の予測確率とすると，オッズ比は $\frac{p}{1-p}$ と書ける．そして，対数オッズ比は，オッズ比の自然対数をとったものである．p は 0 から 1 の範囲をとるのに対して，p の対数オッズ比は，$-\infty$ から ∞ の範囲をとる．対数オッズが非常に大きい正の値である場合は，機雷クラスに属するという予測が非常に正確になる．逆に，対数オッズが非常に大きい負の値である場合は，岩クラスの予測が非常に正確になる．

二つの手法の予測値は非常に異なるため，予測に対するスケールは大きく異なり，係数もそれに対応して異なる．しかし，二つのプログラムの出力が示すように，解に表れる変数の順序は非常に似ている．また，係数曲線は，解に表れる最初の説明変数のいくつかには同じ兆候があることを示している．

5.4 多クラス分類——犯罪現場のガラスサンプルの分類

前節で扱った岩と機雷の問題（ソナーの処理結果から反射波が岩と機雷のどちらからのものかを分類する問題）は，ラベルと予測が二つの正の値のうちの一つをとるため，2 クラス分類問題と呼ばれる．ラベルと予測が 3 値以上をとりうる場合，多クラス分類問題と呼ばれる．本節では，ガラスサンプルを分類する問題に対して，罰則付き線形回帰を用いる．第 2 章で詳述したように，ガラスのデータセットは，6 種類のガラスの 214 サンプルに対する 9 個の物理化学測定の結果で構成されている．問題は，物理化学測定の結果を用いて，与えられたサンプルが 6 種類のうちのどれであるかを決めることである．この問題の応用は，犯罪や事故現場の法医学的分析である．データセットは UCI データリポジトリに由来し，データセットに関するウェブページは，サポートベクトルマシンを用いて同様の問題を解くという内容の論文を参照している．本節では，この問題を解くためのコードを考察したあとで，サポートベクトルマシンの精度を比較する．

この問題を解く実装例を，コード 5.7 に示す．

コード 5.7　罰則付き線形回帰による多クラス分類：犯罪現場のガラスサンプルの分類
　　　　　（glassENetRegCV.py）

```
import urllib2
from math import sqrt, fabs, exp
import matplotlib.pyplot as plot
from sklearn.linear_model import enet_path
from sklearn.metrics import roc_auc_score, roc_curve
import numpy
```

```python
target_url = "https://archive.ics.uci.edu/ml/machine-learning-"
             "databases/glass/glass.data"
data = urllib2.urlopen(target_url)

#データをラベルリストと説明変数リストのリストに配列する
xList = []
for line in data:
    #カンマで分割する
    row = line.strip().split(",")
    xList.append(row)

names = ['RI', 'Na', 'Mg', 'Al', 'Si', 'K', 'Ca', 'Ba', 'Fe', 'Type']

#説明変数とラベルを分離する
xNum = []
labels = []

for row in xList:
    labels.append(row.pop())
    l = len(row)
    #ID を取り除く
    attrRow = [float(row[i]) for i in range(1, l)]
    xNum.append(attrRow)

#x 行列の行数と列数
nrow = len(xNum)
ncol = len(xNum[1])

#"一対全" ラベルベクトルを生成する
#異なるガラスタイプを取得し，それぞれにインデックスを割り当てる
yOneVAll = []
labelSet = set(labels)
labelList = list(labelSet)
labelList.sort()
nlabels = len(labelList)
for i in range(nrow):
    yRow = [0.0]*nlabels
    index = labelList.index(labels[i])
    yRow[index] = 1.0
    yOneVAll.append(yRow)

#平均値と標準偏差を求める
xMeans = []
xSD = []
for i in range(ncol):
    col = [xNum[j][i] for j in range(nrow)]
    mean = sum(col)/nrow
    xMeans.append(mean)
```

```
    colDiff = [(xNum[j][i] - mean) for j in range(nrow)]
    sumSq = sum([colDiff[i] * colDiff[i] for i in range(nrow)])
    stdDev = sqrt(sumSq/nrow)
    xSD.append(stdDev)

#求めた平均値と標準偏差を使用してxNumを標準化する
xNormalized = []
for i in range(nrow):
    rowNormalized = [(xNum[i][j] - xMeans[j])/xSD[j] \
                    for j in range(ncol)]
    xNormalized.append(rowNormalized)

#yを中心化のために標準化する
yMeans = []
ySD = []
for i in range(nlabels):
    col = [yOneVAll[j][i] for j in range(nrow)]
    mean = sum(col)/nrow
    yMeans.append(mean)
    colDiff = [(yOneVAll[j][i] - mean) for j in range(nrow)]
    sumSq = sum([colDiff[i] * colDiff[i] for i in range(nrow)])
    stdDev = sqrt(sumSq/nrow)
    ySD.append(stdDev)

yNormalized = []
for i in range(nrow):
    rowNormalized = [(yOneVAll[i][j] - yMeans[j])/ySD[j] \
                    for j in range(nlabels)]
    yNormalized.append(rowNormalized)

#交差検証の分割グループ数
nxval = 10
nAlphas=100
misClass = [0.0] * nAlphas

for ixval in range(nxval):
    #検証用と学習用のインデックスセットの定義
    idxTest = [a for a in range(nrow) if a%nxval == ixval%nxval]
    idxTrain = [a for a in range(nrow) if a%nxval != ixval%nxval]

    #学習用と検証用の説明変数とラベルセットの定義
    xTrain = numpy.array([xNormalized[r] for r in idxTrain])
    xTest = numpy.array([xNormalized[r] for r in idxTest])
    yTrain = [yNormalized[r] for r in idxTrain]
    yTest = [yNormalized[r] for r in idxTest]
    labelsTest = [labels[r] for r in idxTest]

    #yTrainの各列に対してモデルを構築する
```

```
    models = []
    lenTrain = len(yTrain)
    lenTest = nrow - lenTrain
    for iModel in range(nlabels):
      yTemp = numpy.array([yTrain[j][iModel]
                           for j in range(lenTrain)])
      models.append(enet_path(xTrain, yTemp,l1_ratio=1.0,
                              fit_intercept=False, eps=0.5e-3,
                              n_alphas=nAlphas, return_models=False))

    for iStep in range(1,nAlphas):
      #すべてのモデルの予測を集めて予測が最大となるものを求め，誤差を計算する
      allPredictions = []
      for iModel in range(nlabels):
        _, coefs, _ = models[iModel]
        predTemp = list(numpy.dot(xTest, coefs[:,iStep]))
        #標準化していない予測と比較する
        predUnNorm = [(predTemp[j]*ySD[iModel] + yMeans[iModel]) \
                      for j in range(len(predTemp))]
        allPredictions.append(predUnNorm)

      predictions = []
      for i in range(lenTest):
        listOfPredictions = [allPredictions[j][i] for j in range(nlabels) ]
        idxMax = listOfPredictions.index(max(listOfPredictions))
        if labelList[idxMax] != labelsTest[i]:
          misClass[iStep] += 1.0

misClassPlot = [misClass[i]/nrow for i in range(1, nAlphas)]

plot.plot(misClassPlot)

plot.xlabel("Penalty Parameter Steps")
plot.ylabel(("Misclassification Error Rate"))
plot.show()
```

　コードの最初の部分は，UCIウェブサイトからのデータの読み込みと，説明変数からのラベルの分離を行っている．説明変数については，通常の方法で標準化される．一対全のアプローチでは，ラベルの扱いに関していくつか独特な変更を加える必要がある．一対全では，一組のラベルがあるのではなく，個別ラベルと同数のラベルベクトルを扱う．ガラスの問題においては，6種類の個別ラベルが存在している．そのため，回帰問題と2クラス分類問題の場合は一つのラベルベクトルがあり，ガラスの問題の場合は6個のラベルベクトルがあることになる．この直観の背景は次のとおりである．点の集合を二つのグループに分割する問題は，一つの平面があれば解くことができるが，六つの

グループに分割する問題では，複数の平面が必要になるだろう．

一対全のアプローチでは，個別ラベルと同数の異なる2クラス分類器を学習する．それらの分類器の違いは，異なるラベルによって学習されることにある．コード5.7を通じて，問題から与えられるもとの多クラスラベルから，どのようにそれらのラベルを構築するかがわかる．このアプローチは，第4章で紹介したカテゴリ変数を数値変数へ変換するアプローチと非常に似ている．コード5.7では，個別ラベルをPythonのset関数を用いて抽出し，昇順（厳密には必要ないが，直線性の維持に役立つ）に並べる．次に，もとのラベルが個別ラベルの一つ目をとる場合は，最初の列が1，他の列が0になるようにラベルの列を形成し，同様にもとのラベルが二つ目の個別ラベルをとる場合は，2列目が1になるようにラベルの列を形成する．このような方法をすべての個別ラベルに対して実施する．以上から，このアプローチが一対全と呼ばれる理由が理解できる．最初の列のラベルは，サンプルが最初の個別ラベルの値かどうかを予測する2クラス分類器の構築に繋がる．六つの分類器のそれぞれは，同様に2クラスの決定をすることになる．

コード5.7は，次に，交差検証ループをお馴染みの方法で作成している．ただし，小さな違いが一つある．それは後に行う誤分類誤差の計測を容易にするために，未加工のラベルも検証用のグループに分割する点である．モデルの学習においても目立った違いがある．それは交差検証の各分割グループにおいて六つのモデルが学習され，学習されたモデルが後に使用するためにリストに格納される部分である．さらに，説明に役立つenet_pathを呼び出すための変更も複数ある．一つは，epsパラメータが指定され，デフォルト値の1e-3の半分になっていることである．epsは，学習においてカバーされる罰則パラメータ値の範囲を制御するパラメータの一つである．ここで，罰則パラメータのデクリメントによる座標降下のアルゴリズムに関する第4章の説明と実装例を思い出してほしい．epsパラメータによって，アルゴリズムはどこでデクリメントを止めるべきかを決定する．入力のepsは，初期値によって分割された罰則パラメータの停止値の割合である．パラメータn_alphasは，ステップ数を管理している．ここで，ステップ数があまりに大きくなると，アルゴリズムの結果は収束しなくなることに注意されたい．収束に失敗した場合は，警告メッセージが表示される．その場合は，罰則パラメータが各ステップで急速に減少しないようにepsを少し大きく設定する，あるいは，n_alphasを大きくして（その結果，個々のステップが小さくなる）より多くのステップ数で計算する，という方策をとることができる．

考えられる他の要因は，曲線を十分よく見ているかどうかにある．図5.12のプロットでは，グラフの右端のかなり近くに最小値がある．曲線をさらに注意深く見れば，最小値が右端を越えないことを確認できる．epsを小さくすると，曲線終端の右側にその続きが現れることになる．

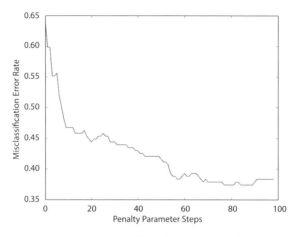

図 5.12 ガラス分類に罰則付き線形回帰を用いた場合の誤分類誤差率

　六つのモデルの学習後，それらのモデルを使って六つの予測を行う．コード 5.7 では，六つの予測結果の中でどれが最も大きな数値かを調べて，その予測に対応する値を選択する．次に，その値が実際の値と比較され，誤差が蓄積される．

　図 5.12 は，罰則パラメータが学習の中で経たデクリメントステップの数に対する誤分類誤差率をプロットしている．このプロットは，左端の最も単純なモデルから最小の地点に至るまでに，著しい改善があったことを示している．誤分類誤差の最小値はおよそ 35% である．これは，線形カーネルを用いたサポートベクトルマシンに関する報告よりも良い値である．その論文では，非線形カーネルのいくつかの選択に対して 35% の誤分類誤差を達成し，いくつかの非線形カーネルでは 30% 以下の誤差になったとしている．サポートベクトルマシンで非線形カーネルを使うことは，基底展開（本章の冒頭に取り上げたワインの質の例で使用した手法）を備えることにおおよそ等しい．基底展開は，ワインの質の問題において効果的であることは証明しなかったが，サポートベクトルマシンにとって非線形カーネルが著しい精度の改善を与えるという事実から，ガラスの分類問題においても精度改善が期待できる方法であると言える．

5.5 本章のまとめ

　本章では，予測モデルのための多くの一般的なツールとともに，罰則付き回帰の使用方法を示した．また，実問題によくある種類の問題をいくつか紹介した．それらは，回帰，2 クラス分類，多クラス分類である．それらのタスクに対して，多様な種類の罰則付き回帰の実装を提供する Python パッケージを使用した．加えて，本章は読者が扱うであろうモデル化の問題を解くために必要な，いくつかのツールの利用方法を説明した．

それらには，数値として因子変数をコーディングする手法や，多クラス分類問題を解くために 2 クラス分類器を使う手法，説明変数と目的変数の間の非線形な関係を線形手法を拡張して予測する手法が含まれる．

また，本章では予測モデルの精度を測るさまざまな方法を示した．回帰問題は，誤差が実数項で表現されるため，最も簡単に測定できる．これに対して，分類問題はより複雑である．また，誤分類誤差率，AUC，経済コストにより測定される分類精度を紹介した．分析者は，実際の目的（ビジネス目的や科学目的など）に応じて精度測定手法を選択すべきである．

参考文献

[1] P. Cortez, A. Cerdeira, F. Almeida, T. Matos, and J. Reis (2009). Modeling wine preferences by data mining from physicochemical properties. *Decision Support Systems*, Elsevier, 47(4): 547–553.

[2] T. Hastie, R. Tibshirani, and J. Friedman (2009). *The Elements of Statistical Learning: Data Mining, Inference, and Prediction*. 2nd ed. Springer-Verlag, New York.

[3] J. Friedman, T. Hastie, and R. Tibshirani (2010). Regularization paths for generalized linear models via coordinate descent. *Journal of Statistical Software*, 33(1).

[4] K. Bache and M. Lichman (2013). UCI Machine Learning Repository. Irvine, CA: University of California, School of Information and Computer Science. http://archive.ics.uci.edu/ml.

第6章

アンサンブル学習

　アンサンブル学習は，モデルが互いにある程度独立しているとき，一つの学習器を適用するより，複数の学習器を同時に適用したほうが，より良い分類精度を得られるという考え方である．例えば，分類率 55% の分類器を考えたとき，それは一般的に冴えない精度のものと言えるが，例えばその分類器を 100 個用意することができるなら，その分類率は 82% に上昇する（Google で "cumulative binomial probability" と検索し，いくつかの数値例を試してみるとよいだろう）[*1]．

　ここで，モデルがある程度独立しているときは複数の学習器を適用したほうがよいと述べたが，この複数の学習器の多様性を得る一つの方法として，異なる機械学習アルゴリズムを適用することが挙げられる．例えば，サポートベクトルマシン，線形回帰，k 近傍法，決定木などを搭載したモデルなどが，それらの例として挙げられる．しかし，それぞれのモデルは入力データに対してそれぞれ異なる特性を持つ場合があり，その個別的なチューニング作業は非常に退屈なものとなる．それゆえ，100 や 1000 のモデルを生成するのに時間を費やす必要がないようにすることが重要となる．

　よって，アンサンブル学習の最も重要な点は，数多くの独立したモデルを生成するアプローチを開発することであり，この章は，その最も一般的な方法を学び，それを達成することを目的とする．本章では，アンサンブル学習のアルゴリズムの基本構造を概説し，Python のコードを通じて，その仕組みをしっかり理解していく．

　アンサンブル学習では，二つの階層的アルゴリズムを使用する．低位レベル階層のアルゴリズムは**基本学習器**と呼ばれる．これは単一の予測アルゴリズムのことであり，最

[*1] 訳注：アンサンブル学習は，小規模な学習器を組み合わせ，多数決で分類結果を決するアルゴリズムであるので，二項分布のコイン投げ（試行回数の一つひとつが各決定木になる）問題を考えるとわかりやすい．

終的にこれらのアルゴリズムの集合体が，アンサンブル学習に使用されることになる．この章では，主として決定木を使用してモデルを学習していく．次に，これらの基本学習器が生成する多数の学習器を，上位階層のアルゴリズムはコントロールしていく．ここで生じる疑問は，どのようにして同じアルゴリズムで異なる学習器を生成できるのかという点である．広く使用されているアルゴリズムとしては，**バギングやブースティング，ランダムフォレスト**などが挙げられる（厳密には，ランダムフォレストは，上位レベルのアルゴリズムと，下位レベルのパラメータの変更を行った決定木の組み合わせを示す．これについては 6.4 節を参照）．

決定木やサポートベクトルマシンなど，さまざまなアルゴリズムを基本学習器として考えることができるが，実際問題として決定木は広く使用されており，これはオープンソース，商用ソフトを問わずに利用できるアルゴリズムである．この章では，まず決定木から解説していく．

6.1 決定木

決定木は，「ある値より大きいなら A，以下なら B」など，基準を設けることによって予測を行う学習器である．各決定木の動作は次の決定木に繋がるか，あるいは結果の予測に繋がるものであり，学習済みの決定木の構造は，アイデアを固めるのに役立つ．これは，解析者側の立場では，この学習器を適用した場合にどのように動作するかについても評価可能なモデルであると言える．

コード 6.1 は，ワインの品質を解析するための決定木を構築するもので，scikit-learn パッケージの `DecisionTreeRegressor` 関数を使用している．図 6.1 は，コード 6.1 によって生成された決定木構造を示している．

コード 6.1　決定木を用いたワインの品質予測（wineTree.py）

```
__author__ = 'mike-bowles'
import urllib2
import numpy
from sklearn import tree
from sklearn.tree import DecisionTreeRegressor
from sklearn.externals.six import StringIO
from math import sqrt
import matplotlib.pyplot as plot

#下記のサイトよりデータを読み込む
target_url = "http://archive.ics.uci.edu/ml/machine-learning-"
             "databases/wine-quality/winequality-red.csv"
```

```
data = urllib2.urlopen(target_url)

xList = []
labels = []
names = []
firstLine = True
for line in data:
  if firstLine:
    names = line.strip().split(";")
    firstLine = False
  else:
    #セミコロンでデータを分ける
    row = line.strip().split(";")
    #分割された行列にラベルを追加する
    labels.append(float(row[-1]))
    #row からラベルを削除する
    row.pop()
    #浮動小数点データへ変換する
    floatRow = [float(num) for num in row]
    xList.append(floatRow)

nrows = len(xList)
ncols = len(xList[0])

wineTree = DecisionTreeRegressor(max_depth=3)

wineTree.fit(xList, labels)

with open("wineTree.dot", 'w') as f:
  f = tree.export_graphviz(wineTree, out_file=f)
```

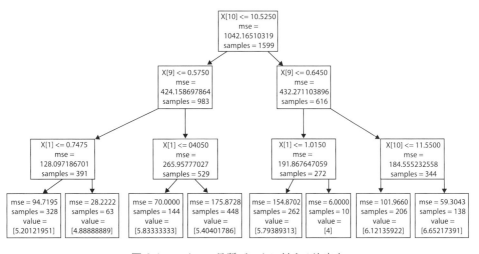

図 6.1 ワインの品質データに対する決定木

```
#注意：上記コードの結果は Graphviz の dot ファイルとして作成される．
#これらの結果を表示するには，Graphviz をインストールし，以下のコードを実行する．
#dot -Tpng wineTree.dot -o wineTree.png
```

図 6.1 は，ワインの品質データに対する決定木の学習結果を示している．決定木では，図中のボックスは**ノード**と呼ばれ，ノードは新たなノードに繋がるか，もしくは予測結果を表示する終着点となる．終端のノードは一般的に**リーフノード**と呼ばれ，図 6.1 では新たな分岐を持たない一番下の層のノードがリーフノードということになる．

▶ 6.1.1 決定木はどのように予測を行うか

ノードにデータが渡されると，ノードは学習された基準に沿って答えを返し，新たなノード（もしくはリーフノード）にデータを渡す．あるノードにデータが渡され，その答えが Yes であったときは，左下のノードにデータが渡され，No であったときは右下のノードにデータが渡される．そして，それが繰り返されてリーフノードにたどり着くことによって，予測が行われる．リーフノードによって与えられた予測値は，入力値に対するすべての学習結果の平均値と考えることができる．

ノードの分岐によっては，同じ変数値であっても異なる結果を返すことがある．例えば図 6.1 の第 2 層に着目すると，同じ X[9] についての判定を行っていることからも，それが見て取れる．一方，その結果から得られる新たな分岐は，第 3 層を見ればわかるとおり，同一のものとはならない．

最も上位の第 1 層のノードは**ルートノード**と呼ばれ，このノードでは変数 X[10] が 10.525 以上か否かで分岐を行っている．決定木は，重要な変数は早期に上位ノードに割り当てるという特性を持っているため，この問題では変数 X[10]，すなわちアルコール度数が，非常に重要な意味を持つことがわかる．これは第 5 章の罰則付き線形回帰の結果とも一致し，ワインの品質を決定する上で最も重要なのは，アルコール度数と考えることができる．

図 6.1 を見ると，決定木は三つの層を持っていることがわかる．これは，最終的な予測値を出力するには 3 度の分岐処理を行う必要があることを示しており，決定木の層の深さは，この決定木構造が最大何層にわたっているかで表現される（例えば，5 層のパスが一つだけあり，残りがすべて 3 層であっても，決定木の層の深さは 5 層と表現される）．図 6.1 では偶然にも層の深さが均一であるが，決定木において層の深さは同じになるとは限らない．

ここまでで，学習された決定木がどのように予測を行っていくかについて説明を行ってきた．決定木を見ることによって，解析者は視覚的にどのように予測が行われるかを

6.1.2　決定木をどのように構築するか

決定木が構築されるプロセスを理解する最も簡単な方法は，もちろん単純な例でそれを実際に体験することである．コード 6.2 は，与えられたデータをもとに実数値を予測するためのコードである．扱うデータは，実際のデータではなく，乱数によって生成された架空のデータセットであり，変数 x は -0.5 から 0.5 の間を 0.01 で等間隔に分けた値を持つリスト，変数 y は x と同様の値にランダムなノイズを加えたリストである．

コード 6.2　簡単な回帰問題のための決定木構築（simpleTree.py）

```
__author__ = 'mike-bowles'
import numpy
import matplotlib.pyplot as plot
from sklearn import tree
from sklearn.tree import DecisionTreeRegressor
from sklearn.externals.six import StringIO

#y=x+random に基づく簡単なデータセットを作成
nPoints = 100

#作図のための x の値を取得
xPlot = [(float(i)/float(nPoints) - 0.5) for i in range(nPoints + 1)]

#x をリスト化する
x = [[s] for s in xPlot]

#x の値にノイズを乗せた y の値を作成する
#初期値を設定
numpy.random.seed(1)
y = [s + numpy.random.normal(scale=0.1) for s in xPlot]

plot.plot(xPlot,y)
plot.axis('tight')
plot.xlabel('x')
plot.ylabel('y')
plot.show()

simpleTree = DecisionTreeRegressor(max_depth=1)
simpleTree.fit(x, y)

#決定木の描写
with open("simpleTree.dot", 'w') as f:
```

```
        f = tree.export_graphviz(simpleTree, out_file=f)

#予測値と観測値の比較
yHat   = simpleTree.predict(x)

plot.figure()
plot.plot(xPlot, y, label='True y')
plot.plot(xPlot, yHat, label='Tree Prediction ', linestyle='--')
plot.legend(bbox_to_anchor=(1,0.2))
plot.axis('tight')
plot.xlabel('x')
plot.ylabel('y')
plot.show()

simpleTree2 = DecisionTreeRegressor(max_depth=2)
simpleTree2.fit(x, y)

#決定木の描写
with open("simpleTree2.dot", 'w') as f:
    f = tree.export_graphviz(simpleTree2, out_file=f)

#予測値と観測値の比較
yHat   = simpleTree2.predict(x)

plot.figure()
plot.plot(xPlot, y, label='True y')
plot.plot(xPlot, yHat, label='Tree Prediction ', linestyle='--')
plot.legend(bbox_to_anchor=(1,0.2))
plot.axis('tight')
plot.xlabel('x')
plot.ylabel('y')
plot.show()

#分割点の計算（すべての分割点の計算と最適点の算出）
sse = []
xMin = []
for i in range(1, len(xPlot)):
    #データを，点iを基準に二分する
    lhList = list(xPlot[0:i])
    rhList = list(xPlot[i:len(xPlot)])

    #それぞれの平均値を算出
    lhAvg = sum(lhList) / len(lhList)
    rhAvg = sum(rhList) / len(rhList)

    #それぞれの残差平方和を算出
    lhSse = sum([(s - lhAvg) * (s - lhAvg) for s in lhList])
    rhSse = sum([(s - rhAvg) * (s - rhAvg) for s in rhList])
```

```
    #それぞれの残差平方和の合計値を算出
    sse.append(lhSse + rhSse)
    xMin.append(max(lhList))

plot.plot(range(1, len(xPlot)), sse)
plot.xlabel('Split Point Index')
plot.ylabel('Sum Squared Error')
plot.show()

minSse = min(sse)
idxMin = sse.index(minSse)
print(xMin[idxMin])

#決定木の深さが大きい場合の検証
simpleTree6 = DecisionTreeRegressor(max_depth=6)
simpleTree6.fit(x, y)

#決定木を描くには木構造が大きすぎるため，以下はコメントアウト
#with open("simpleTree2.dot", 'w') as f:
#   f = tree.export_graphviz(simpleTree6, out_file=f)

#予測値と観測値の比較
yHat = simpleTree6.predict(x)

plot.figure()
plot.plot(xPlot, y, label='True y')
plot.plot(xPlot, yHat, label='Tree Prediction ', linestyle='--')
plot.legend(bbox_to_anchor=(1,0.2))
plot.axis('tight')
plot.xlabel('x')
plot.ylabel('y')
plot.show()
```

図 6.2 は，-0.5 から 0.5 の間で等間隔に値を生成した x と，同様のデータにランダムなノイズを加えた y をプロットしたものであり，y は期待どおりノイズを含んでいることが見て取れる．

▶ 6.1.3 決定木の学習は分割点の設定と等価である

コード 6.2 の最初のステップでは，scikit-learn パッケージに含まれている DecisionTreeRegressor 関数を実行し，層数 1 の深さで決定木を構築している．図 6.3 は決定木の形成結果を示したものであり，図は層数 1 の木構造（**切り株**と呼ばれる）が描かれている．このルートノードにおける**分割点**は，-0.075 という値が推定されており，入力値がこの値以上か否かによって，どちらのグループに分類されるかが決まる．

第 6 章 アンサンブル学習

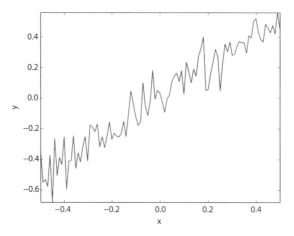

図 6.2　生成された架空のデータセット

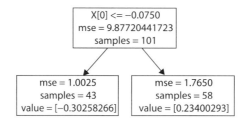

図 6.3　生成された架空のデータセットに対する深さ 1 の決定木構造

図 6.3 より，101 個の学習用データのうち 43 例は左側のノードに分類され，残りの 58 例は右側のノードに分類されることがわかる．また，入力値が -0.075 以下の場合は，-0.302 という値が予測値として出力されることになる．

[1]　分割点は予測値にどのように影響するか

学習された決定木を検討するもう一つの方法は，実際の分割点と予測値をプロットすることである．複雑な決定木の場合は難しいが，図 6.3 のような単純な例の場合は，基準点をもとに予測値が変動する単純な問題となるので，結果をイメージしやすい．図 6.4 は図 6.3 をプロットしたものであり，分割点 -0.075 を基準値として，それ以下であれば -0.302 が，分割点より大きい値であれば 0.234 が予測値となることが示されている．

[2]　分割点推定のためのアルゴリズム

決定木における一つの分割点と二つの予測値は，学習用データを入力することで設定される．ここで，それがどのように設定されるかを理解する必要がある．一般に，木構造は予測値と観測値の残差平方和を最小化するように構築される．ある分割点が与えられたときに，二つのグループの平均値と観測値との残差平方和をそれぞれ計算し，それ

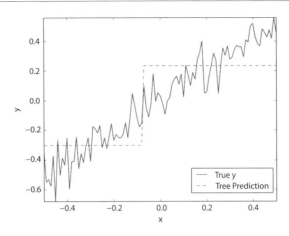

図 6.4 生成された架空のデータセットにおける分割点と予測値

らの残差平方和を最小にするような点が最適な分割点として決定されることになる．このとき，最適な分割点がどのように計算されるかという疑問が残る．それは，コード 6.2 の該当部分を読むことによって理解することができる．このプロセスは，可能なすべての分割点について二つのグループの残差平方和の値を計算し，その和が最小になるような点を最適な分割点として計算している．

図 6.5 は，残差平方和の合計値が分割点によってどのように変動するかをプロットしたものである．一目でわかるとおり，データのおよそ中間点に最小値がある．決定木を学習する際は，与えられた学習用データセットから，しらみつぶしに残差平方和の合計の最小値を見つけ出すことが重要となる．

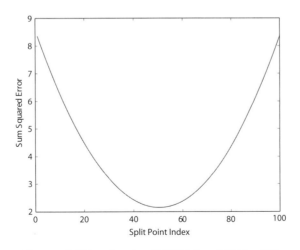

図 6.5 分割点の値による残差平方和の合計値の変動

[3] 多重分割の場合——どのようにデータセットを分割すればよいか

今まではデータを二つに分割する単純な決定木について検討してきたが，三つ以上の予測値にデータを分割する場合にはどうすればよいだろうか？ そのためには，構築されたグループのそれぞれの予測値からの残差平方和を最小にする分割点をそれぞれ求めればよい．

分割点の計算において，任意の停止位置を持っていない場合，例えば2分割の場合は，データ数 − 1 個の分割点をチェックする必要がある．

データのサイズが大きくなればなるほど，分割点の計算数はそのサイズに比例して増えていき，チェックする分割点の数も増えていく．非常に大規模なデータセットに対応するためのアルゴリズムとしては，分割点の計算間隔の粒度を落として求める方法が提案されている．この方法は，Google のエンジニアが構築した，大規模データに対する決定木の学習法であり，"PLANET: Massively Parallel Learning of Tree Ensembles with MapReduce"[1] に詳しく記載されている．論文中で述べられているように，彼らは勾配ブースティング法（この章で後に学ぶアルゴリズムの一つ）に実装できるような決定木のアルゴリズムを望んでいた．

[4] 再帰的分割——より深い階層の木構造を構築する

コード 6.2 の決定木の層数を 1 から 2 に変更すると，図 6.6 のように分割点と予測値の構造が変わり，また，決定木も図 6.7 のように構成が変更される．1 層の木構造が，単一の分割点を持っていたのに対し，層が深くなったのに伴い三つの分割点を持っている．しかし，それらの学習法は基本的に 1 層の場合と同じであり，各ノードの分割点は，そのノードの配下にある二つのグループの予測値との残差平方和を最小化する形で決定される．決定木の層数を深くすると，より微細な分割点を設定できるようになり，データ

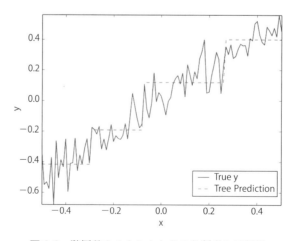

図 6.6　階層数を 2 としたときの分割点と予測値

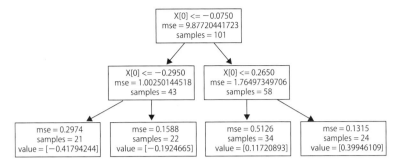

図 6.7　階層数を 2 としたときの木構造

の近似曲線の構築も可能になる．

　ここで，分割数が増えていくと，最も深いノードにおいて学習用データに基づく例数が減少することになり，場合によっては最深ノードに到達する前に分割が終了することもある．また，学習用データのうちノードに到達する例数が一つだった場合は，そのノードはもう分割されることはない．一般に，決定木の構築アルゴリズムは例数と分割の関係をコントロールできるが，場合によっては，それにより一部のグループが高分散になる可能性があることに注意しよう．

▶ 6.1.4　決定木の過学習

　前項では，任意の階層の決定木を学習する方法について記述したが，これは過学習を引き起こす可能性がある．この項では，決定木の過学習の状態を評価し，それを調整する方法について論じる．決定木が過学習するメカニズムは第 4 章や第 5 章の内容とは異なる．一方，過学習の状態を評価する方法については，いくつかの類似点がある．また，決定木においても，第 4 章や第 5 章であったような，モデルの複雑さを調整するためのパラメータ（決定木の深さやリーフノードの数など）が存在する．

[1]　決定木における過学習の評価

　図 6.8 は，決定木の階層数を 6 に増やしたときの観測値（実線）と予測値（破線）を示している．図を見ると，観測値と予測値の違いを見分けることは難しく，予測値は実際の観測値と同様の形状をしていることがわかる．これは，モデルが観測値に過学習している可能性を示している．より良い予測モデルとは，観測値の本質的な構造により近い構造を備えたものであり，観測値に含まれる本来予測不可能なノイズはモデルから除外されていなければならない．しかし，階層数 6 のモデルは，ノイズまでその要素に含んでしまっており，過学習を引き起こしている可能性が高い．

　決定木において過学習を評価するもう一つの方法は，利用可能なデータ数と決定木での終端ノード数を比較することである．図 6.8 で示した決定木の階層数は 6 であり，こ

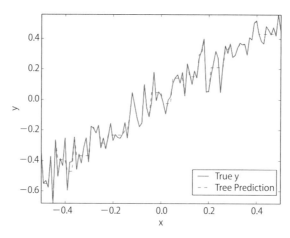

図 6.8 階層数を 6 にしたときの観測値と予測値

れは終端ノードが 64（2^6）あることを意味する．学習用データ数は 100 であり，これは，多くのデータは終端ノードにおいてたった一つのデータになってしまっていることを意味する．終端ノードにおいて学習用データがたった一つということは，学習用データと予測値が一致してしまったことを意味し，図 6.8 において予測値の線が観測値のノイズに合わせて上下していることも，これによるところが大きい．

[2]　決定木を最適にするための設定

これらの過学習を回避する方法として，交差検証は最も有効な方法の一つである．コード 6.3 は，この問題のために構築したさまざまな階層数の決定木に対し，10 分割の交差検証を適用する．コード 6.3 は，二つのループを持っている．外側のループは，内部の交差検証の決定木の層数を定義する．一方，内側のループは 10 個のデータを外した状態で決定木を学習させ，その外した 10 個のデータを学習させた決定木に適応したときの各層の平均二乗誤差（MSE）を計算する．図 6.9 は，各層における MSE をプロットしたものである．

コード 6.3　決定木の層数決定のための交差検証（simpleTreeCV.py）

```
__author__ = 'mike-bowles'
import numpy
import matplotlib.pyplot as plot
from sklearn import tree
from sklearn.tree import DecisionTreeRegressor
from sklearn.externals.six import StringIO

#y=x+random に基づく簡単なデータセットを作成
nPoints = 100
```

```python
#作図のための x の値を取得
xPlot = [(float(i)/float(nPoints) - 0.5) for i in range(nPoints + 1)]

#x をリスト化する
x = [[s] for s in xPlot]

#x の値にノイズを乗せた y の値を作成する
#初期値を設定
numpy.random.seed(1)
y = [s + numpy.random.normal(scale=0.1) for s in xPlot]

nrow = len(x)

#深さの違う決定木を構築し，交差検証によって最も良い決定木を見つける
depthList = [1, 2, 3, 4, 5, 6, 7]
xvalMSE = []
nxval = 10

for iDepth in depthList:

  #交差検証用の繰り返し計算を構築し，精度比較を行う
  for ixval in range(nxval):

    #学習用データと検証用データセットを構築する
    idxTest = [a for a in range(nrow) if a%nxval == ixval%nxval]
    idxTrain = [a for a in range(nrow) if a%nxval != ixval%nxval]

    #それぞれのデータにラベル付けを行う
    xTrain = [x[r] for r in idxTrain]
    xTest = [x[r] for r in idxTest]
    yTrain = [y[r] for r in idxTrain]
    yTest = [y[r] for r in idxTest]

    #深さの違う決定木による予測と検証用データによる当てはまりの評価
    treeModel = DecisionTreeRegressor(max_depth=iDepth)
    treeModel.fit(xTrain, yTrain)

    treePrediction = treeModel.predict(xTest)
    error = [yTest[r] - treePrediction[r] for r in range(len(yTest))]

    #残差平方和の計算
    if ixval == 0:
      oosErrors = sum([e * e for e in error])
    else:
      oosErrors += sum([e * e for e in error])

  #決定木の深さによる残差平方和の比較
  mse = oosErrors/nrow
```

```
    xvalMSE.append(mse)

plot.plot(depthList, xvalMSE)
plot.axis('tight')
plot.xlabel('Tree Depth')
plot.ylabel('Mean Squared Error')
plot.show()
```

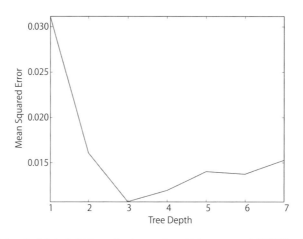

図 6.9　生成された架空のデータセットに対する MSE と階層数の関係

　決定木の層の深さは，そのモデルの複雑さを調整するための一つの方法である．これは，第 4 章と第 5 章における罰則付き回帰モデルの係数罰則と同様の効果を持つ．決定木の層を深くすると，より複雑な構造を予測できるようになるが，単純な構造のデータにおいては，過学習を引き起こす可能性を増加させる．例えば図 6.9 は，MSE の観点から，この単純なデータに対しては階層数 3 が最も良い予測精度を持つことを示している．階層数の深さと MSE の値の関係を調べると，モデルの構造推定と過学習の良いトレードオフが可能になる．

　第 3 章で，モデルの最適な複雑さはデータセットの大きさに依存することを学んだ．本節の架空のデータの問題は，その依存性を示すのに適している．図 6.10 は，分割点の数を 1000 に増やしたときの，MSE と階層数の関係性を示している．

　分割点の数を 1000 にした場合の計算は，コード 6.3 の変数 nPoints の値を 1000 に直すだけで，簡単にできる．これにより，最適な階層数は 3 から 4 に変化する．これはデータ数が増加したことにより，より複雑なモデルが選択されたことを示している．また，MSE がわずかに低下していることが図 6.10 からわかる．これは，大規模なデータセットに対して，追加された 4 層目がモデルに良い精度を与えていることを示している．

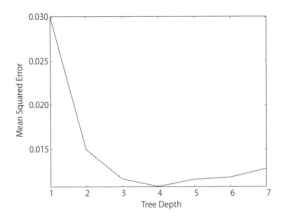

図 6.10 生成された架空のデータセットの分割点の数を 1000 に増やしたときの MSE と階層数の関係

6.1.5 分類問題とカテゴリカルデータへの拡張

ここまでで，決定木がどのように学習され，どのように予測値を出力するかについて学んできた．本項では，決定木の他の利用法について議論する．

決定木の利用法の一つとして，分類問題への拡張が考えられる．前項までで議論してきた MSE 最小化の基準に基づく層数の決定と予測は，回帰問題に適している．しかし，本書のあちこちで議論されているように，分類問題は回帰問題とは異なる特徴を持っている．

分類問題へ適用するために，MSE の代わりに三つの方法で分割点を定義することができる．一つは，すでに学んだ誤分類誤差に基づく方法である．残りの二つは，ジニ指標に基づく手法と，情報利得に基づく手法である．ジニ指標による手法の詳細については，Wikipedia を参照されたい (http://en.wikipedia.org/wiki/Decision_tree_learning#Gini_impurity[*2])．これらの二つの基準は誤分類率とは多少異なる特性を持っているが，本質的には同じである．

もう一つの利用法としては，数値データではなく，カテゴリカルデータで木構造を構築するという拡張である．数値データに対しては決定木内の非終端ノードは，特定の変数がある基準値よりも大きいか小さいかで分割を行ってきたが，カテゴリ変数を分割しようとすると，カテゴリ内のすべての値を二つのノードに分割するように構成されてしまう．例えば A, B, C という値があったとき，決定木は $\{A\}$ と $\{B, C\}$，$\{B\}$ と $\{A, C\}$ といった形で構成される．このような分割については，いくつかの数学的なモデルが存在する．

[*2] 訳注：日本語では，"ジニ指標 決定木" や "ジニ係数 決定木" で検索すると，さまざまな解説を見ることができる．

この項では，決定木におけるいくつかの拡張問題について論じた．決定木は正確な予測ツールであり，また学ぶ価値も十分にあるが，ここでは大量の決定木を組み込むアンサンブル学習の背景知識として扱っている．ここまでで，決定木には，過学習を防止するための階層数の設定など，いくつかの問題があることを論じてきた．しかし，アンサンブル学習では，これらの決定木を数百あるいは数千組み合わせるため，この問題はあまり大きな影響を与えない．アンサンブル学習を使用すると，これらの問題は簡単，堅牢，かつ正確に解決する．次節以降では，三つの主要なアンサンブル学習の方法を，一つずつ解説していく．

6.2　ブートストラップ集約――バギング

バギングは Leo Breiman によって開発された方法である[2]．この方法は基本学習器を選択することから始まる．本書では基本学習器として決定木を選択して実装するが，決定木以外を使用することも可能である．決定木を選択するのは，バギングは複雑な決定境界の問題をモデル化しており，決定木は過剰な精度のばらつきを示すが，そのばらつきは木構造のモデルを複数組み合わせることによって克服できるためである．

▶ 6.2.1　バギングアルゴリズムはどのように動くか

バギングアルゴリズムは，ブートストラップサンプリングを使用する方法である．ブートストラップサンプリングは，多くの場合，少量のデータセットから統計量を生成するために用いる方法である．（ノンパラメトリックな）ブートストラップサンプリングは，復元抽出を許可したデータセット（ブートストラップ法は，同一のデータを何度も抽出可能である）から何回かデータの抽出を行うことによって，データの構造を推論する方法である．バギングは学習用データセットからいくつかのブートストラップサンプルを取得し，その後，それぞれのサンプルに基本学習器を適用する．得られたモデルの平均値は，回帰問題の結果と考えることができる．分類問題に適用することを考えたとき，モデルはそれぞれ異なる分類確率を持つことになる．コード 6.4 は，この章の初めに使用した架空のデータの問題に対して，バギングのアルゴリズムを適用する．

このコードは，交差検証を適用する代わりに，データの 30% を残して，モデルの有効性を検証している．コード中のパラメータ `numTreesMax` は，アンサンブル学習に含まれる木の最大数を定義している．予測精度がアンサンブル学習に含まれる木の数にどのように依存するかを確認するため，最初は一つだけの決定木を使い，次は二つの決定木を使い，といった形で，最終的には `numTreesMax` 本までの決定木を使い，それらの精度の比較を行う．

コード 6.4 は二つの図を生成する．一つは，木の数によって MSE の値がどのように変化するかというプロットであり，もう一つは，最初の一つの決定木で予測を行った結果，最初の 10 の決定木の平均で予測を行った結果，最初の 20 の決定木の平均で予測を行った結果を比較したプロットである．

コード 6.4　バギングアルゴリズム（simpleBagging.py）

```python
__author__ = 'mike-bowles'
import numpy
import matplotlib.pyplot as plot
from sklearn import tree
from sklearn.tree import DecisionTreeRegressor
from math import floor
import random

#y=x+random に基づく簡単なデータセットを作成
nPoints = 1000

#作図のための x の値を取得
xPlot = [(float(i)/float(nPoints) - 0.5) for i in range(nPoints + 1)]

#x をリスト化する
x = [[s] for s in xPlot]

#x の値にノイズを乗せた y の値を作成する
#初期値を設定
random.seed(1)
y = [s + numpy.random.normal(scale=0.1) for s in xPlot]

#データの 30%を取得する
nSample = int(nPoints * 0.30)
idxTest = random.sample(range(nPoints), nSample)
idxTest.sort()
idxTrain = [idx for idx in range(nPoints) if not(idx in idxTest)]

#学習用データセットと検証用データセットを定義する
xTrain = [x[r] for r in idxTrain]
xTest = [x[r] for r in idxTest]
yTrain = [y[r] for r in idxTrain]
yTest = [y[r] for r in idxTest]

#学習用データからランダムに取得されたデータセットを用いて学習器を構築する
#構築するモデルの最大数を設定
numTreesMax = 20

#tree depth - 決定木の深さの設定
treeDepth = 1
```

```python
#構築したモデルを格納するリストを作成する
modelList = []
predList = []

#バギングに使用するサンプルサイズを設定
nBagSamples = int(len(xTrain) * 0.5)

for iTrees in range(numTreesMax):
  idxBag = []
  for i in range(nBagSamples):
    idxBag.append(random.choice(range(len(xTrain))))
  xTrainBag = [xTrain[i] for i in idxBag]
  yTrainBag = [yTrain[i] for i in idxBag]

  modelList.append(DecisionTreeRegressor(max_depth=treeDepth))
  modelList[-1].fit(xTrainBag, yTrainBag)

  #最新モデルを用いて予測を行い，その結果をリストに格納する
  latestPrediction = modelList[-1].predict(xTest)
  predList.append(list(latestPrediction))

#最初の n 個のモデルを使用した予測
mse = []
allPredictions = []
for iModels in range(len(modelList)):

  #予測精度の評価
  prediction = []
  for iPred in range(len(xTest)):
    prediction.append(sum([predList[i][iPred] \
                      for i in range(iModels + 1)])/(iModels + 1))

  allPredictions.append(prediction)
  errors = [(yTest[i] - prediction[i]) for i in range(len(yTest))]
  mse.append(sum([e * e for e in errors]) / len(yTest))

nModels = [i + 1 for i in range(len(modelList))]

plot.plot(nModels,mse)
plot.axis('tight')
plot.xlabel('Number of Models in Ensemble')
plot.ylabel('Mean Squared Error')
plot.ylim((0.0, max(mse)))
plot.show()

plotList = [0, 9, 19]
for iPlot in plotList:
  plot.plot(xTest, allPredictions[iPlot])
```

```
plot.plot(xTest, yTest, linestyle="--")
plot.axis('tight')
plot.xlabel('x value')
plot.ylabel('Predictions')
plot.show()
```

図 6.11 は，決定木の数の増加に伴って MSE の値がどのように変化するかを示している．MSE は，木の数によらず，0.025 付近を上下しており，これはあまり良い結果とは言えない．前節で示したモデルの MSE は 0.01 に近く，生成されたアンサンブル学習の予測精度より良い精度を持っていると言える．これはなぜだろうか？

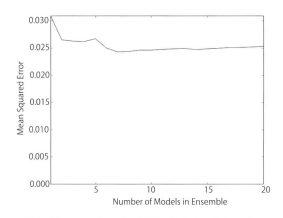

図 6.11　アンサンブル学習の決定木の数と MSE

[1]　バギングの精度——バイアスとバリアンス

図 6.12 を見ると，この問題にいくつかの考察を与えることができる．図 6.12 は，最初の一つの決定木で予測を行った結果と，最初の 10 および 20 の決定木の平均でそれぞれ予測を行った結果を示している．最初の一つの決定木から予測を行った単一の決定木による結果は，分割点が一つなので見分けるのは容易である．10 および 20 の決定木を使用した予測については，異なるサンプルによって学習が行われ平均化されているため，最初の単一の決定木で構築した分割点の近傍に，ランダム性を持って存在している．そして，その分割点のランダム性はグラフの中心部で左右に軽い揺らぎを持っているに過ぎない．一つの決定木は，すべて単一の分割点を求めるわけであるから，アンサンブル学習の結果は，基本的に単一層の場合に近い結果を返す．

誤差には「バイアス」と「バリアンス」という二つの要素がある．直線に乗った波状のカーブに対してモデルを当てはめることを考えてみよう．多くのデータで学習を行うと，当てはめの際のノイズの影響を低減できるが，そのデータは波状のカーブから直線

第 6 章　アンサンブル学習

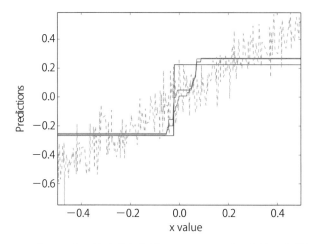

図 6.12　単一，10 個，20 個の決定木を使用したアンサンブル学習の予測値と，実際の値

を推測することはない．多くのデータを使っても，誤差が小さくならない場合，この誤差を**バイアス誤差**と呼ぶ．架空のデータに 1 階層の決定木を当てはめた場合，すべての分割点が，データの中央付近で選択されてしまい，モデルの精度は低下する．

　1 階層の決定木のバイアス誤差は，モデルがあまりにも単純であり，またモデルが共通の制限を持つことから発生している．バギングはモデル間の差異を減少させるが，1 階層の決定木では，バイアス誤差を除去することは非常に難しい．この問題を克服するためには，複数の深さの木を使用する．

　図 6.13 は，アンサンブル学習の決定木の階層を 5 にしたときの決定木数に対する MSE をプロットしたものである．階層 5 の決定木における MSE の値は，0.01 より小さい値（おそらくこの値はノイズによるものと推測される）となっており，1 階層の決

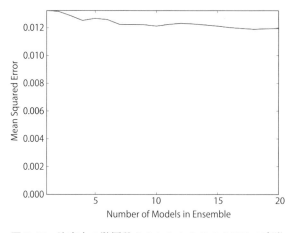

図 6.13　決定木の階層数を 5 にしたときの MSE の変動

定木より，明らかに精度が優れている．

図 6.14 は，アンサンブル学習の決定木の階層を 5 にしたときの，最初の一つの決定木で予測を行った結果と，最初の 10 および 20 の決定木の平均でそれぞれ予測を行った結果を示している．図中，鋭いスパイクを持っている予測値は，単一の決定木を用いた場合の結果である．他のものとは際立って異なっており，高い分散値を持っている．他の単一の決定木についても，間違いなく同様の精度を持っている．一方で，アンサンブル学習によって平均化した場合は，分散が軽減されている．バギングアルゴリズムによる予測の結果は，よりスムースで，かつ，真のモデルに近い結果を示すことができる．

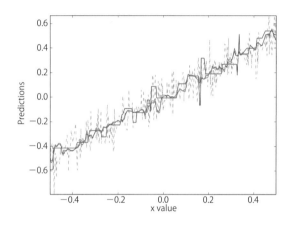

図 6.14　決定木の階層数を 5 にし，単一，10 個，20 個の決定木を使用したアンサンブル学習の予測値

[2]　多変量の場合にバギングはどのように振る舞うか

コード 6.5 は，ワインの品質の予測問題にバギングアルゴリズムを適用した例である．架空のデータと同様に，ワインの品質データも非常に主要なデータセットの一つである．図 6.15〜6.17 はそれぞれ決定木の階層数を 1, 5, 12 に設定したときの MSE の変動を示している．

コード 6.5　バギングを用いたワインの品質予測（wineBagging.py）

```python
__author__ = 'mike-bowles'
import urllib2
import numpy
from sklearn import tree
from sklearn.tree import DecisionTreeRegressor
import random
```

```python
from math import sqrt
import matplotlib.pyplot as plot

#UCI データリポジトリからデータを読み込む
target_url = "http://archive.ics.uci.edu/ml/machine-learning-"
             "databases/wine-quality/winequality-red.csv"
data = urllib2.urlopen(target_url)

xList = []
labels = []
names = []
firstLine = True
for line in data:
  if firstLine:
    names = line.strip().split(";")
    firstLine = False
  else:
    #セミコロンでデータを分割
    row = line.strip().split(";")
    #それぞれのデータにラベルを付加
    labels.append(float(row[-1]))
    #行データのラベルを除去
    row.pop()
    #浮動小数点データに変換
    floatRow = [float(num) for num in row]
    xList.append(floatRow)

nrows = len(xList)
ncols = len(xList[0])

#検証用に 30%のデータを分割
random.seed(1)
nSample = int(nrows * 0.30)
idxTest = random.sample(range(nrows), nSample)
idxTest.sort()
idxTrain = [idx for idx in range(nrows) if not(idx in idxTest)]

#それぞれのデータにラベル付けを行う
xTrain = [xList[r] for r in idxTrain]
xTest = [xList[r] for r in idxTest]
yTrain = [labels[r] for r in idxTrain]
yTest = [labels[r] for r in idxTest]

#学習用データの中からランダムに選択されたデータセットを用いてモデルを構築していく．
#構築されたモデルを収集し，リストが成長することに MSE を計算する．

#構築する決定木の最大数を設定
numTreesMax = 30
```

```python
#tree depth - 決定木の深さの設定
treeDepth = 1

#各モデルを格納するためのリストを構築
modelList = []
predList = []

#バギングの結果を表示するためのサンプルサイズの設定
nBagSamples = int(len(xTrain) * 0.5)

for iTrees in range(numTreesMax):
  idxBag = []
  for i in range(nBagSamples):
    idxBag.append(random.choice(range(len(xTrain))))
  xTrainBag = [xTrain[i] for i in idxBag]
  yTrainBag = [yTrain[i] for i in idxBag]

  modelList.append(DecisionTreeRegressor(max_depth=treeDepth))
  modelList[-1].fit(xTrainBag, yTrainBag)

  #最新モデルによる予測値の構築
  latestPrediction = modelList[-1].predict(xTest)
  predList.append(list(latestPrediction))

#n 番目のモデルまでの予測精度の評価
mse = []
allPredictions = []
for iModels in range(len(modelList)):

  #n 番目のモデルまでの予測精度
  prediction = []
  for iPred in range(len(xTest)):
    prediction.append(sum([predList[i][iPred] \
                           for i in range(iModels + 1)])/(iModels + 1))

  allPredictions.append(prediction)
  errors = [(yTest[i] - prediction[i]) for i in range(len(yTest))]
  mse.append(sum([e * e for e in errors]) / len(yTest))

nModels = [i + 1 for i in range(len(modelList))]

plot.plot(nModels,mse)
plot.axis('tight')
plot.xlabel('Number of Tree Models in Ensemble')
plot.ylabel('Mean Squared Error')
plot.ylim((0.0, max(mse)))
plot.show()
```

```
print('Minimum MSE')
print(min(mse))
```

出力

```
treeDepth=1のときの最小MSE
0.516236026081

treeDepth=5のときの最小MSE
0.39815421341

treeDepth=12,決定木数 100のときの最小MSE
0.350749027669
```

図 6.15 は，アンサンブル学習の決定木の本数によって，MSE の値がどのように変化するかを示している．ワインの品質データに 1 階層の決定木を適用しても，アンサンブル学習によって MSE は無視できる程度しか改善されないことがわかる．ワインの品質データに対する予測を改善する難しさは，架空のデータのそれをはるかに超える．これには複数の理由が考えられる．一つは，データのばらつきが架空のデータより大きい可能性であり，もう一つは，架空のデータより変数間の交互作用が重要な役割を果たしている可能性である．

架空のデータでは変数は一つだけだったので，変数間の交互作用を考える必要はなかったが，ワインデータは複数の変数を持っており，その組み合わせが予測に与える効果は個々の変数の寄与の合計よりも大きい可能性がある．例えば，単に道を歩いているときに転ぶのは重要な問題ではなく，また崖に沿って歩くことも重要な問題ではないが，崖に沿って歩いているときに転ぶことは重要な問題である可能性が高い．このように二つの条件が同時に考慮されなければならないケースが，ワインのデータで発生している可能性がある．1 階層の決定木では，1 変数のことしか考えることができず，変数間の交互作用を説明することができない．

[3] バギングの効果を発揮するためには，より深い階層が必要となる

図 6.16 は，階層数 5 の決定木を用いてアンサンブル学習を行ったとき，MSE の値がどのように変化するかを示している．バギングによるアンサンブル学習は，木の数が追加されることによって明らかな改善を得ていることがわかる．結果として得られる精度は，1 階層の決定木のアンサンブル学習をはるかに凌ぐ．この結果は，おそらく決定木の数を増やすことによって，さらなる改善が得られることを示唆している．

図 6.17 は階層数 12 の決定木を用いてアンサンブル学習を行ったとき，MSE の値が

6.2 ブートストラップ集約——バギング

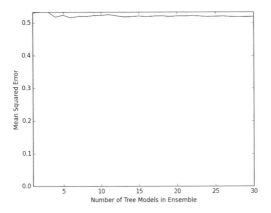

図 6.15　階層数 1 の決定木によるアンサンブル学習における決定木数と MSE の関係

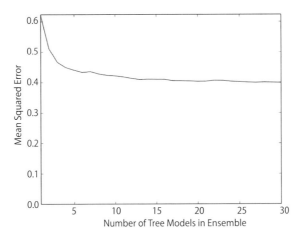

図 6.16　階層数 5 の決定木によるアンサンブル学習における決定木数と MSE の関係

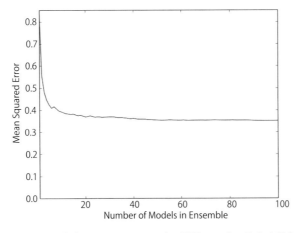

図 6.17　階層数 12 の決定木によるアンサンブル学習における決定木数と MSE の関係

どのように変化するかを示している．より深い階層数を持つ決定木を採用したことに加え，図 6.16 での考察をもとに決定木の数を 30 から 100 に増やし，アンサンブル学習を実行している．図から，階層数 1, 5, 12 のアンサンブル学習の結果の中で，階層数 12 の結果が最も良いことがわかる．

▶ 6.2.2　バギングのまとめ

本節では，アンサンブル学習の一つ目の例であるバギングについて説明してきた．バギングは，アンサンブル学習に共通する二つの階層を明確に示している．正確に言えば，バギングは高位のアルゴリズムであり，基本学習器と予測値の平均化によって下位の問題を解決している．バギングによるアンサンブル学習の問題として，もとの学習用データからブートストラップサンプルを抽出する際の問題が挙げられる．バギングは個々の決定木のばらつきを低減するが，これを正しく動作させるためには，アンサンブル学習の決定木の階層数が十分な深さを持っている必要がある．

バギングのアルゴリズムを理解することは比較的容易であり，また，分散低減精度を示すことが容易であるため，アンサンブル学習の方法を学ぶ良い導入として役立つ．次の二つのアルゴリズムは，勾配ブースティングとランダムフォレストである．これらは，バギングとは異なるアプローチでアンサンブル学習器を構築しており，バギングに対していくつかの利点を持っている．現在のアンサンブル学習においては，勾配ブースティングとランダムフォレストがよく使用されており，バギングはあまり使用されていない．

6.3　勾配ブースティング

勾配ブースティングは，ElasticNet 問題（第 4 章と第 5 章を参照）を解くために開発されたアルゴリズムであり，スタンフォード大学の Jerome Friedman 教授によって開発された[4][5]．勾配ブースティングは，異なるラベルに対してアンサンブル学習の決定木をそれぞれ学習させた後に，予測精度によって重みをつけて決定木を組み合わせることによって，予測を行う．回帰問題を考えるのであれば，目的は MSE を最小化することであり，それぞれの連続する決定木は，これまでの決定木の集合で予測が困難だった部分について学習が行われる．このアルゴリズムを理解する最も簡単な方法は，この章にあるいくつかのコードを見て，どのように計算を行っているかを確認することである．このアルゴリズムの導出については，この章の最後に記す参考文献を参考にされたい．

▶ 6.3.1　勾配ブースティングアルゴリズムの基本原理

　コード 6.6 は，この章の前半で導入された架空のデータに対して，勾配ブースティングを適用するためのプログラムである．コードの初めの部分は，架空のデータを作成するために，以前のコードを使用している．

コード 6.6　架空のデータに対する勾配ブースティングの適用（simpleGBM.py）

```python
__author__ = 'mike-bowles'
import numpy
import matplotlib.pyplot as plot
from sklearn import tree
from sklearn.tree import DecisionTreeRegressor
from math import floor
import random

#y=x+random に基づく簡単なデータセットを作成
nPoints = 1000

#作図のための x の値を取得
xPlot = [(float(i)/float(nPoints) - 0.5) for i in range(nPoints + 1)]

#x をリスト化する
x = [[s] for s in xPlot]

#x の値にノイズを乗せた y の値を作成する
#初期値を設定
numpy.random.seed(1)
y = [s + numpy.random.normal(scale=0.1) for s in xPlot]

#データの 30%を取得する
nSample = int(nPoints * 0.30)
idxTest = random.sample(range(nPoints), nSample)
idxTest.sort()
idxTrain = [idx for idx in range(nPoints) if not(idx in idxTest)]

#学習用データセットと検証用データセットを定義する
xTrain = [x[r] for r in idxTrain]
xTest = [x[r] for r in idxTest]
yTrain = [y[r] for r in idxTrain]
yTest = [y[r] for r in idxTest]

#学習用データからランダムに取得されたデータセットを用いて学習器を構築する
#構築するモデルの最大数を設定
numTreesMax = 30

#tree depth - 決定木の深さの設定
treeDepth = 5
```

```python
#構築したモデルを格納するリストを作成する
#(eps のパラメータが加わっていることに注意)
modelList = []
predList = []
eps = 0.3

#残差を計算する
residuals = list(yTrain)
for iTrees in range(numTreesMax):

  modelList.append(DecisionTreeRegressor(max_depth=treeDepth))
  modelList[-1].fit(xTrain, residuals)

  #最新のモデルによる予測値の出力と残差の計算
  latestInSamplePrediction = modelList[-1].predict(xTrain)

  residuals = [residuals[i] - eps * latestInSamplePrediction[i] \
               for i in range(len(residuals))]

  latestOutSamplePrediction = modelList[-1].predict(xTest)
  predList.append(list(latestOutSamplePrediction))

#最初の n 個のモデルを使用した予測
mse = []
allPredictions = []
for iModels in range(len(modelList)):

  #予測精度の評価(eps を考慮に入れた場合)
  prediction = []
  for iPred in range(len(xTest)):
    prediction.append(sum([predList[i][iPred] \
                      for i in range(iModels + 1)]) * eps)

  allPredictions.append(prediction)
  errors = [(yTest[i] - prediction[i]) for i in range(len(yTest))]
  mse.append(sum([e * e for e in errors]) / len(yTest))

nModels = [i + 1 for i in range(len(modelList))]

plot.plot(nModels,mse)
plot.axis('tight')
plot.xlabel('Number of Models in Ensemble')
plot.ylabel('Mean Squared Error')
plot.ylim((0.0, max(mse)))
plot.show()

plotList = [0, 14, 29]
lineType = [':', '-.', '--']
```

```
plot.figure()
for i in range(len(plotList)):
    iPlot = plotList[i]
    textLegend = 'Prediction with ' + str(iPlot) + ' Trees'
    plot.plot(xTest, allPredictions[iPlot], label = textLegend,
              linestyle = lineType[i])
plot.plot(xTest, yTest, label='True y Value', alpha=0.25)
plot.legend(bbox_to_anchor=(1,0.3))
plot.axis('tight')
plot.xlabel('x value')
plot.ylabel('Predictions')
plot.show()
```

[1] 勾配ブースティングのパラメータ設定

　コード 6.6 で最初に気づく見慣れないコードは，勾配ブースティングによってアンサンブル学習された個々の決定木の階層数を決定する部分である．これは，バリアンスを減少させつつバイアスも減らせるという点で，バギングやランダムフォレストと異なる特徴である．勾配ブースティングは，階層数の多い決定木だけでなく，1 階層の決定木でも MSE を顕著に改善できるという有用な特性を持っている．勾配ブースティングでは，決定木の階層数は変数間の顕著な交互作用をそこそこ説明できる程度でよいとされており，決定木の階層数による精度の変動は，変数の交互作用の効果量と解釈できる．

　今までと異なる点として次に気づくのは，eps という変数の定義である．この変数は，最適化問題に精通している読者なら，ステップサイズを制御する役割を果たすことに気づく．勾配ブースティングは，ステップサイズが大きすぎて，最適化計算が収束できず発散してしまう場合，他の勾配降下アルゴリズムと同様に，勾配を下るステップをとる．一方，ステップサイズが小さすぎる場合は，プロセスは何度も反復計算を繰り返す．eps 変数とステップサイズの調整については，本章で後述する．

　次の不慣れな要素は，residuals 変数である．一般に，"residuals" とは残差（予測値と観測値の差）を表す指標である．勾配ブースティングのアルゴリズムでは，ラベルの予測を改良するために residuals の値を使用する．この値は，各ステップにおいて再計算される．なお，プロセスの開始時には，勾配ブースティングは初期値として予測値を null（もしくは 0）に設定するので，予測値は観測値と同じになる．

[2] 勾配ブースティングの繰り返し計算はどのようにして予測モデルを構築するか

　iTrees に対するループ計算は，残差を学習させることによって学習されていく．ただし，最初のループにおいては，学習用データの値をそのまま使用する．その後のループについては，学習によって生成された予測値を取得し，その残差から eps を引いたも

のを用いて次の学習を行う．すでに説明したとおり，残差の合計と勾配降下の差をとる理由，そして，ステップサイズコントロール変数 eps を掛け合わせる理由は，反復プロセスが収束することを確認するためである．このコードは，架空のデータから 30% のデータを取り出し，学習を受けた学習器に適用して MSE を再計算することによって，予測値の精度を評価する．

▶ 6.3.2　勾配ブースティングから最も良い精度を得る方法

図 6.18, 6.19 は，eps が 0.1 で決定木の階層数が 1 のときの，決定木の数と MSE の関係を示している．図 6.18 より，MSE の値は決定木の数が 30 に近づくにつれ減少し，最終的には約 0.014 になったことがわかる．これは，決定木の階層数が 1 の場合でも，

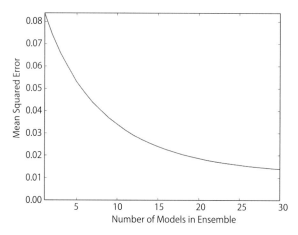

図 6.18　eps が 0.1 で階層数が 1 の決定木による勾配ブースティングにおける決定木数と MSE の関係

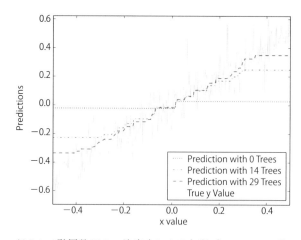

図 6.19　eps が 0.1 で階層数が 1 の決定木による勾配ブースティングにおける予測値

学習により MSE の値をさらに改善できる可能性があることを示している．

図 6.19 は，勾配ブースティングモデルで 3 パターンの決定木を用いて予測を行った結果を示している．それぞれ，一つのみの決定木を使用した場合，15 の決定木を使用した場合，30 の決定木を使用した場合である[*3]．単一の決定木を組み込んだモデルは，6.1 節で見たモデルの縮小版のように見える．すでに説明したように，このモデルは単一決定木の階層数 1 のモデルであり，ラベルによる学習がなされ，それから eps = 0.1 を掛けたものである．より興味深いのは，15 の決定木を使用したモデルは，きちんとグラフ上で 45 度の角度に向かって予測値を伸ばしており，全領域のおよそ半分を予測できていることである．また，30 の決定木を使用したモデルは，グラフ上のすべての範囲について良い近似を獲得している．これは，バギングによる階層数 1 のものとは大きく異なる結果である．

バギングでは，階層数が浅い場合は，固有のバイアス誤差を解消することができなかった．一方，勾配ブースティングは，同様の状態から始めているが，この手法はデータの中央部から誤差を低減し始め，誤差の大きい領域についてそれを低減することに努める．この手法は，分割点から誤差が大きい領域に移動し，最適化を行う．このプロセスは，決定木の階層数を必要とせずに，より良い予測をもたらす．

それでは，学習を制御するパラメータを変更すると，どのようになるだろうか？ 図 6.20, 6.21 は，eps が 0.1 で，決定木の階層数が 5 のときの，決定木の数と MSE の関係を示している．図 6.20 では，階層数が 1 の場合と同様に，MSE の値は決定木の数が 30 に近づくにつれ減少している．また，MSE の値は階層数 1 のときに比べて，より完全に

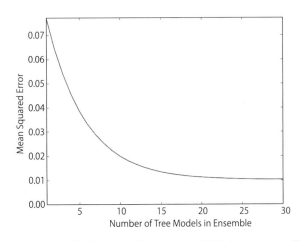

図 6.20　eps が 0.1 で階層数が 5 の決定木による勾配ブースティングにおける決定木数と MSE の関係

[*3] 訳注：Python ではインデックスのカウントが 0 から始まるので，図 6.19 で 0, 14, 29 となっている凡例は，それぞれ 1, 15, 30 の決定木を用いることを意味している．

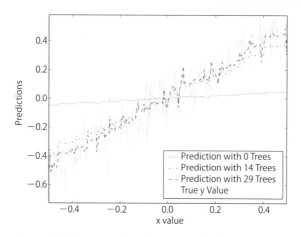

図 6.21　eps が 0.1 で階層数が 5 の決定木による勾配ブースティングにおける予測値

近い 0.01 との差が詰まっていることにも着目したい．この図には学習時間は示されていないが，各層における学習時間はほぼ等しい．ただし，各層では，すべての可能な分割点が MSE の計算のために必要とされるので，階層数が 5 の決定木は，階層数 1 の決定木に対して 5 倍の計算時間を要することになる．階層数 1 と階層数 5 を公平に比較するためには，それぞれ 150 個の決定木と 30 個の決定木を構築した場合を比較する必要がある．

図 6.21 は，階層数を 5 とした勾配ブースティングモデルを用いて，3 パターンの決定木で予測を行った結果を示している．単一の決定木のモデルでさえ，観測値の全領域に対して，何らかの構造が生じている．15 本の決定木および 30 本の決定木を使用した場合については，より高いレベルでのデータへの当てはまりが得られている．

図 6.22, 6.23 は，ステップサイズパラメータである eps を変更した場合に何が起こるのかを示している．図 6.22 は，大きすぎる eps 値を設定したときの MSE の挙動を示している．決定木の数に対して MSE は急速に減少するが，その後決定木の数が増えるにつれて増加傾向を示している．このときの最小値は，おおよそ 3 分の 1 の近傍点にある．最小値がグラフの右端に来るように eps 値を調整したとき，一般的に高い予測精度が得られる．

eps が 0.3 のときの予測値は 45 度の線に沿っているが，eps が 0.1 のときよりも，よりスパイクが鋭くなっているような変化を見せている．全体に，階層数 1 の決定木のモデルが，最も良い精度を持っている．階層数 1 のモデルは，より多くの決定木を学習させれば，端の部分での予測精度を改善でき，また前述したスパイクが鋭くなるような変動も少ないことから，勾配ブースティングを使った最良のモデルになる可能性がある．

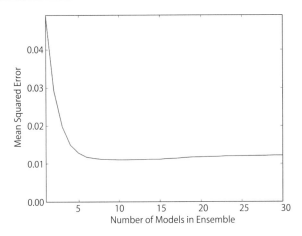

図 6.22　eps が 0.3 で階層数が 5 の決定木による勾配ブースティングにおける決定木数と MSE の関係

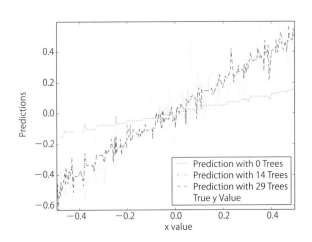

図 6.23　eps が 0.3 で階層数が 5 の決定木による勾配ブースティングにおける予測値

▶ 6.3.3　多変量データへの勾配ブースティングの適用

コード 6.7 は，ワインの品質を予測する問題に，勾配ブースティングのアルゴリズムを適用している．データを入力する部分を除くと，コード 6.7 は架空のデータに勾配ブースティングを適用するコード 6.6 と非常によく似ている．

コード 6.7　ワインの品質予測への勾配ブースティングの適用（wineGBM.py）

```
__author__ = 'mike-bowles'
import urllib2
import numpy
```

```python
from sklearn import tree
from sklearn.tree import DecisionTreeRegressor
import random
from math import sqrt
import matplotlib.pyplot as plot

#UCI データリポジトリからデータを読み込む
target_url = "http://archive.ics.uci.edu/ml/machine-learning-"
             "databases/wine-quality/winequality-red.csv"
data = urllib2.urlopen(target_url)

xList = []
labels = []
names = []
firstLine = True
for line in data:
  if firstLine:
    names = line.strip().split(";")
    firstLine = False
  else:
    #セミコロンでデータを分割
    row = line.strip().split(";")
    #それぞれのデータにラベルを付加
    labels.append(float(row[-1]))
    #行データのラベルを除去
    row.pop()
    #浮動小数点データに変換
    floatRow = [float(num) for num in row]
    xList.append(floatRow)

nrows = len(xList)
ncols = len(xList[0])

#検証用に 30%のデータを分割
nSample = int(nrows * 0.30)
idxTest = random.sample(range(nrows), nSample)
idxTest.sort()
idxTrain = [idx for idx in range(nrows) if not(idx in idxTest)]

#それぞれのデータにラベル付けを行う
xTrain = [xList[r] for r in idxTrain]
xTest = [xList[r] for r in idxTest]
yTrain = [labels[r] for r in idxTrain]
yTest = [labels[r] for r in idxTest]

#学習用データの中からランダムに選択されたデータセットを用いてモデルを構築していく．
#構築されたモデルを収集し，リストが成長するごとに MSE を計算する．
```

```python
#構築する決定木の最大数を設定
numTreesMax = 30

#tree depth - 決定木の深さの設定
treeDepth = 1

#各モデルを格納するためのリストを構築
modelList = []
predList = []
eps = 0.1

#残差の計算
residuals = list(yTrain)
for iTrees in range(numTreesMax):
  modelList.append(DecisionTreeRegressor(max_depth=treeDepth))
  modelList[-1].fit(xTrain, residuals)

  #最終モデルを用いた予測値の算出
  latestInSamplePrediction = modelList[-1].predict(xTrain)

  #最新の予測値による残差の修正
  residuals = [residuals[i] - eps * latestInSamplePrediction[i] \
               for i in range(len(residuals))]

  latestOutSamplePrediction = modelList[-1].predict(xTest)
  predList.append(list(latestOutSamplePrediction))

#最初の n 個のモデルを用いた MSE の算出
mse = []
allPredictions = []
for iModels in range(len(modelList)):

  #iModels 個のモデルを用いた場合の予測値と eps 値による修正
  prediction = []
  for iPred in range(len(xTest)):
    prediction.append(sum([predList[i][iPred]
                      for i in range(iModels + 1)]) * eps)

  allPredictions.append(prediction)
  errors = [(yTest[i] - prediction[i]) for i in range(len(yTest))]
  mse.append(sum([e * e for e in errors]) / len(yTest))

nModels = [i + 1 for i in range(len(modelList))]

plot.plot(nModels,mse)
plot.axis('tight')
plot.xlabel('Number of Trees in Ensemble')
plot.ylabel('Mean Squared Error')
```

```
plot.ylim((0.0, max(mse)))
plot.show()

print('Minimum MSE')
print(min(mse))
```

出力

```
Minimum MSE (最小 MSE)
0.405031864814
```

上記のコードのパラメータは,階層数が 5,決定木数が 30,eps が 0.1 であり,このパラメータセットでは約 0.4 の MSE を得ることができる.これは,バギングを同一データに適用した場合に比べて 10% の精度悪化である.階層数,決定木数,eps 値を調整することによって,より良い結果が得られるかもしれない.

図 6.24 は決定木数に対する MSE を示しており,MSE の曲線はかなり右端に寄っている.アンサンブル学習の木の数を追加することによって,より良い精度を得ることが可能かもしれない.精度を改善する他のアプローチは,階層数や eps 値を調整することだろう.

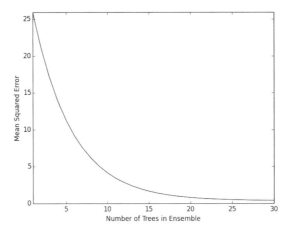

図 6.24 ワインの品質データに対して勾配ブースティングを用いたときの決定木数と MSE の関係

▶ 6.3.4　勾配ブースティングのまとめ

この節では,勾配ブースティングがどのように動作するかを示し,最高の精度を得るために,その動作を制御するパラメータの設定法について解説した.具体的には,ス

テップサイズ（eps），階層数，アンサンブル学習で用いる決定木の数によって，どのように予測値が変わるかについて論じ，勾配ブースティングがバギングに比べて，階層数が少ない状態でより良くバイアス誤差を回避できることを示した．バギングと勾配ブースティングの基本的な違いは，ブースティングは常に誤差の合計値を監視し，反復する各学習において残差を使用する点である．これらの違いは，変数の間にさまざまな顕著な交互作用があるときのみに，勾配ブースティングでは決定木の深さを必要とすることである．

6.4　ランダムフォレスト

　ランダムフォレストのアルゴリズムは，カリフォルニア大学バークレー校の Leo Breiman と Adele Cutler によって開発された[3]．ランダムフォレストは学習用データから小集団を形成し，それらをそれぞれ学習することによって，モデルを構築する．小集団は学習用データからランダムに，Breiman のブートストラップ集約アルゴリズムと同様に，復元抽出を許可して取得される．また，学習の段階ですべての変数を取り込むのではなく，ランダムに変数を取り込み，個々の決定木を学習していくという点において，他の方法と異なる．コード 6.8 は，Python パッケージの DecisionTreeRegressor を使用して予測モデルの構築を行っている．

コード 6.8　ランダムに変数を選択することによるバギング（wineRF.py）

```
__author__ = 'mike-bowles'
import urllib2
import numpy
from sklearn import tree
from sklearn.tree import DecisionTreeRegressor
import random
from math import sqrt
import matplotlib.pyplot as plot

#UCI データリポジトリからデータを読み込む
target_url = "http://archive.ics.uci.edu/ml/machine-learning-"
             "databases/wine-quality/winequality-red.csv"
data = urllib2.urlopen(target_url)

xList = []
labels = []
names = []
firstLine = True
for line in data:
```

```python
    if firstLine:
        names = line.strip().split(";")
        firstLine = False
    else:
        #セミコロンでデータを分割
        row = line.strip().split(";")
        #それぞれのデータにラベルを付加
        labels.append(float(row[-1]))
        #行データのラベルを除去
        row.pop()
        #浮動小数点データに変換
        floatRow = [float(num) for num in row]
        xList.append(floatRow)

nrows = len(xList)
ncols = len(xList[0])

#検証用に 30%のデータを分割
random.seed(1)    #結果を同じにするために乱数のシード値を設定
nSample = int(nrows * 0.30)
idxTest = random.sample(range(nrows), nSample)
idxTest.sort()
idxTrain = [idx for idx in range(nrows) if not(idx in idxTest)]

#それぞれのデータにラベル付けを行う
xTrain = [xList[r] for r in idxTrain]
xTest = [xList[r] for r in idxTest]
yTrain = [labels[r] for r in idxTrain]
yTest = [labels[r] for r in idxTest]

#学習用データの中からランダムに選択されたデータセットを用いてモデルを構築していく．
#構築されたモデルを収集し，リストが成長するごとに MSE を計算する．

#構築する決定木の最大数を設定
numTreesMax = 30

#tree depth - 決定木の深さの設定
treeDepth = 12

#それぞれのモデルでいくつの変数を使用するかを設定
#筆者は回帰の問題では変数の数の 1/3を推奨
nAttr = 4

#各モデルを格納するリストを定義
modelList = []
indexList = []
predList = []
nTrainRows = len(yTrain)
```

```
for iTrees in range(numTreesMax):

  modelList.append(DecisionTreeRegressor(max_depth=treeDepth))

  #学習に使用する変数をランダムに取得
  idxAttr = random.sample(range(ncols), nAttr)
  idxAttr.sort()
  indexList.append(idxAttr)

  #データをランダムに取得
  idxRows = []
  for i in range(int(0.5 * nTrainRows)):
    idxRows.append(random.choice(range(len(xTrain))))
  idxRows.sort()

  #学習用データセットを構築
  xRfTrain = []
  yRfTrain = []

  for i in range(len(idxRows)):
    temp = [xTrain[idxRows[i]][j] for j in idxAttr]
    xRfTrain.append(temp)
    yRfTrain.append(yTrain[idxRows[i]])

  modelList[-1].fit(xRfTrain, yRfTrain)

  #学習に使った変数を検証用データからピックアップ
  xRfTest = []
  for xx in xTest:
    temp = [xx[i] for i in idxAttr]
    xRfTest.append(temp)

  latestOutSamplePrediction = modelList[-1].predict(xRfTest)
  predList.append(list(latestOutSamplePrediction))

#最初の n 個のモデルを用いて MSE を検証
mse = []
allPredictions = []
for iModels in range(len(modelList)):

  #iModels 個のモデルを用いた場合の予測値と eps 値による修正
  prediction = []
  for iPred in range(len(xTest)):
    prediction.append(sum([predList[i][iPred]
                    for i in range(iModels + 1)]) / (iModels + 1))

  allPredictions.append(prediction)
```

```
        errors = [(yTest[i] - prediction[i]) for i in range(len(yTest))]
        mse.append(sum([e * e for e in errors]) / len(yTest))

    nModels = [i + 1 for i in range(len(modelList))]

    plot.plot(nModels,mse)
    plot.axis('tight')
    plot.xlabel('Number of Trees in Ensemble')
    plot.ylabel('Mean Squared Error')
    plot.ylim((0.0, max(mse)))
    plot.show()

    print('Minimum MSE')
    print(min(mse))
```

出力

```
treeDepth=1のときの最小MSE
0.52666715461

treeDepth=5のときの最小MSE
0.426116327584

treeDepth=12のときの最小MSE
0.38508387863
```

▶ 6.4.1 ランダムフォレスト ——バギングとランダムな変数を持つデータ小集団

　コード6.8に示したコード例は，ワインの品質データに対して，ランダムフォレストを用いて学習を行っている．今まで使用していた一つの変数のみの例は，バギングや勾配ブースティングでは使用できたが，ランダムフォレストでは使用できない．従来の例では，変数は一つのみであったが，これに対して変数の無作為抽出を行うことは意味を持たない．コード6.8は，一目見ただけではバギングのプログラムのように見えるが，二つのコードの大きな違いは，iTreesのループの前に現れるnAttrという変数の仕様にある．変数の無作為抽出を行うためには，変数をいくつ選択するかを知る必要がある．ランダムフォレストの開発者の論文は，回帰問題においては変数の総数の3分の1，分類問題においては変数の総数の平方根とすることを勧めている．iTreesループの内部では，バギングのように，変数行列の中からランダムに行データを取得する．次に，変数行列の列を，復元抽出を許可しない状態でランダムに取得し，学習を行う（リストをNumpyの配列に変換した場合は，行と列になるだろう）．そして，前述の

方法と同様に，30%のデータを試験用データとして，予測モデルの精度の検証に使用する．

コード 6.8 と，Breiman によるもともとのランダムフォレストのアルゴリズムの間には違いがある．コード 6.8 のアルゴリズムは，変数のランダムな小集団を形成して，その小集団を用いて学習を行うが，Breiman のオリジナルバージョンでは，決定木内の各ノードに異なるランダムな変数のデータセットを用意している．Breiman のオリジナルバージョンを実装するには，プログラムは決定木の成長アルゴリズムの内側にアクセスする必要がある．本節の例は，アルゴリズムがどのように動作するかの直観を提供することを目的としているので，あえてこの部分を変更している．なお，一部の人々は，すべてのノードで変数の無作為抽出を行うことには，あまり利点がないと主張している．

▶ 6.4.2 ランダムフォレストの精度について

図 6.25〜6.27 は，ランダムフォレストがアンサンブル学習における決定木数と MSE の関係に与える影響を示している．図 6.25 は，階層数 1 における決定木数と MSE の関係を示している．アンサンブル学習の精度がほとんど向上しないという点で，バギングのアルゴリズムと非常に似た結果になっている．すでに見たとおり，階層数 1 の決定木は，主にバイアスによる誤差を引き起こしていると考えられる．

図 6.26 は，階層数 5 における決定木数と MSE の関係を示している．この段階でバギングとランダムフォレストの組み合わせは，何らかの精度を示し始めている．この組み合わせでの改善は，他の方法での改善結果に類似している．

図 6.27 は，階層数 12 における決定木数と MSE の関係を示している．階層数 5 に比べて，わずかな精度の改善が見て取れる．

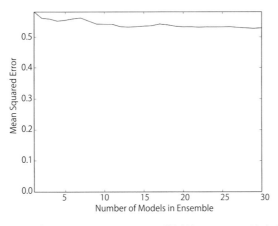

図 6.25 バギングとランダムフォレストを用いた，階層数 1 における決定木数と MSE の関係

第6章 アンサンブル学習

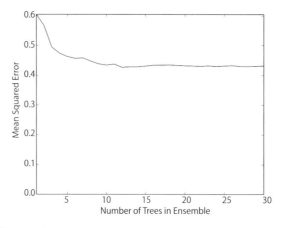

図 6.26　バギングとランダムフォレストを用いた，階層数 5 における決定木数と MSE の関係

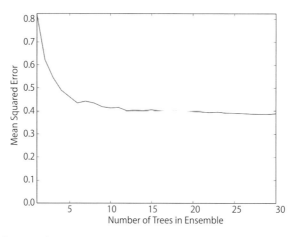

図 6.27　バギングとランダムフォレストを用いた，階層数 12 における決定木数と MSE の関係

▶ 6.4.3　ランダムフォレストのまとめ

　ランダムフォレストは，バギングと変数のランダムな選択を決定木の基本学習器に適用するアルゴリズムである．ランダムフォレストの効果は，明確でないかもしれないが，ランダムフォレストはバギングや勾配ブースティングとは異なる精度特性を与えることができる．いくつかの結果では，ランダムフォレストはテキストマイニングで発生するようなスパース行列データに対して，優位な結果を示すことが示唆されている．ランダムフォレストは，勾配ブースティングに比べて，若干並列化に向いている．というのは，勾配ブースティングはそれぞれの基本学習器がループ計算において一つ前の学習結果を必要とするのに対して，ランダムフォレストでは個々の基本学習器が独立して計算できるためである．

ランダムフォレストのこの特徴から，与えられたデータセットに対して最大限の精度を発揮する必要がある場合は，勾配ブースティングに加えてランダムフォレストを試してみると，より良いモデルの構築に貢献するであろうことがわかる．

6.5 本章のまとめ

　この章では，アンサンブル学習の基本的な方法について解説した．アンサンブル学習の方法は二つの階層で構成されている．低レベルの階層では，基本学習器と呼ばれるアルゴリズムを数百または数千学習する．一方，高レベルの階層では，おのおののモデルにある程度独立性を確保して，それらを組み合わせることで全体の分散が減少するように，基本学習器の学習具合をコントロールする．バギングの高レベルのアルゴリズムは，ブートストラップサンプリングによって学習用データから小集団を形成し，その学習を行う．勾配ブースティングの高レベルのアルゴリズムは，各段階で入力データのサンプルを取得し，それに対して基本学習器を構築していく．勾配ブースティングでは，各基本学習器を学習するために使用されるデータセットは，それ以前に学習された基本学習器からの誤差をもとに構成される．ランダムフォレストの高レベルのアルゴリズムは，バギングを用い，基本学習器としては改良された決定木を使用したアルゴリズムと考えることができる．ランダムフォレストにおける基本学習器は決定木であるが，分割点は一部のランダムに選択された変数を用いて決定される．Python では，ランダムフォレストの基本学習器として勾配ブースティングを使用することが可能である．

　本章では，各手法の高レベルのアルゴリズムのコーディングと，決定木に基づく基本学習器の構築について示した．これらを実際にコーディングすることで，読者はアルゴリズムがどのように動いているかを理解できるだろう．本書の目的は，読者がこれらの手法を実装した Python のパッケージのオプション，パラメータ，初期値といったものを理解し，現実の問題に向かってスムースにコーディングを開始できるようにすることである．次の章では，本書で罰則付き線形回帰によって解決してきた問題に対する別の解決法となるアンサンブル学習を構築する方法について説明する．

参考文献

[1] Panda Biswanath, Joshua S. Herbach, Sugato Basu, and Roberto J. Bayardo (2009). PLANET: Massively Parallel Learning of Tree Ensembles with MapReduce. Proceedings of the 35th International Conference on Very Large Data Bases. Retrieved from http://research.google.com/pubs/pub36296.html

[2] Leo Breiman (September, 1994). Bagging Predictors. Technical Report No.421. Department of Statistics, UC Berkeley. Retrieved from `http://statistics.berkeley.edu/sites/default/files/tech-reports/421.pdf`.

[3] Leo Breiman (2001). Randomforests. *Machine Learning*, 45: 5–32. Retrieved from `https://www.stat.berkeley.edu/~breiman/randomforest2001.pdf`

[4] J. H. Friedman (2001). Greedy Function Approximation: A Gradient Boosting Machine. *Annals of Statistics*, 29(5): 1189–1232. Retrieved from `http://statweb.stanford.edu/~jhf/ftp/trebst.pdf`.

[5] J. H. Friedman (2002). Stochastic Gradient Boosting. *Computational Statistics and Data Analysis*, 38(4): 367–378. Retrieved from `http://statweb.stanford.edu/~jhf/ftp/stobst.pdf`.

第7章

アンサンブル学習のモデル構築

　本章では，第6章で学習したアンサンブル学習を使用して予測モデルを構築するための，いくつかのPythonのパッケージを紹介していく．第2章で明らかにしたように，重要なことは「データを理解することで問題を理解すること」である．第5章では，罰則付き線形回帰による予測モデルを構築する方法を学んだ．本章では，同じ問題を解決するために，アンサンブル学習を使用する．これを行うことによって，罰則付き線形回帰モデルとアンサンブル学習の間で，学習時間や精度などを比較できるようになる．章の最後では，本書で学んできたさまざまなアルゴリズムを比較する．

7.1 PythonのEnsembleパッケージによる回帰問題の解決

　ここからのいくつかの節では，アンサンブル学習モデルを構築するために利用できるPythonのパッケージについて学んでいく．第6章ですでに学んだものも含まれる．第6章で説明した手法を，第2章で取り上げた問題や，第5章で説明した罰則付き線形回帰モデルに適用する．同じ問題に別の手法を適用することにより，実際の精度，学習時間，使いやすさといったさまざまな要素を，公平に比較できるようになる．また，利用可能なPythonのパッケージについても説明する．第6章の知識をもとにパッケージの使い方を理解することで，この手法の利点を最大限に活用できる．回帰問題や，その他さまざまな問題を取り扱っていく．

7.1.1 ランダムフォレストモデルによるワインの品質予測モデルの構築

ワインの品質のデータセットは，ワインの化学的組成に基づいて，ワインの味のスコアを予測する問題を提供する．このデータに対するこれまでの解析の経験から，予測値が実数をとり，したがって回帰問題であることがわかっている．Python の scikit-learn パッケージに含まれるアンサンブル学習のモジュールは，ランダムフォレストアルゴリズムと勾配ブースティングのアルゴリズムを提供しており，これらのアルゴリズムは回帰問題に利用できる．まず，この項では，RandomForestRegressor クラスをインスタンス化するためのパラメータについて説明し，ワインの品質データセットに RandomForestRegressor クラスを適用してモデルの精度を検証する．

[1] RandomForestRegressor オブジェクトの構築[1]

以下は sklearn.ensemble.RandomForestRegressor オブジェクトのコンストラクタである．

```
sklearn.ensemble.RandomForestRegressor(n_estimators=10,
    criterion='mse', max_depth=None, min_samples_split=2,
    min_samples_leaf=1, max_features='auto', max_leaf_nodes=None,
    bootstrap=True, oob_score=False, n_jobs=1, random_state=None,
    verbose=0, min_density=None, compute_importances=None)
```

以下では，これらのパラメータを解説する．説明は sklearn ドキュメントからのものであり，チューニングを行う際に必要になるものを取り上げ，特にデフォルト値から変更する場合について解説を行っている．以下にないパラメータについては，sklearn ドキュメントを参照されたい．

n_estimators （integer，任意，デフォルト：10）
　アンサンブル学習の決定木の数を表す．データをうまく説明できる場合はデフォルト値で問題ないが，一般的には 10 より大きい値を設定することが精度を得るために推奨されている．実際に数値データでテストしてみると，どれぐらいの値が適切かの感触が得られる．すでに本書で強調したとおり，適切なモデルの複雑さ（決定木の数や階層数）は，問題の複雑さとデータ量によって変わってくる．本書では，適切な出発点として 100～500 を推奨する．

max_depth （integer/None，任意，デフォルト：None）
　このパラメータが None に設定されている場合は，すべてのリーフノードが完全に分類できるまで分割するか，もしくは min_samples_split よりも少なくなるまで木構造を成長させることになる．決定木の深さを指定する代わりに，決定木のリーフノードの数を指定する max_leaf_nodes を使用することもできる．

max_leaf_nodes を指定した場合は，max_depth は無視される．max_depth に auto を指定すると，木構造の学習時間が短くなる．モデリングをうまく完了するために，階層構造の深さをいくつか変更して学習を行うことを推奨する．

min_samples_split （integer，任意，デフォルト：2）
ノード数は min_samples_split より少なくなることはない．分割ノード数を大きくしすぎると，過学習を引き起こすリスクを伴う．

min_samples_leaf （integer，任意，デフォルト：1）
決定木の分割の際，min_samples_leaf よりサンプルサイズが少なくなる場合は，分割は行われない．多くの場合，特にデータセットから学習を行っている初期段階では，デフォルト値のままで問題ない．このパラメータの変更を考慮する必要があるのは，以下の二つのケースである．一つは，リーフノードに複数の値がある場合である．決定木のリーフノードに割り当てられる値は平均値となるので，その分散値を下げるために変更を考慮する．そしてもう一つは，木の階層数を制御したい場合である．

max_features （integer/float/string，任意，デフォルト：None）
最適な分割点を見つけるために重要なパラメータであり，対象とする問題における変数の数に依存する．ここで使用される nFeatures は，問題における変数の数である．

- max_features を整数型で指定すると，指定された値で分割点の探索が行われる（max_features > nFeatures とした場合はエラーが返る）．
- max_features を浮動小数点型で指定すると，int(max_features * nFeatures) として扱われる．
- 文字列型で指定できる値とそれぞれの意味を以下に示す．
    auto： max_features = nFeatures
    sqrt： max_features = sqrt(nFeatures)
    log2： max_features = log2(nFeatures)
- max_features に None を指定すると，max_features = nFeatures となる．

Breiman と Cutler の報告では，回帰の問題では sqrt(nFeatures) を設定することが推奨されている．一般には，max_features の変更は結果に大きな影響を与えない．

random_state （int/RandomState のインスタンス/None，デフォルト：None）
- random_state が整数である場合，整数乱数発生器のシード値として使用される．

- random_state が RandomState のインスタンスである場合，その乱数発生機能を使用する．
- random_state が指定されず None である場合，numpy.random の乱数が使用される．

RandomForestRegressor は，アンサンブル学習の決定木を構築する機能をいくつか持っている．この予測関数は，学習されたデータから予測値を出力するが，一般的にそれらに直接アクセスすることはできない．importance 変数にアクセスしたい場合に用いる変数とメソッドについて，以下に説明する．

feature_importances
: 行列データであり，その長さは nFeatures と等しい．配列内の値は対応する変数の相対的な重要性を示す正の浮動小数点値となっており，その重要度は Breiman によるランダムフォレストの原論文[2]に記されている．基本的な考えとしては，重要度は変数の値をランダムに入力したときの予測値の変動によって決まる．ある変数を抜いて予測精度が悪くなった場合は，その変数はより重要であると判断できる．

以下は，メソッドに関する説明である．

fit(XTrain, yTrain, sample_weight=None)
: XTrain は行列データであり，nInstances 行 × nFeatures 列のデータとなっている．ここで，nInstances は学習用データの行数を示している．yTrain は目的変数の列データであり，nInstances の長さを持っている．本章で取り上げる例では，yTrain は 1 列のデータセットであり，この関数は複数列で構成される目的変数を許容していない．sample_weight により学習時の重みを調整することができる．これには二つの形式を指定できる．デフォルトでは None が設定され，すべてに等しい重みをつけることになる．それぞれに異なる重みをつける場合は，sample_weight に nInstances × 1 の重み行列を設定する必要がある．

predict(XTest)
: XTest は予測値を出力するための説明変数で構成された行列である．XTest は XTrain と同じ列数を持っていなければならないが，行数（予測するデータ数）は 1 行でも問題ない．predict 関数によって出力されるデータは yTrain と同じ形式で出力される．

[2] ワインの品質データセットへの RandomForestRegressor の適用

コード 7.1 は，sklearn のランダムフォレストアルゴリズムを用いてワインの品質を予測するアンサンブル学習を構築するためのコードである．

コードはまず，UCI のデータリポジトリからワインのデータを読み込み，説明変数や目的変数を取得する．そして，RandomForestRegressor へ入力できるように，それぞれ配列を numpy 形式に変換する．データを numpy 形式に変換する副次的な利点は，その処理によって，学習用データや検証用データを構築するための sklearn のツールの一つである train_test_split が使用可能になるという点である．コードでは，random_state にシード値を設定して，整数乱数を発生させる．これは，本書の例を再実行したときに同じ結果を出力させるためである．これによりランダムな要素を排除できるので，開発時の結果を何度でも示せるようになる．実際に学習器を構築する際には，この値は None に設定するのが望ましい．random_state を変更することは学習用データと検証用データを固定させることになり，これを用いてパラメータ修正を行うことは，過学習を引き起こす可能性を高める．

また，このコードでは，決定木の数が予測精度に与える影響をプロットする．おおよその形状を把握するために，コード 7.1 から 45 種類の決定木数を採用し，リストを作成している．この作業は非常に有効であるが，それぞれを比較するには多大な時間を要するため，最初の段階では 2 あるいは 3 種類の決定木を指定した後に，最終的な値を設定することを推奨する．

学習に影響するパラメータのほとんどは，RandomForestRegressor オブジェクトのコンストラクタの一部として設定されており，その呼び出しは非常に簡単に行える．ここで唯一デフォルト値を使っていないのは，max_features である．デフォルトの None を指定すると，すべての変数を採用することになるので，それは単にバギングを実施することを意味し，変数のランダムな選択は行っていないことになる[3]～[6]．

RandomForestRegressor オブジェクトをインスタンス化した後のステップでは，fit 関数を呼び出す．それが終了したら，predict 関数を使用することで，学習用データの精度を検証することができる．コード 7.1 では，予測誤差を計算するために，sklearn.metrics の mean_squared_error 関数を使用している．その結果は，アンサンブル学習に用いた決定木の数と MSE の関係を示す，図 7.1 のようなプロットになる．

コード 7.1 では，MSE の最終値も表示されるようになっている．ここで，表示される最終値は決定木の最小 MSE であって，平均の MSE ではないことに注意されたい．ランダムフォレストは，それぞれの決定木である程度独立して予測モデルを作成し，それを平均化することで予測値を出力している．一般に決定木を追加しすぎると過学習に繋がるので，図 7.1 の最小値は再現可能な最小値ではなく，そこには統計的なばらつきが伴う．

第7章 アンサンブル学習のモデル構築

コード 7.1　RandomForestRegressor を用いた回帰モデル構築（wineRF.py）

```
import urllib2
import numpy
from sklearn.cross_validation import train_test_split
from sklearn import ensemble
from sklearn.metrics import mean_squared_error
import pylab as plot

#UCI データリポジトリからデータを読み込む
target_url = "http://archive.ics.uci.edu/ml/machine-learning-"
             "databases/wine-quality/winequality-red.csv"
data = urllib2.urlopen(target_url)

xList = []
labels = []
names = []
firstLine = True
for line in data:
  if firstLine:
    names = line.strip().split(";")
    firstLine = False
  else:
    #セミコロンでデータを分割
    row = line.strip().split(";")
    #分割した行列にラベルを付加
    labels.append(float(row[-1]))
    #ラベルを除去
    row.pop()
```

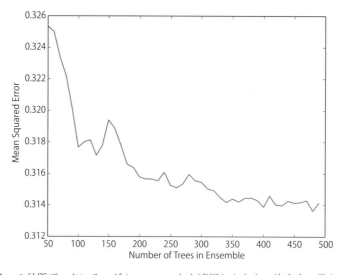

図 7.1　ワインの品質データにランダムフォレストを適用したときの決定木の数と MSE の関係

```
    #浮動小数点に変換
    floatRow = [float(num) for num in row]
    xList.append(floatRow)

nrows = len(xList)
ncols = len(xList[0])

X = numpy.array(xList)
y = numpy.array(labels)
wineNames = numpy.array(names)

#検証用データとして 30%のデータを使用
xTrain, xTest, yTrain, yTest = train_test_split(X, y, test_size=0.30,
                                                random_state=531)

#ランダムフォレストのアンサンブル学習のサイズにより
#MSE がどのように変わるかを検証
mseOos = []
nTreeList = range(50, 500, 10)
for iTrees in nTreeList:
    depth = None
    maxFeat  = 4
    wineRFModel = ensemble.RandomForestRegressor(n_estimators=iTrees,
                    max_depth=depth, max_features=maxFeat,
                    oob_score=False, random_state=531)

    wineRFModel.fit(xTrain,yTrain)

    #検証用データから MSE を算出
    prediction = wineRFModel.predict(xTest)
    mseOos.append(mean_squared_error(yTest, prediction))

print("MSE" )
print(mseOos[-1])

#学習用データと検証用データの誤差とアンサンブル学習に用いた決定木数の比較
plot.plot(nTreeList, mseOos)
plot.xlabel('Number of Trees in Ensemble')
plot.ylabel('Mean Squared Error')
#plot.ylim([0.0, 1.1*max(mseOob)])
plot.show()

#各変数の重要度の計算
featureImportance = wineRFModel.feature_importances_

#最大重要度の変数で基準化
featureImportance = featureImportance / featureImportance.max()
sorted_idx = numpy.argsort(featureImportance)
```

```
barPos = numpy.arange(sorted_idx.shape[0]) + .5
plot.barh(barPos, featureImportance[sorted_idx], align='center')
plot.yticks(barPos, wineNames[sorted_idx])
plot.xlabel('Variable Importance')
plot.subplots_adjust(left=0.2, right=0.9, top=0.9, bottom=0.1)
plot.show()
```

出力

```
MSE
0.314125711509
```

[3] ランダムフォレストによる回帰モデルの精度の可視化

図 7.1 は，ランダムフォレストによる回帰モデルの分散の減少特性を示している．多くの決定木を追加することによって，誤差のレベルは減少し，曲線の統計的なばらつきも減少していく．

> **NOTE** アルゴリズムの動作の感触を得るためには，コード 7.1 で使用されているパラメータを変更して，結果がどのように変化するかを確認するとよい．さらに誤差を低減できるかどうかを検証するために，決定木の数を例えば nTreeList = range(100, 1000, 100) のように増やしてみるとよいだろう．また，階層数がどれだけ影響するかを試すには，決定木の階層数のパラメータを変えてみるとよい．ワインの品質データセットはおよそ 1600 行 (nInstances) あるので，階層数を 10 または 11 に設定すると，すべての点をリーフノードに当てはめてしまい，過学習を引き起こす可能性がある．一方，例えば階層数を 8 などに設定すると，理想的には 256 のリーフノードが構築され，おのおののリーフノードには 6 例のデータが得られ，出力値はその平均値となる．それが精度にどのように影響するかについては，実際に試して検証してみるとよい．

ランダムフォレストの結果は，各変数が予測の精度にどのように影響を与えるかについて出力する．コード 7.1 の featureImportance を出力し，データを 0〜1 の間で再スケーリングし，棒グラフに出力したものを図 7.2 に示す．最も重要な変数は 1.0 の値を示し，棒グラフ上では最も上に示されている．このランダムフォレストモデルではアルコール度数がトップに来ているが，これは不思議なことではないだろう．第 5 章の罰則付き線形回帰モデルでも，この変数が重要な役割を果たしていた．

7.1 Python の Ensemble パッケージによる回帰問題の解決

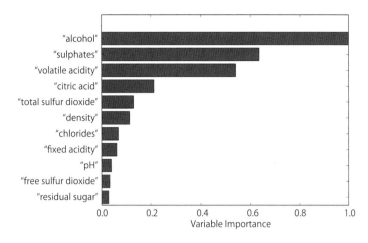

図 7.2 ワインの品質データにおける各変数の重要性（ランダムフォレストの場合）

▶ 7.1.2 ワインの品質データセットへの勾配ブースティングの適用

第 6 章ですでに学んだとおり，勾配ブースティング法[7][8]は，ランダムフォレストやバギングのような分散低減のアプローチではなく，誤差を最小化することによって決定木を構築している．勾配ブースティングでは，基本学習器として 2 クラス決定木を組み込んでいるので，いくつかの決定木でパラメータを共有するという特徴を持っている．勾配ブースティングはステップサイズが重要な役割を果たすため，モデル構築の際は，これに注目する必要がある．加えて，勾配ブースティングの誤差最小化のアプローチは，決定木の階層数を設定するための考え方や選択肢が，ランダムフォレストとは異なる．実は，ランダムフォレストと勾配ブースティングのハイブリッドモデルを構築する，驚くべき方法も存在する．基本学習器にランダムフォレストの変数選択を使用しながら，勾配ブースティングによる誤差最小化アプローチを適用するというものであり，筆者の知る限り，これを使用できる仕組みは sklearn パッケージ以外には存在しない．

[1] GradientBoostingRegressor[9] オブジェクトの構築

以下は sklearn.ensemble.GradientBoostingRegressor オブジェクトのコンストラクタである．

```
class sklearn.ensemble.GradientBoostingRegressor(loss='ls',
    learning_rate=0.1, n_estimators=100, subsample=1.0,
    min_samples_split=2, min_samples_leaf=1, max_depth=3,
    init=None, random_state=None, max_features=None, alpha=0.9,
    verbose=0, max_leaf_nodes=None, warm_start=False)
```

以下のリストは，この手法を使いたい読者向けに，パラメータの設定方法を説明し，また，その設定のトレードオフに関するヒントを提供する．

loss (string，任意，デフォルト：'ls')

決定木における勾配ブースティングは，全体的な損失関数を計算することで行われる．損失関数として，最も一般的に利用されているのは，回帰モデルでも使用されている最小二乗誤差であり，これは数学的にも良い選択肢である．しかし，他の損失関数が，問題をより良く記述できる場合もある．例えば，筆者が自動取引のアルゴリズムを開発していたとき，最小二乗誤差による罰則を使用すると，アルゴリズムは，より大きな損失を避け，総損失がより重要である小さな損失を許容する方向に動くことに気づいた．このようなとき，誤差の絶対値の和がはるかに良い精度を示しており，これは現実的な問題により適合していた．また，別の選択肢となる最小絶対平均値は，一般的に外れ値の影響を受けにくく，勾配ブースティングはこれらの選択肢を柔軟に与えてくれる数少ないアルゴリズムの一つである．指定できる値とそれぞれの意味を以下に示す．

- `ls`：最小二乗法
- `lad`：最小平均絶対値法
- `huber`：Huberized 損失関数（最小二乗法と最小絶対値法とのハイブリッド法）[10][11]
- `quantile`：分位点回帰（α パラメータによって設定された分位数を予測する）

learning_rate (float，任意，デフォルト：0.1)

前述のとおり，勾配ブースティング法は勾配降下アルゴリズムをもとにしており，`learning_rate`，すなわち学習率は，勾配方向へのステップサイズである．これが大きすぎると，（アンサンブル学習における決定木の数による）誤差の急速な減少と，その後の誤差の急速な上昇を引き起こし，小さすぎると，誤差は非常にゆっくり減少するが，一方で満足な効率を得るためには決定木の数がより多く必要になる．デフォルトの 0.1 は比較的大きな値であるが，学習の検証のためには良い選択肢である．これが不安定な場合は，必要に応じて調整していくのがよいだろう．

n_estimators (int，任意，デフォルト：100)

このパラメータはアンサンブル学習における決定木の数を示している．第 6 章で見たとおり，勾配降下プロセスにおけるステップ数と考えることができ，また，学習されたモデルの合計と考えることもできる．それぞれの逐次的な近似（連続した決定木）は，学習率（`learning_rate`）を掛け合わせていくので，学習率が

高い場合は，より少ない木で最小値を実現できるように学習する必要がある．学習率が高すぎる場合は，learning_rate の項でも説明したとおり，過学習に繋がり（悪い意味での）最高の精度を引き起こしてしまう．一般的に，最も効果的なパラメータを設定するためには，数回の試行錯誤が必要になる．ここでの 100 というデフォルト値（特に学習率のデフォルト値との組み合わせ）は，最初に使う値として良い値である．

subsample （float，任意，デフォルト：1.0）
決定木の学習に小集団を用いると，勾配ブースティングは確率的勾配ブースティングとなり，ランダムフォレストと似た構造になる．アルゴリズムの提案者である Friedman は，この値を 0.5 にすることを推奨している[12]．

max_features （integer/float/string，任意，デフォルト：None）
最適な分割点を見つけるために重要なパラメータであり，対象とする問題における変数の数に依存する．ここで使用される nFeatures は，問題における変数の数である．

- max_features を整数型で指定すると，指定された値で分割点の探索が行われる．
- max_features を浮動小数点型で指定すると，int(max_features * nFeatures) として扱われる．
- 文字列型で指定できる値とそれぞれの意味を以下に示す．
    auto：max_features = nFeatures
    sqrt：max_features = sqrt(nFeatures)
    log2：max_features = log2(nFeatures)
- max_features に None を指定すると，max_features = nFeatures となる．

max_features は，勾配ブースティングにおいて，ランダムフォレストの場合と同じ役割を果たす．これは，決定木における各ノードの分割においてどれくらいの変数が考慮されるかを決定しており，Python パッケージを使った勾配ブースティングの構成を非常にユニークなものにしている．これにより，勾配ブースティングにランダムフォレストの構造を組み込むことが可能になる．

warm_start （bool，任意，デフォルト：False）
warm_start が True の場合，fit 関数は決定木の学習プロセスを最後に終了したポイントから再開し，勾配降下の計算を継続する．

以下は変数についての解説である．

feature_importances
この変数の長さは，説明変数の長さ（以前の項では nFeatures と呼ばれていた変数）と等しい．配列内の値は，対応する変数の相対的な重要性を示す正の浮動小数点値となっており，その値が大きいほど重要度が高い．

train_score
この変数の長さは，アンサンブル学習における決定木の数と等しい．この変数は学習時の決定木の誤差値を含んでいる．

以下は関数についての解説である．

fit(XTrain, yTrain, monitor=None)
XTrain と yTrain はランダムフォレストのものとまったく同じであり，XTrain は nInstances（データ数）× nAttributes（説明変数の数）の numpy の配列データであり，yTrain は目的変数の nInstances × 1 の numpy の配列データである．引数の monitor が指定されたときは，学習器の作成を早めに終了する．

predict(X)
引数 X として説明変数の配列を与えると，予測値を返す．引数 X は，必ず列数（説明変数の数）が学習用データと同じでなければならないが，データ数について制限はない（1 行でも予測できる）．

staged_predict(X)
この関数は，繰り返しが可能であることを除いて機能は predict(X) と同じであり，勾配ブースティングアルゴリズムによって生成されたモデルに対応する予測値を逐次的に出力する．各呼び出しでは決定木を一つ追加したときの予測値を返す．

勾配ブースティングのパラメータの設定法は，慣れていない人を少し混乱させるかもしれない．以下は，勾配ブースティングのためのパラメータの設定や調整のプロセスを示している．

1. subsample（小集団の数）に 0.5 を指定する以外は，デフォルトのパラメータ値で始める．モデルを学習した後，検証用データの性能と決定木の関係を調査し，その曲線の評価を行う．
2. もし検証用データの精度がグラフの右端付近で急速に改善しているのなら，決定木の数（n_estimators）か学習率（learning_rate）の値を増やす．
3. もし検証用データの精度がグラフの右端付近で急速に悪化しているのなら，学習率（learning_rate）の値を減らす．

4. もし検証用データの精度がグラフの右に行くにつれ全体的に，改善（またはわずかに悪化）しており，右端付近では横ばいになっているのなら，max_depth と max_features を変更してみる．

[2] GradientBoostingRegressor を用いた回帰モデルの構築

コード 7.2 はワインの品質データセットに勾配ブースティングモデルを適用するためのプログラムである．

コード 7.2　GradientBoostingRegressor を用いた回帰モデルの構築（wineGBM.py）

```
import urllib2
import numpy
from sklearn.cross_validation import train_test_split
from sklearn import ensemble
from sklearn.metrics import mean_squared_error
import pylab as plot

#UCI データリポジトリからデータを読み込む
target_url = "http://archive.ics.uci.edu/ml/machine-learning-"
             "databases/wine-quality/winequality-red.csv"
data = urllib2.urlopen(target_url)

xList = []
labels = []
names = []
firstLine = True
for line in data:
  if firstLine:
    names = line.strip().split(";")
    firstLine = False
  else:
    #セミコロンでデータを分割
    row = line.strip().split(";")
    #分割した行列にラベルを付加
    labels.append(float(row[-1]))
    #ラベルを除去
    row.pop()
    #浮動小数点に変換
    floatRow = [float(num) for num in row]
    xList.append(floatRow)

nrows = len(xList)
ncols = len(xList[0])

X = numpy.array(xList)
```

```python
y = numpy.array(labels)
wineNames = numpy.array(names)

#検証用データとして 30%のデータを使用
xTrain, xTest, yTrain, yTest = train_test_split(X, y, test_size=0.30,
                                                random_state=531)

#平均二乗誤差を最小化するための勾配ブースティングの実施
nEst = 2000
depth = 7
learnRate = 0.01
subSamp = 0.5
wineGBMModel = ensemble.GradientBoostingRegressor(n_estimators=nEst,
            max_depth=depth, learning_rate=learnRate,
            subsample=subSamp, loss='ls')

wineGBMModel.fit(xTrain, yTrain)

#検証用データによる MSE の算出
msError = []
predictions = wineGBMModel.staged_predict(xTest)
for p in predictions:
  msError.append(mean_squared_error(yTest, p))

print("MSE" )
print(min(msError))
print(msError.index(min(msError)))

#学習用データと検証用データの誤差とアンサンブル学習に用いた決定木数の比較
plot.figure()
plot.plot(range(1, nEst + 1), wineGBMModel.train_score_,
        label='Training Set MSE')
plot.plot(range(1, nEst + 1), msError, label='Test Set MSE')
plot.legend(loc='upper right')
plot.xlabel('Number of Trees in Ensemble')
plot.ylabel('Mean Squared Error')
plot.show()

#各変数の重要度の計算
featureImportance = wineGBMModel.feature_importances_

#最大重要度の変数で基準化
featureImportance = featureImportance / featureImportance.max()
idxSorted = numpy.argsort(featureImportance)
barPos = numpy.arange(idxSorted.shape[0]) + .5
plot.barh(barPos, featureImportance[idxSorted], align='center')
plot.yticks(barPos, wineNames[idxSorted])
plot.xlabel('Variable Importance')
```

```
plot.subplots_adjust(left=0.2, right=0.9, top=0.9, bottom=0.1)
plot.show()
```

出力

```
for:
nEst = 2000
depth = 7
learnRate = 0.01
subSamp = 0.5

MSE
0.313361215728
840
```

コードはまず，ランダムフォレストのときと同じように，UCI のデータリポジトリからワインのデータを読み込み，説明変数や目的変数を取得し，解析可能な形式に変換するために配列を numpy 形式に変換する．勾配ブースティングによる学習プロセスは，ランダムフォレストに比べて少し簡単になっている．ランダムフォレストはコード中の n_estimators を変えることで，アンサンブル学習の決定木の数と検証用データの精度との関係がどのように変化するかをループ計算で確認していた．一方，Python パッケージを使った勾配ブースティングの実装は，そのプロセスを簡素化する反復可能な関数（回帰問題と分類問題用の staged_decision_function の staged_predict 関数）を有している．これらの関数を使用して，決定木の数によってどのように検証用データの精度が改善されるかを示す評価曲線を描くことができる．

[3] 勾配ブースティングの精度の検証

図 7.3 とコード 7.2 の出力は，勾配ブースティングの結果がランダムフォレストとほぼ同様であることを示している．これが一般的な結果ではあるが，場合によっては，どちらか一方のほうが顕著に優れた精度を実現することがあるので，必ず両方のアルゴリズムを確認することを推奨する．図 7.3 では，MSE が右側に行くにつれてわずかに上昇しているように見える．これが上昇していることを厳密に確認するには，実際に数値で確かめる必要があるが，このくらいの違いなら，learning_rate の値を小さくして再学習を行うほどではない．

図 7.4 は，勾配ブースティングの実装の結果として，各変数の重要度をプロットしたものである．ランダムフォレストの結果と比較すると，最初の変数は同一であるが，それ以降は異なることがわかる．この二つのアルゴリズムは，最も重要な変数はアルコール度数であることに同意し，また，上位 4, 5 の変数の中に共通のものをいくつか含んでいる．

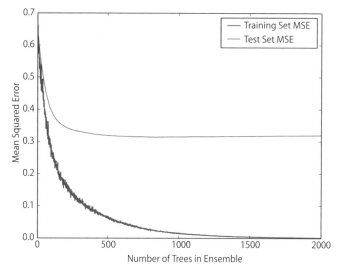

図 7.3　ワインの品質データに勾配ブースティングを適用したときの決定木の数と MSE の関係

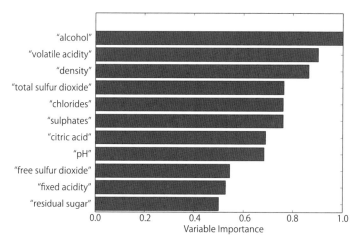

図 7.4　ワインの品質データにおける各変数の重要性（勾配ブースティングの場合）

7.2 ワインの品質データセットへのバギングの適用

コード 7.3 は，ワインの品質データセットからブートストラップサンプルを生成し，そのサンプルに対して決定木を学習して，そこから得られた予測値を平均化する．これはバギングと呼ばれる純粋な分散の低減技術であり，ランダムフォレストと勾配ブースティングの精度を比較する際に便利である．

コード 7.3　バギングを用いたワインの品質予測のための回帰モデル構築（wineBagging.py）

```python
__author__ = 'mike-bowles'
import urllib2
import numpy
import matplotlib.pyplot as plot
from sklearn import tree
from sklearn.tree import DecisionTreeRegressor
from math import floor
import random

#UCI データリポジトリからデータを読み込む
target_url = "http://archive.ics.uci.edu/ml/machine-learning-"
             "databases/wine-quality/winequality-red.csv"
data = urllib2.urlopen(target_url)

xList = []
labels = []
names = []
firstLine = True
for line in data:
  if firstLine:
    names = line.strip().split(";")
    firstLine = False
  else:
    #セミコロンでデータを分割
    row = line.strip().split(";")
    #分割した行列にラベルを付加
    labels.append(float(row[-1]))
    #ラベルを除去
    row.pop()
    #浮動小数点に変換
    floatRow = [float(num) for num in row]
    xList.append(floatRow)

nrows = len(xList)
ncols = len(xList[0])

#検証用データとして 30%のデータを使用
nSample = int(nrows * 0.30)
idxTest = random.sample(range(nrows), nSample)
idxTest.sort()
idxTrain = [idx for idx in range(nrows) if not(idx in idxTest)]

#学習用データと検証用データに分割
xTrain = [xList[r] for r in idxTrain]
xTest = [xList[r] for r in idxTest]
yTrain = [labels[r] for r in idxTrain]
```

```python
yTest = [labels[r] for r in idxTest]

#学習用データからランダムにデータを取得し，モデルを構築する

#構築する最大モデル数の設定
numTreesMax = 100

#tree depth - 決定木の深さの設定
treeDepth = 5

#結果を格納するリストを定義
modelList = []
predList = []

#確率的バギングに使用するサンプルサイズを設定
bagFract = 0.5
nBagSamples = int(len(xTrain) * bagFract)

for iTrees in range(numTreesMax):
  idxBag = []
  for i in range(nBagSamples):
    idxBag.append(random.choice(range(len(xTrain))))
  xTrainBag = [xTrain[i] for i in idxBag]
  yTrainBag = [yTrain[i] for i in idxBag]

  modelList.append(DecisionTreeRegressor(max_depth=treeDepth))
  modelList[-1].fit(xTrainBag, yTrainBag)

  #最新モデルによる予測
  latestPrediction = modelList[-1].predict(xTest)
  predList.append(list(latestPrediction))

#n 番目のモデルまでの予測精度の評価
mse = []
allPredictions = []
for iModels in range(len(modelList)):

  #n 番目のモデルまでの予測精度
  prediction = []
  for iPred in range(len(xTest)):
    prediction.append(sum([predList[i][iPred]
                      for i in range(iModels + 1)])/(iModels + 1))

  allPredictions.append(prediction)
  errors = [(yTest[i] - prediction[i]) for i in range(len(yTest))]
  mse.append(sum([e * e for e in errors]) / len(yTest))

nModels = [i + 1 for i in range(len(modelList))]
```

```
plot.plot(nModels,mse)
plot.axis('tight')
plot.xlabel('Number of Models in Ensemble')
plot.ylabel('Mean Squared Error')
plot.ylim((0.0, max(mse)))
plot.show()

print('Minimum MSE')
print(min(mse))
```

出力

```
With treeDepth = 5
     bagFract = 0.5
Minimum MSE
0.429310223079

With treeDepth = 8
     bagFract = 0.5
Minimum MSE
0.395838627928

With treeDepth = 10
     bagFract = 1.0
Minimum MSE
0.313120547589
```

　コード 7.3 は，微調整を行うための三つのパラメータを含んでいる．一つ目は構築される決定木の個数を決定する numTreesMax，二つ目は階層数を示す treeDepth，三つ目は bagFract である．第 6 章で説明したとおり，バギングは入力データからブートストラップサンプルを取得することによって学習を行う．ブートストラップサンプルは，データの一部を繰り返し使用できるという特性を持つ．変数 bagFract は，取得するサンプルサイズを指定する．アルゴリズムの原論文は，ブートストラップサンプルのサイズをもとのデータセットと同じにすることを勧めており，その場合は bagFract = 1.0 となる．プログラムは numTreesMax 個の決定木モデルを構築する．決定木は最初の決定木，最初と 2 番目の決定木の平均，最初と 2 番目と 3 番目の決定木の平均，といった形で予測値を算出し，そこから MSE を導出する．

　図 7.5, 7.6 は，ワインの品質データセットに対してバギングを用いたアンサンブル学習を適用し，異なるパラメータ設定を与えたときの MSE の変動を示している．数値の出力は，コード 7.3 の下に記載されている．図 7.5 は，階層数 10 とし，ブートストラップサンプルのサイズをもとのデータセットと等しくした（bagFract = 1.0）ときの，決

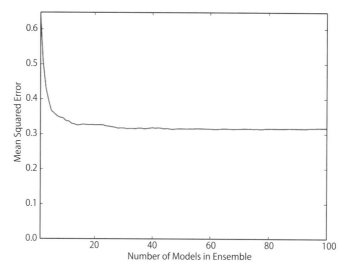

図 7.5　ワインの品質データにバギングを適用したときの決定木の数と MSE の関係（階層数 10, bagFract = 1.0）

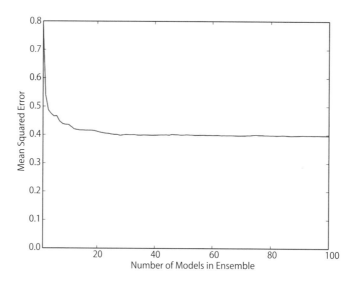

図 7.6　ワインの品質データにバギングを適用したときの決定木の数と MSE の関係（階層数 8, bagFract = 0.5）

定木の数と MSE の関係を示している．これらの設定のもとでは，バギングアルゴリズムはランダムフォレストや勾配ブースティングと同じレベルの精度を実現している．

図 7.6 は，階層数は 8 で，ブートストラップサンプルのサイズはもとのデータセットの半分に設定されている (bagFract = 0.5)．図からわかるように，この設定の場合，精度が著しく悪化している．

7.3 非数値変数を含むデータに対する アンサンブル学習モデルの構築

　非数値変数（カテゴリカルデータ）とは，離散の非数値の値をとる変数のことをいう．例えば国勢調査のデータにはこういった変数が無数に存在し，例えば「離婚」「独身」「結婚」などがそれに当たる．家族の人数といった変数は，非数値変数にはならない．こういった変数もアンサンブル学習で予測精度を改善できるが，Python のパッケージによるアンサンブル学習に適用する場合には，これらのカテゴリカルデータを数値データにする必要がある．第 4 章や第 5 章の回帰モデルで取り扱ったように，カテゴリ変数を組み込む方法について説明を行った．この技術はここでも使うことができる．以下のアワビの年齢を推定する問題は，この技術を説明するための良い例である．

▶ 7.3.1 ランダムフォレスト回帰に適用するための アワビの性別データの入力法

　ある問題に n 種類の値をとる変数があるとする．例えば，アメリカの州という問題であれば 50 種類の値をとり，先ほどの婚姻状況の問題であれば 3 種類の値をとる．n 個の因子をコーディングするには，$n-1$ 個の新しいダミー変数を作成する必要がある．変数がその i 番目の要素をとる場合は，i 番目のダミー変数は 1，それ以外はすべて 0 となる．因子変数が n 番目の値をとるとき，すべてのダミー変数は 0 になる．これについて，以下にアワビのデータで説明する．

　コード 7.4 は，ランダムフォレストを用いて，アワビの体重，貝殻の大きさなどのデータから年齢を予測するプログラムである．この問題の目的は，さまざまな物理的測定値（サイズやさまざまな部分の重量）からアワビの年齢を予測することであり，これは，前の二つの節でワインデータの予測モデルの構築に使用したアルゴリズムと同様の回帰問題になる．

コード 7.4　ランダムフォレストを用いたアワビの年齢の予測（abaloneRF.py）

```
__author__ = 'mike_bowles'
import urllib2
from pylab import *
import matplotlib.pyplot as plot
import numpy
from sklearn.cross_validation import train_test_split
from sklearn import ensemble
from sklearn.metrics import mean_squared_error
```

```python
#アワビの性別データの読み込み
target_url = "http://archive.ics.uci.edu/ml/machine-learning-"
             "databases/abalone/abalone.data"
data = urllib2.urlopen(target_url)

xList = []
labels = []
for line in data:
    #コロンによるデータの分割
    row = line.strip().split(",")

    #データにラベルを追加
    labels.append(float(row.pop()))

    #xList にデータを格納
    xList.append(row)

#性別データをダミー変数に変換
xCoded = []
for row in xList:
    codedSex = [0.0, 0.0]
    if row[0] == 'M': codedSex[0] = 1.0
    if row[0] == 'F': codedSex[1] = 1.0

    numRow = [float(row[i]) for i in range(1,len(row))]
    rowCoded = list(codedSex) + numRow
    xCoded.append(rowCoded)

#変数名の定義
abaloneNames = numpy.array(['Sex1', 'Sex2', 'Length', 'Diameter',
    'Height', 'Whole weight', 'Shucked weight', 'Viscera weight',
    'Shell weight', 'Rings'])

#データのレコード数および列数を確認
nrows = len(xCoded)
ncols = len(xCoded[1])

#numpy の配列に変換
X = numpy.array(xCoded)
y = numpy.array(labels)

#学習用データと検証用データに分割
xTrain, xTest, yTrain, yTest = train_test_split(X, y, test_size=0.30,
                                                random_state=531)

#ランダムフォレストのアンサンブル学習のサイズにより
#MSE がどのように変わるかの検証
mseOos = []
```

```
nTreeList = range(50, 500, 10)
for iTrees in nTreeList:
    depth = None
    maxFeat  = 4
    abaloneRFModel = ensemble.RandomForestRegressor(n_estimators=iTrees,
                    max_depth=depth, max_features=maxFeat,
                    oob_score=False, random_state=531)

    abaloneRFModel.fit(xTrain,yTrain)

    #検証用データからMSEを算出
    prediction = abaloneRFModel.predict(xTest)
    mseOos.append(mean_squared_error(yTest, prediction))

print("MSE" )
print(mseOos[-1])

#学習用データと検証用データの誤差とアンサンブル学習に用いた決定木数の比較
plot.plot(nTreeList, mseOos)
plot.xlabel('Number of Trees in Ensemble')
plot.ylabel('Mean Squared Error')
#plot.ylim([0.0, 1.1*max(mseOob)])
plot.show()

#各変数の重要度の計算
featureImportance = abaloneRFModel.feature_importances_

#最大重要度の変数で基準化
featureImportance = featureImportance / featureImportance.max()
sortedIdx = numpy.argsort(featureImportance)
barPos = numpy.arange(sortedIdx.shape[0]) + .5
plot.barh(barPos, featureImportance[sortedIdx], align='center')
plot.yticks(barPos, abaloneNames[sortedIdx])
plot.xlabel('Variable Importance')
plot.subplots_adjust(left=0.2, right=0.9, top=0.9, bottom=0.1)
plot.show()
```

出力

```
MSE
4.30971555911
```

データセットの中の変数の一つに，アワビの性別がある．アワビの性別は幼児期では不確定であるため，その変数は「雄」「雌」「不確定」の三つの要素がある．したがって，この問題は3値因子の問題である．データセットでは，これらの要素をM, F, Iで表現

している.この問題に対して,コード 7.4 では三つの列を用意し,変数値が M である場合は 1 列目が 1,それ以外は 0,変数値が F である場合は 2 列目が 1,それ以外は 0 といった形でデータを構成する.これにより性別は表現されたことになるので,ランダムフォレストに適用する際は,M, F, I と記載された部分は削除して学習器を構築することになる.

▶ 7.3.2 非数値変数を含むデータにおける精度と重要な変数の評価

図 7.7 は,ランダムフォレストアルゴリズムを使ったモデルの,決定木の個数と MSE の関係を示している.アワビの年齢の MSE は 4.31 となっている.これを第 2 章で確認した要約統計量と比較してみよう.年齢(輪紋の数)の標準偏差は 3.22 であり,これは年齢の平均平方偏差が 10.37 であることを意味している.ここから,ランダムフォレストは検証用データのアワビの年齢の二乗変動の約 58% を予測できることがわかる.

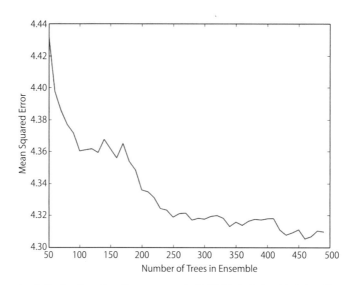

図 7.7 アワビの年齢データにランダムフォレストを適用したときの決定木の数と MSE の関係

図 7.8 は,ランダムフォレストモデルにおける変数の相対的な重要度を示している.性別の変数がこのデータでは重要でないことが見て取れる.

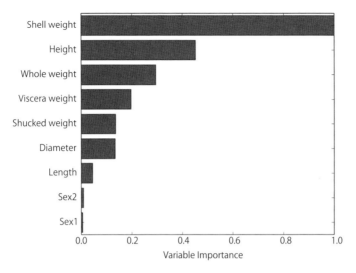

図 7.8　アワビの年齢データにおける各変数の重要性（ランダムフォレストの場合）

▶ 7.3.3　勾配ブースティングに適用するためのアワビの性別データの入力法

性別の変数を入力するためのプロセスは，勾配ブースティングの場合もランダムフォレストと同様である．コード 7.5 は，勾配ブースティングを用いてこのデータを解析するためのプログラムである．

コード 7.5　勾配ブースティングを用いたアワビの年齢の予測（abaloneGBM.py）

```
__author__ = 'mike_bowles'
import urllib2
from pylab import *
import matplotlib.pyplot as plot
import numpy
from sklearn.cross_validation import train_test_split
from sklearn import ensemble
from sklearn.metrics import mean_squared_error

#アワビの性別データの読み込み
target_url = "http://archive.ics.uci.edu/ml/machine-learning-" \
             "databases/abalone/abalone.data"
data = urllib2.urlopen(target_url)

xList = []
labels = []
for line in data:
    #コロンによるデータの分割
    row = line.strip().split(",")
```

```python
    #データにラベルを追加
    labels.append(float(row.pop()))

    #xList にデータを格納
    xList.append(row)

#性別データをダミー変数に変換
xCoded = []
for row in xList:
    codedSex = [0.0, 0.0]
    if row[0] == 'M': codedSex[0] = 1.0
    if row[0] == 'F': codedSex[1] = 1.0

    numRow = [float(row[i]) for i in range(1,len(row))]
    rowCoded = list(codedSex) + numRow
    xCoded.append(rowCoded)

#変数名の定義
abaloneNames = numpy.array(['Sex1', 'Sex2', 'Length', 'Diameter',
                'Height', 'Whole weight', 'Shucked weight',
                'Viscera weight', 'Shell weight', 'Rings'])

#データのレコード数および列数を確認
nrows = len(xCoded)
ncols = len(xCoded[1])

#numpy の配列に変換
X = numpy.array(xCoded)
y = numpy.array(labels)

#学習用データと検証用データに分割
xTrain, xTest, yTrain, yTest = train_test_split(X, y, test_size=0.30,
                                                random_state=531)

#インスタンス化モデルの構成
nEst = 2000
depth = 5
learnRate = 0.005
maxFeatures = 3
subsamp = 0.5
abaloneGBMModel = ensemble.GradientBoostingRegressor(n_estimators=nEst,
            max_depth=depth, learning_rate=learnRate,
            max_features=maxFeatures, subsample=subsamp,
            loss='ls')

#学習の実施
abaloneGBMModel.fit(xTrain, yTrain)
```

```python
#検証用データからMSEを算出
msError = []
predictions = abaloneGBMModel.staged_decision_function(xTest)
for p in predictions:
  msError.append(mean_squared_error(yTest, p))

print("MSE" )
print(min(msError))
print(msError.index(min(msError)))

#学習用データと検証用データの誤差とアンサンブル学習に用いた決定木数の比較
plot.figure()
plot.plot(range(1, nEst + 1), abaloneGBMModel.train_score_,
          label='Training Set MSE', linestyle=":")
plot.plot(range(1, nEst + 1), msError, label='Test Set MSE')
plot.legend(loc='upper right')
plot.xlabel('Number of Trees in Ensemble')
plot.ylabel('Mean Squared Error')
plot.show()

#各変数の重要度の計算
featureImportance = abaloneGBMModel.feature_importances_

#最大重要度の変数で基準化
featureImportance = featureImportance / featureImportance.max()
idxSorted = numpy.argsort(featureImportance)
barPos = numpy.arange(idxSorted.shape[0]) + .5
plot.barh(barPos, featureImportance[idxSorted], align='center')
plot.yticks(barPos, abaloneNames[idxSorted])
plot.xlabel('Variable Importance')
plot.subplots_adjust(left=0.2, right=0.9, top=0.9, bottom=0.1)
plot.show()
```

出力

```
勾配ブースティングの結果
nEst = 2000
depth = 5
learnRate = 0.003
maxFeatures = None
subsamp = 0.5

MSE
4.22969363284
1736

勾配ブースティング+ランダムフォレストによる結果
nEst = 2000
```

```
    depth = 5
    learnRate = 0.005
    maxFeatures = 3
    subsamp = 0.5

    MSE
    4.27564515749
    1687
```

▶ 7.3.4 非数値変数を含むデータに勾配ブースティングを適用したときの精度と重要な変数の評価

　学習とその結果について，強調すべき点が二つある．一つは，勾配ブースティング法による変数の重要性の結果は，他の結果と同様に，変換された性別の結果の重要性が最も小さいという点である．

　もう一つは，勾配ブースティングは，ランダムフォレストの基本学習器を組み込むことができるという点である．これは学習器の精度を損なうのだろうか？ 勾配ブースティングにおいて，ランダムフォレストの基本学習器を組み込むために唯一必要なことは，`max_features` の値を None から説明変数の数以下の整数値にするか，もしくは 1.0 未満の浮動小数値に設定することである．`max_features` に None が指定されている場合，すべての説明変数（9 個）が決定木を構築するために使用される．一方，`max_features` に 9 未満の値が指定されている場合は，ランダムに選択された説明変数から決定木を構築していくことになる．

　コード 7.5 の下にある出力から，アワビの年齢を予測するときの MSE の値は勾配ブースティングとランダムフォレストの間で大差なく，両者に大きな精度差はないことがわかる．これは，勾配ブースティングの基本学習器にランダムフォレストを使用してアワビの年齢を予想しても，大きな違いは生じないことを示している．

　単純に勾配ブースティングを使用した場合と，勾配ブースティングの基本学習器にランダムフォレストを使用した場合の MSE の比較を図 7.9 および図 7.10 に示す．これらの図から，両者の間には大きな違いがないことがわかる．

　図 7.11 および図 7.12 は，勾配ブースティングのみを用いた場合と，勾配ブースティングの基本学習器にランダムフォレストを適用した場合の変数の重要度を示している．両者の大きな違いは，図中の 3〜5 番目の変数（Height（高さ），Whole weight（全体重量），Viscera weight（内臓重量））が入れ替わっていることである．両者の各変数の重要度に，著しい違いはない．

　ランダムフォレストは，テキストマイニングのような，よりスパースなデータに対し

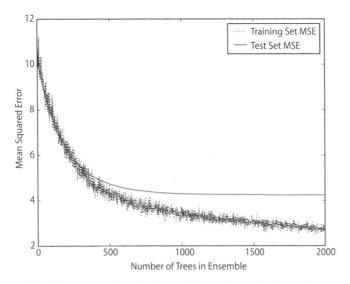

図 7.9　アワビの年齢データに勾配ブースティングを適用したときの決定木の数と MSE の関係

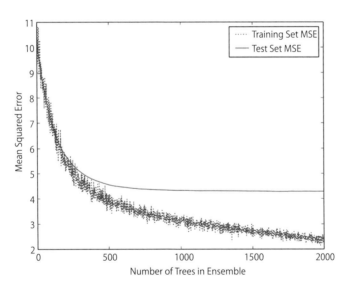

図 7.10　アワビの年齢データに勾配ブースティングとランダムフォレストを適用したときの決定木の数と MSE の関係

て有効な精度を持っていると言われている．次の節では，二つのアルゴリズムを 2 クラス分類問題に適用する方法について，音波探知機データを用いて岩と機雷を識別する問題を例に，説明する．この問題は 60 の変数を持っており，テキストマイニングほどスパースではないが，勾配ブースティングを使用した場合と，勾配ブースティングの基本学習器にランダムフォレストを使用した場合とで，おそらく精度に違いが生じるだろう．

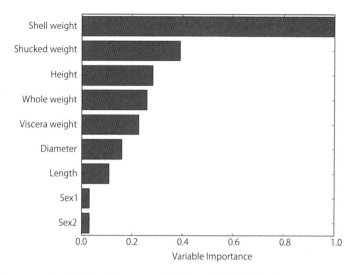

図 7.11　アワビの年齢データにおける各変数の重要性（勾配ブースティングの場合）

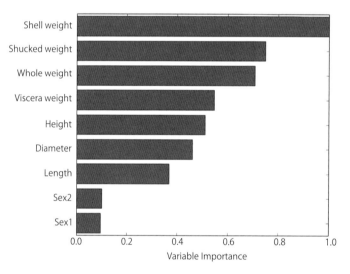

図 7.12　アワビの年齢データにおける各変数の重要性（勾配ブースティング＋ランダムフォレストの場合）

7.4　2クラス分類問題へのアンサンブル学習の適用

　この節以降では，分類問題における基本的な問題である「2クラス分類問題」と「多クラス分類問題」について説明する．2クラス分類問題は，与えられたデータを学習用データに基づき二つのカテゴリに分類するもので，例えば，ウェブデータにおける「広告をクリックする」「広告をクリックしない」といった分類問題に適用できる．これにつ

いては，例題として，音波探知機データを用いた岩と機雷の分類を使って解説する．

一方，多クラス分類問題は，学習用データに基づき三つ以上のカテゴリに分類するものである．これについては，例題として，化学組成に基づくガラスの分類問題を使って解説する．

▶ 7.4.1 アンサンブル学習を用いた機雷の識別

この項では，RandomForestClassifier[13] コンストラクタの引数について解説する．引数のほとんどは，RandomForestRegressor と同じである．RandomForestRegressor の引数は，7.1.1 項で解説したので，本項では RandomForestClassifier の固有の要素についてのみ解説する．

一つ目の違いは，データの分割の品質を判断するために使用される基準である．第 6 章を思い出すと，決定木の学習プロセスは，全変数について可能なすべての分割点を検証した後に，最も誤差が最小になる分割点を選択するというものであった．回帰の問題では，精度の評価を，平均二乗誤差（MSE）を用いて行っていたが，MSE を本節のような分類の問題へ適用することは難しい．そのために，MSE に変わる別の基準が必要になってくる．

以下は sklearn.ensemble.RandomForestClassifier のコンストラクタである．

```
sklearn.ensemble.RandomForestClassifier(n_estimators=10,
    criterion='gini', max_depth=None, min_samples_split=2,
    min_samples_leaf=1, max_features='auto', max_leaf_nodes=None,
    bootstrap=True, oob_score=False, n_jobs=1, random_state=None,
    verbose=0, min_density=None, compute_importances=None)
```

以下は，各引数の説明である．

criterion （string，任意，デフォルト：'gini'）
引数でとりうる値は以下のとおりである．

- gini：ジニ指標に基づく評価
- entropy：エントロピーに基づく評価

これらの指標のより詳細な説明は，Wikipedia の 2 クラス決定木の項を参照されたい（http://en.wikipedia.org/wiki/Decision_tree_learning[*1]）．実際の使用においては，どちらを選んでも，アンサンブル学習の結果に大きな違いは生じない．

[*1] 訳注："決定木 ジニ係数 エントロピー" などで検索するとよい．

第 7 章　アンサンブル学習のモデル構築

　決定木は，学習用データに基づいて，各リーフノードにおいてデータがそれぞれのクラスに所属する確率を出力する．利用目的によっては，例えばそれらの確率を直接確認したり，予測クラスをそのまま出力したりするほうがよい場合もある．予測時に用いられる閾値を調整したい場合は，その出力確率が必要となる．曲線下面積（AUC）を生成するには，確率で受信者動作特性（ROC）曲線を表現する必要があり，誤分類率を計算したい場合は，特定クラスの予測確率を計算する必要がある．

　以下は，関連する関数についての説明である．

fit(X, y, sample_weight=None)
　　ランダムフォレストにおける引数 y は，その分類問題によって構造が異なってくる．y の値は，分類問題の場合は 0 からクラス数 − 1 の整数に設定される．例えば 2 クラス分類の場合は，0 か 1 の整数で，多クラス分類の場合は，0 からクラス数 − 1 の整数となる．

predict(X)
　　X は説明変数の行列（2 次元の numpy の配列による行列）を示し，これを引数として入力すると，予測クラスを結果として返す．返り値は X と同じ行数を持つ単一列の配列であり，2 クラス分類問題，多クラス分類問題にかかわらず，各行のデータから推測された予測クラスを返す．

predict_proba(X)
　　この関数は，2 次元配列を返す．列数は予測されるクラスの数（例えば 2 クラス分類問題の場合は 2 列），行数は入力された X と同じであり，各行はそれぞれのクラスに所属する確率を表す．

predict_log_proba(X)
　　この関数は，predict_proba 関数と同じ 2 次元配列を返すが，predict_proba 関数とは違い，確率が対数で示される．

▶ 7.4.2　機雷の識別のためのランダムフォレストモデルの構築

　コード 7.6 は，ソナーを使用して不発機雷を検出する問題にランダムフォレストモデルを適用する方法を示している．データのセットアップと学習の全体的な構造は，この章の前半や第 6 章の別のランダムフォレストの例で見てきている．今までのプログラムとの違いは，分類問題の性質の違いに基づく．まず，ラベルが M と R から 0 と 1 に変更されている．これは，RandomForestClassifier に入力するために必要な変換である．今までのアプローチとのもう一つの違いは，学習器の精度を評価するプロセスである．2 クラス分類問題においては，その学習器の評価を行うのに AUC と誤分類率のど

7.4 2クラス分類問題へのアンサンブル学習の適用

ちらを用いるかの選択がある．AUCは学習器の全体的な精度を示すので，AUCが利用できる場合は，そちらを利用することを推奨する．

AUCの計算には，predict関数の仲間のpredict_proba関数が使用される．特定のクラスの予測結果からでは，有用なROC曲線を得ることはできない（正確に言うと，ROC曲線の計算には二つの端点と一つの中間点しか必要ない）．sklearnは2行のコードだけでAUCを簡単に計算することができる．この値は，アンサンブル学習における決定木の本数と学習器の精度の関係として，リストに保存される．コード7.6は，決定木の数とAUCの関係と，ランダムフォレストにおける各変数の重要性を求めるプログラムである．コードの最後の部分は，三つの異なる閾値を設定し，その閾値レベルにおけるそれぞれの識別確率を出力する．その結果から，閾値を変化させると偽陽性や偽陰性がどのように変化するかを考察できる．

コード7.6 ランダムフォレストを用いた機雷の識別モデル構築（rocksVMinesRF.py）

```
__author__ = 'mike_bowles'
import urllib2
from math import sqrt, fabs, exp
import matplotlib.pyplot as plot
from sklearn.cross_validation import train_test_split
from sklearn import ensemble
from sklearn.metrics import roc_auc_score, roc_curve
import numpy

#UCIデータリポジトリからデータの読み込み
target_url = "https://archive.ics.uci.edu/ml/machine-learning-"
  "databases/undocumented/connectionist-bench/sonar/sonar.all-data"
data = urllib2.urlopen(target_url)

#データの整形
xList = []

for line in data:
  #カンマで分割する
  row = line.strip().split(",")
  xList.append(row)

#変数からラベルデータを分割し，"M"を1に，"R"を0にするダミー変数処理を行う

xNum = []
labels = []

for row in xList:
  lastCol = row.pop()
```

```python
        if lastCol == "M":
            labels.append(1)
        else:
            labels.append(0)
        attrRow = [float(elt) for elt in row]
        xNum.append(attrRow)

#データのレコード数および列数を確認
nrows = len(xNum)
ncols = len(xNum[1])

#x と y を numpy の配列形式にして列名を構成する
X = numpy.array(xNum)
y = numpy.array(labels)
rocksVMinesNames = numpy.array(['V' + str(i) for i in range(ncols)])

#学習用データと検証用データに分割
xTrain, xTest, yTrain, yTest = train_test_split(X, y, test_size=0.30,
                                                random_state=531)

auc = []
nTreeList = range(50, 2000, 50)
for iTrees in nTreeList:
    depth = None
    maxFeat  = 8
    rocksVMinesRFModel = ensemble.RandomForestClassifier(n_estimators=
                       iTrees, max_depth=depth, max_features=maxFeat,
                       oob_score=False, random_state=531)
                       rocksVMinesRFModel.fit(xTrain,yTrain)

    #検証用データから AUC を計算
    prediction = rocksVMinesRFModel.predict_proba(xTest)
    aucCalc = roc_auc_score(yTest, prediction[:,1:2])
    auc.append(aucCalc)

print("AUC" )
print(auc[-1])

#学習用データと検証用データの誤差とアンサンブル学習に用いた決定木数の比較
plot.plot(nTreeList, auc)
plot.xlabel('Number of Trees in Ensemble')
plot.ylabel('Area Under ROC Curve - AUC')
#plot.ylim([0.0, 1.1*max(mseOob)])
plot.show()

#各変数の重要度の計算
featureImportance = rocksVMinesRFModel.feature_importances_
```

```python
#最大重要度の変数で基準化
featureImportance = featureImportance / featureImportance.max()

#上位30の変数を表示
idxSorted = numpy.argsort(featureImportance)[30:60]
idxTemp = numpy.argsort(featureImportance)[::-1]
print(idxTemp)
barPos = numpy.arange(idxSorted.shape[0]) + .5
plot.barh(barPos, featureImportance[idxSorted], align='center')
plot.yticks(barPos, rocksVMinesNames[idxSorted])
plot.xlabel('Variable Importance')
plot.show()

#最適なROC曲線の表示
fpr, tpr, thresh = roc_curve(yTest, list(prediction[:,1:2]))
ctClass = [i*0.01 for i in range(101)]

plot.plot(fpr, tpr, linewidth=2)
plot.plot(ctClass, ctClass, linestyle=':')
plot.xlabel('False Positive Rate')
plot.ylabel('True Positive Rate')
plot.show()

#最適な予測のためにいくつかの閾値について混同行列を検証する
#GBM予測が(0,1)の範囲にないことに注意する
#閾値として25%, 50%, 75%点を設定する
idx25 = int(len(thresh) * 0.25)
idx50 = int(len(thresh) * 0.50)
idx75 = int(len(thresh) * 0.75)

#混同行列の計算を行う
totalPts = len(yTest)
P = sum(yTest)
N = totalPts - P

print('')
print('Confusion Matrices for Different Threshold Values')

#25%点の場合
TP = tpr[idx25] * P; FN = P - TP; FP = fpr[idx25] * N; TN = N - FP
print('')
print('Threshold Value =   ', thresh[idx25])
print('TP = ', TP/totalPts, 'FP = ', FP/totalPts)
print('FN = ', FN/totalPts, 'TN = ', TN/totalPts)

#50%点の場合
TP = tpr[idx50] * P; FN = P - TP; FP = fpr[idx50] * N; TN = N - FP
print('')
```

```
print('Threshold Value =    ', thresh[idx50])
print('TP = ', TP/totalPts, 'FP = ', FP/totalPts)
print('FN = ', FN/totalPts, 'TN = ', TN/totalPts)

#75%点の場合
TP = tpr[idx75] * P; FN = P - TP; FP = fpr[idx75] * N; TN = N - FP
print('')
print('Threshold Value =    ', thresh[idx75])
print('TP = ', TP/totalPts, 'FP = ', FP/totalPts)
print('FN = ', FN/totalPts, 'TN = ', TN/totalPts)
```

出力

```
AUC（AUC）
0.950304259635

Confusion Matrices for Different Threshold Values
（それぞれの閾値による混同行列）

('Threshold Value =    ', 0.76051282051282054)
('TP = ', 0.25396825396825395, 'FP = ', 0.0)
('FN = ', 0.2857142857142857, 'TN = ', 0.46031746031746029)

('Threshold Value =    ', 0.62461538461538457)
('TP = ', 0.46031746031746029, 'FP = ', 0.047619047619047616)
('FN = ', 0.079365079365079361, 'TN = ', 0.41269841269841268)

('Threshold Value =    ', 0.46564102564102566)
('TP = ', 0.53968253968253965, 'FP = ', 0.22222222222222221)
('FN = ', 0.0, 'TN = ', 0.238095238809523808)
```

▶ 7.4.3　ランダムフォレスト学習器による分類精度の検証

図 7.13 は，決定木の数に対する AUC のプロットである．図を上下逆に見ると，今までの MSE や誤分類率の図の見方とまったく同じに評価できるようになる．MSE や誤分類率は値が小さいほど良かったが，AUC は 1.0 が完璧な精度を示し，0.5 はまったく役に立たないことを示す．したがって，AUC は大きい値ほど良く，今までは値が最も小さいところを探していたが，今度はピークを探すことになる．図 7.13 を見ると，図の左側にピークが来ており，ランダムフォレストは分散を低減し，過学習はしないので，ピークはランダムな変動であると考えることができる．以前の章の回帰問題の場合と同様に，最も良いモデルは，精度曲線上の右端の点で良い精度を示しているモデルである．

図 7.14 は，機雷の検出におけるそれぞれの変数の重要度をプロットしたものである．機雷探知問題における各変数は，ソナー信号の異なる周波数，すなわち異なる波長に対

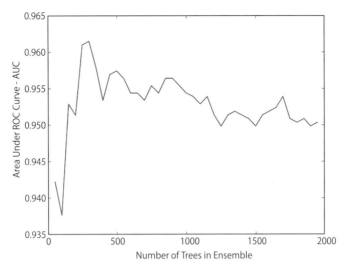

図 7.13　岩と機雷のデータにランダムフォレストを適用したときの決定木の数と AUC の関係

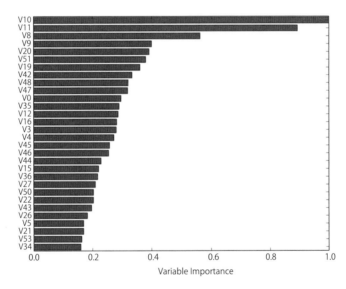

図 7.14　岩と機雷のデータにおける各変数の重要性（ランダムフォレストの場合）

応する．例えば，この問題を実際のシステムの設計で考えたとき，次のステップは，これらの変数に対応する周波数を決定し，それらの周波数を学習用データと検証用データ中の岩や岩石の特性と比較することかもしれない．それはおそらくモデルの理解の助けにもなるだろう．

モデルは高い AUC を得ており，それと相応して ROC 曲線も良い特性を持っている．ROC は完全な四角形とは言えないが，それにかなり近い状態であると言えるだろう．

7.4.4 機雷の識別のための勾配ブースティングの構築

以下は，scikit-learn パッケージを用いた勾配ブースティングのコンストラクタを示している．GradientBoostingClassifier[14] の引数は，GradientBoostingRegressor とほとんど同じである．GradientBoostingRegressor の引数は，7.1.2 項ですでに解説したので，本項では GradientBoostingClassifier に固有の要素についてのみ解説する．

以下は sklearn.ensemble.GradientBoostingClassifier のコンストラクタである．

```
sklearn.ensemble.GradientBoostingClassifier(loss='deviance',
    learning_rate=0.1, n_estimators=100, subsample=1.0,
    min_samples_split=2, min_samples_leaf=1, max_depth=3,
    init=None, random_state=None, max_features=None, verbose=0,
    max_leaf_nodes=None, warm_start=False)
```

以下は，引数の説明である．

loss
: デフォルト値は deviance であり，分類問題においては唯一のオプションであるので変更できない．

以下は，関連する関数についての説明である．

fit(X, y, monitor=None)
: 引数 y は，その分類問題によって構造が異なってくる．y の値は，分類問題の場合は 0 からクラス数 − 1 の整数に設定される．例えば 2 クラス分類の場合は，0 か 1 の整数で，多クラス分類の場合は，0 からクラス数 − 1 の整数となる．

decision_function(X)
: 勾配ブースティングの分類器の中身は決定木の和である．この関数は，各クラスに所属する確率に対応する実数の推定値を生成する．この推定値を確率に変換するためには，逆ロジスティック関数を適用しなければならない．変換される前の実数値は，ROC 曲線の計算などに簡単に利用することができる．

predict(X)
: 予測された所属クラスを返す．

predict_proba(X)
: この関数は，各クラスへの所属確率を返す．列数は予測されるクラスの数（例え

ば 2 クラス分類問題の場合は 2 列），行数は入力された X と同じであり，各行は
それぞれのクラスに所属する確率を表す．

上記の関数に staged を付したものは，反復可能であり，アンサンブル学習内の木の
数（学習時のステップ数と同じ数）と同じ回数，値を出力する．

staged_decision_function(X)
: decision 関数の繰り返し計算の各過程を出力可能にしたもの．

staged_predict(X)
: predict 関数の繰り返し計算の各過程を出力可能にしたもの．

staged_predict_proba(X)
: predict_proba 関数の繰り返し計算の各過程を出力可能にしたもの．

コード 7.7 は，sklearn の GradientBoostingClassifier を用いた，勾配ブースティ
ングによる機雷分類のためのコードである．

コード 7.7　勾配ブースティングを用いた機雷の識別モデル構築（rocksVMinesGBM.py）

```
__author__ = 'mike_bowles'
import urllib2
from math import sqrt, fabs, exp
import matplotlib.pyplot as plot
from sklearn.cross_validation import train_test_split
from sklearn import ensemble
from sklearn.metrics import roc_auc_score, roc_curve
import numpy

#UCI データリポジトリからデータを読み込む
target_url = "https://archive.ics.uci.edu/ml/machine-learning-"
  "databases/undocumented/connectionist-bench/sonar/sonar.all-data"
data = urllib2.urlopen(target_url)

#データの整形
xList = []

for line in data:
    #カンマで分割する
    row = line.strip().split(",")
    xList.append(row)

#変数からラベルデータを分割し，"M"を1に，"R"を0にするダミー変数処理を行う

xNum = []
labels = []
```

```python
for row in xList:
    lastCol = row.pop()
    if lastCol == "M":
        labels.append(1)
    else:
        labels.append(0)
    attrRow = [float(elt) for elt in row]
    xNum.append(attrRow)

#データのレコード数および列数を確認
nrows = len(xNum)
ncols = len(xNum[1])

#xとyをnumpyの配列形式にして列名を構成する
X = numpy.array(xNum)
y = numpy.array(labels)
rockVMinesNames = numpy.array(['V' + str(i) for i in range(ncols)])

#学習用データと検証用データに分割
xTrain, xTest, yTrain, yTest = train_test_split(X, y, test_size=0.30,
                                                random_state=531)

#インスタンス化
nEst = 2000
depth = 3
learnRate = 0.007
maxFeatures = 20
rockVMinesGBMModel = ensemble.GradientBoostingClassifier(
                    n_estimators=nEst, max_depth=depth,
                    learning_rate=learnRate,
                    max_features=maxFeatures)

#学習の実施
rockVMinesGBMModel.fit(xTrain, yTrain)

#AUCの比較
auc = []
aucBest = 0.0
predictions = rockVMinesGBMModel.staged_decision_function(xTest)
for p in predictions:
    aucCalc = roc_auc_score(yTest, p)
    auc.append(aucCalc)

    #最も良い学習効率となるケースを抽出
    if aucCalc > aucBest:
        aucBest = aucCalc
        pBest = p
```

```python
idxBest = auc.index(max(auc))

#最高値を表示
print("Best AUC" )
print(auc[idxBest])
print("Number of Trees for Best AUC")
print(idxBest)

#AUC と決定木数の関係の表示
plot.figure()
plot.plot(range(1, nEst + 1), rockVMinesGBMModel.train_score_,
          label='Training Set Deviance', linestyle=":")
plot.plot(range(1, nEst + 1), auc, label='Test Set AUC')
plot.legend(loc='upper right')
plot.xlabel('Number of Trees in Ensemble')
plot.ylabel('Deviance / AUC')
plot.show()

#各変数の重要度の計算
featureImportance = rockVMinesGBMModel.feature_importances_

#最大重要度の変数で基準化
featureImportance = featureImportance / featureImportance.max()

#上位 30の変数を表示
idxSorted = numpy.argsort(featureImportance)[30:60]

barPos = numpy.arange(idxSorted.shape[0]) + .5
plot.barh(barPos, featureImportance[idxSorted], align='center')
plot.yticks(barPos, rockVMinesNames[idxSorted])
plot.xlabel('Variable Importance')
plot.show()

#最適な ROC 曲線の表示
fpr, tpr, thresh = roc_curve(yTest, list(pBest))
ctClass = [i*0.01 for i in range(101)]

plot.plot(fpr, tpr, linewidth=2)
plot.plot(ctClass, ctClass, linestyle=':')
plot.xlabel('False Positive Rate')
plot.ylabel('True Positive Rate')
plot.show()

#最適な予測のためにいくつかの閾値について混同行列を検証する
#GBM 予測が(0,1)の範囲にないことに注意する
#閾値として 25%，50%，75%点を設定する
idx25 = int(len(thresh) * 0.25)
idx50 = int(len(thresh) * 0.50)
```

```python
    idx75 = int(len(thresh) * 0.75)

    #混同行列の計算を行う
    totalPts = len(yTest)
    P = sum(yTest)
    N = totalPts - P

    print('')
    print('Confusion Matrices for Different Threshold Values')

    #25%点の場合
    TP = tpr[idx25] * P; FN = P - TP; FP = fpr[idx25] * N; TN = N - FP
    print('')
    print('Threshold Value =   ', thresh[idx25])
    print('TP = ', TP/totalPts, 'FP = ', FP/totalPts)
    print('FN = ', FN/totalPts, 'TN = ', TN/totalPts)

    #50%点の場合
    TP = tpr[idx50] * P; FN = P - TP; FP = fpr[idx50] * N; TN = N - FP
    print('')
    print('Threshold Value =   ', thresh[idx50])
    print('TP = ', TP/totalPts, 'FP = ', FP/totalPts)
    print('FN = ', FN/totalPts, 'TN = ', TN/totalPts)

    #75%点の場合
    TP = tpr[idx75] * P; FN = P - TP; FP = fpr[idx75] * N; TN = N - FP
    print('')
    print('Threshold Value =   ', thresh[idx75])
    print('TP = ', TP/totalPts, 'FP = ', FP/totalPts)
    print('FN = ', FN/totalPts, 'TN = ', TN/totalPts)
```

出力

```
Best AUC（最高の AUC）
0.936105476673
Number of Trees for Best AUC（最高の AUC における決定木数）
1989

Confusion Matrices for Different Threshold Values
（それぞれの閾値による混同行列）

('Threshold Value =   ', 6.2941249291909935)
('TP = ', 0.23809523809523808, 'FP = ', 0.015873015873015872)
('FN = ', 0.30158730158730157, 'TN = ', 0.44444444444444442)

('Threshold Value =   ', 2.2710265370949441)
('TP = ', 0.44444444444444442, 'FP = ', 0.063492063492063489)
('FN = ', 0.095238095238095233, 'TN = ', 0.3968253968253968)
```

```
('Threshold Value =   ', -3.0947902666953317)
('TP = ', 0.53968253968253965, 'FP = ', 0.22222222222222221)
('FN = ', 0.0, 'TN = ', 0.23809523809523808)
```

Best AUC（最高の AUC）
0.956389452333
Number of Trees for Best AUC（最高の AUC における決定木数）
1426

Confusion Matrices for Different Threshold Values
（それぞれの閾値による混同行列）

```
('Threshold Value =   ', 5.8332200248698536)
('TP = ', 0.23809523809523808, 'FP = ', 0.0158730158730015872)
('FN = ', 0.30158730158730157, 'TN = ', 0.44444444444444442)

('Threshold Value =   ', 2.0281780133610567)
('TP = ', 0.47619047619047616, 'FP = ', 0.031746031746031744)
('FN = ', 0.063492063492063489, 'TN = ', 0.42857142857142855)

('Threshold Value =   ', -1.2965629080181333)
('TP = ', 0.53968253968253965, 'FP = ', 0.22222222222222221)
('FN = ', 0.0, 'TN = ', 0.23809523809523808)
```

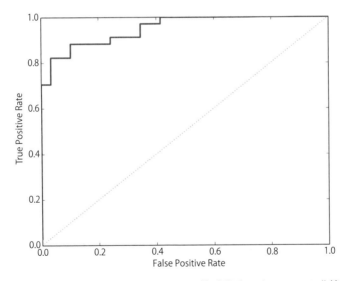

図 7.15　ランダムフォレストを用いた機雷識別モデルの ROC 曲線

コード 7.7 の内容は，基本的にはランダムフォレストと同じ形になっている．一つの違いは，勾配ブースティングは過学習を引き起こす可能性があることから，リストに AUC を蓄積して，最高の精度を発揮できる点を追跡できるようにしている点である．これにより，最も良い精度を示す学習器を使って ROC 曲線と偽陽性，偽陰性の表が生成される．もう一つの違いは，勾配ブースティングが 2 回実行されることである．一つは通常の勾配ブースティング，もう一つは基本学習器としてランダムフォレストを使用する．両者は非常に良好な分類精度を持っており，アワビの年齢予測とは異なり，変数が多い問題では良好な精度を獲得できることが確認できた．

▶ 7.4.5　勾配ブースティング学習器による分類精度の検証

図 7.16 には，2 本の曲線がプロットされている．一つは学習用データの逸脱度である．逸脱度は推定された値が正しい値からどれくらいずれているかを示すが，誤分類率とは違った値になる．逸脱度は，勾配ブースティングによる学習がどの程度改善したかを示す量としてプロットされている．また，木の数が増えるにつれて検証用データの精度がどのように変化しているかを示すために，AUC がプロットされている．

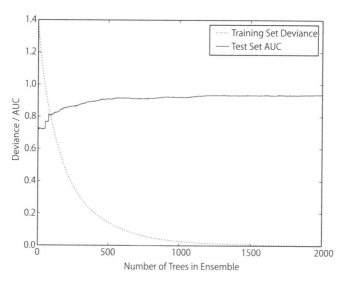

図 7.16　機雷識別のための勾配ブースティングモデルにおける AUC とアンサンブル学習サイズの比較

図 7.17 は，機雷を検出する問題において最も重要な 30 個の変数を降順にプロットしている．図 7.17 における順序は，ランダムフォレストの図 7.14 の結果とは多少違っており，例えば図 7.17 で 4 位までの変数 V20, V10, V11, V51 は，図 7.14 の順位とは異なる．しかし，これらの変数はどちらでも上位に位置しており，重要であることがわかる．

7.4 2クラス分類問題へのアンサンブル学習の適用

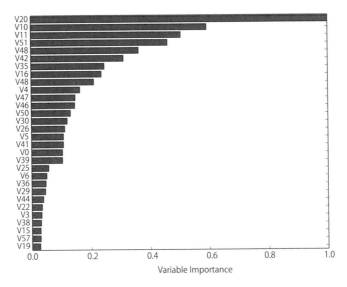

図 7.17　機雷識別モデルにおける各変数の重要性（勾配ブースティングの場合）

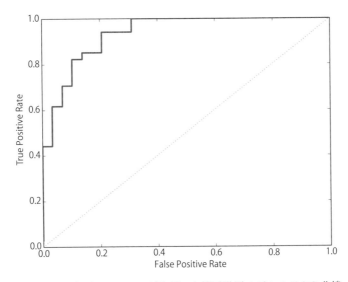

図 7.18　勾配ブースティングを用いた機雷識別モデルの ROC 曲線

　図 7.19 は，勾配ブースティングに基本学習器としてランダムフォレストを採用した場合の，学習の進捗を示している．学習の結果は良い値を示しているが，勾配ブースティング単体の場合と明確な差は認められない．

　図 7.17 と図 7.20 を比較すると，ランダムフォレストを使用している場合とそうでない場合とで，変数の重要度に大きな違いはないことがわかる．

　図 7.21 は，勾配ブースティングに基本学習器としてランダムフォレストを採用した場

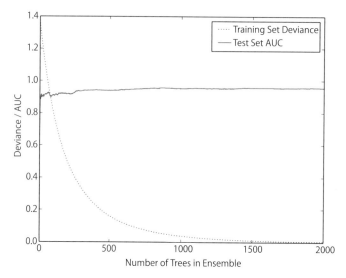

図 7.19　機雷識別のための勾配ブースティング＋ランダムフォレストモデルにおけるAUCとアンサンブル学習サイズの比較

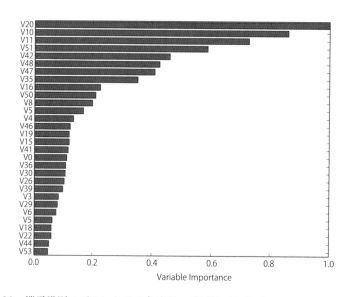

図 7.20　機雷識別モデルにおける各変数の重要性（勾配ブースティング＋ランダムフォレストの場合）

合のROC曲線を示している．

　この節では，2クラス分類問題を解くためのアンサンブル学習のコーディング方法について学習してきた．ほとんどの点で，2クラス分類問題と決定木を用いた回帰問題のコードは同じであった．例えば，RandomForestRegressor オブジェクトをインスタン

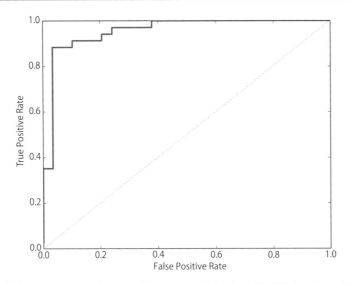

図 7.21　勾配ブースティング＋ランダムフォレストを用いた機雷識別モデルの ROC 曲線

ス化するためのパラメータの多くは，`RandomForestClassifier` と同じであった．これらの類似性の根拠は，第 6 章から得ることができるだろう．

また，アンサンブル学習を分類問題や回帰問題に適用する際の違いの多くは，測定誤差や 2 クラスの誤分類の特徴付けによるものであると理解できる．

次の節では，多クラス分類問題を扱う．

7.5　多クラス分類問題へのアンサンブル学習の適用

Python パッケージを使ったランダムフォレストと勾配ブースティングによる分類は，2 クラス分類問題，多クラス分類問題の両方に対応している．二つの問題の間には，わずかな違いが存在するのみであり，その一つは，多クラス分類問題の場合は目的変数 y のラベルが複数の値をとることである．多クラスの場合のラベルの記述方法は，6.3 節および 6.4 節ですでに説明した．多クラス分類問題では，0 からクラス数 − 1 の整数に設定される．クラス数は，さまざまな予測法の出力もまた表している．クラスを予測する手法の場合は，ラベルに設定されているのと同じ整数値が予測結果として出力される．一方で，確率を予測する手法の場合は，`nClass` への所属確率が出力される．

また，他の顕著な違いとして，精度の検証が挙げられる．誤分類率はなお有意義であり，コード例で，モデルの検証用データに対する精度を測るのに使っていることが確認できる．一方，AUC による評価は，三つ以上のクラスが存在する場合は使用が困難であり，偽陽性と偽陰性を制御することはより難しくなる．

第7章　アンサンブル学習のモデル構築

▶ **7.5.1　ランダムフォレストによるガラスの分類**

コード 7.8 は，ランダムフォレストを用いたガラスの分類のためのプログラムであり，このコードの概要は機雷の検出と似ている．

コード 7.8　ランダムフォレストを用いたガラスの分類（glassRF.py）

```
__author__ = 'mike_bowles'
import urllib2
from math import sqrt, fabs, exp
import matplotlib.pyplot as plot
from sklearn.linear_model import enet_path
from sklearn.metrics import accuracy_score, confusion_matrix, roc_curve
from sklearn.cross_validation import train_test_split
from sklearn import ensemble
import numpy


target_url = "https://archive.ics.uci.edu/ml/machine-learning-"
             "databases/glass/glass.data"
data = urllib2.urlopen(target_url)

#データの整形
xList = []
for line in data:
    #カンマでデータを分割
    row = line.strip().split(",")
    xList.append(row)

glassNames = numpy.array(['RI', 'Na', 'Mg', 'Al', 'Si', 'K', 'Ca',
                          'Ba', 'Fe', 'Type'])

xNum = []
labels = []

for row in xList:
    labels.append(row.pop())
    l = len(row)
    #データの ID を除去
    attrRow = [float(row[i]) for i in range(1, l)]
    xNum.append(attrRow)

#データのレコード数および列数を確認
nrows = len(xNum)
ncols = len(xNum[1])

#ラベルはそれぞれ 1〜7 の整数データであり，4 についてはデータがない
#勾配ブースティングでは，連続する整数は 0 からスタートする必要がある
newLabels = []
```

```
labelSet = set(labels)
labelList = list(labelSet)
labelList.sort()
nlabels = len(labelList)
for l in labels:
  index = labelList.index(l)
  newLabels.append(index)

#それぞれのクラスとサンプルサイズ
#old label     new label     num of examples
#    1             0             70
#    2             1             76
#    3             2             17
#    5             3             13
#    6             4             9
#    7             5             29
#30%のデータを検証用データとすると，集団の割合が維持されない可能性がある

#ラベルによる層別のサンプリング
xTemp = [xNum[i] for i in range(nrows) if newLabels[i] == 0]
yTemp = [newLabels[i] for i in range(nrows) if newLabels[i] == 0]
xTrain, xTest, yTrain, yTest = train_test_split(xTemp, yTemp,
                                    test_size=0.30, random_state=531)
for iLabel in range(1, len(labelList)):
  #ラベルに従ってxとyを分離する
  xTemp = [xNum[i] for i in range(nrows) if newLabels[i] == iLabel]
  yTemp = [newLabels[i] for i in range(nrows) if newLabels[i] == iLabel]

  #学習用データと検証用データに分割
  xTrainTemp, xTestTemp, yTrainTemp, yTestTemp = train_test_split(
    xTemp, yTemp, test_size=0.30, random_state=531)

  xTrain = numpy.append(xTrain, xTrainTemp, axis=0)
  xTest = numpy.append(xTest, xTestTemp, axis=0)
  yTrain = numpy.append(yTrain, yTrainTemp, axis=0)
  yTest = numpy.append(yTest, yTestTemp, axis=0)

misCLassError = []
nTreeList = range(50, 2000, 50)
for iTrees in nTreeList:
  depth = None
  maxFeat = 4
  glassRFModel = ensemble.RandomForestClassifier(n_estimators=iTrees,
            max_depth=depth, max_features=maxFeat,
            oob_score=False, random_state=531)

  glassRFModel.fit(xTrain,yTrain)
```

```
    prediction = glassRFModel.predict(xTest)
    correct = accuracy_score(yTest, prediction)

    misCLassError.append(1.0 - correct)

print("Misclassification Error" )
print(misCLassError[-1])

#混同行列の構築
pList = prediction.tolist()
confusionMat = confusion_matrix(yTest, pList)
print('')
print("Confusion Matrix")
print(confusionMat)

#学習用データと検証用データの誤差とアンサンブル学習に用いた決定木数の比較
plot.plot(nTreeList, misCLassError)
plot.xlabel('Number of Trees in Ensemble')
plot.ylabel('Misclassification Error Rate')
#plot.ylim([0.0, 1.1*max(mseOob)])
plot.show()

#各変数の重要度の計算
featureImportance = glassRFModel.feature_importances_

#最大重要度の変数で基準化
featureImportance = featureImportance / featureImportance.max()

#各変数の重要度の表示
idxSorted = numpy.argsort(featureImportance)
barPos = numpy.arange(idxSorted.shape[0]) + .5
plot.barh(barPos, featureImportance[idxSorted], align='center')
plot.yticks(barPos, glassNames[idxSorted])
plot.xlabel('Variable Importance')
plot.show()
```

出力

```
Misclassification Error（誤分類率）
0.227272727273

Confusion Matrix（混同行列）
[[17  1  2  0  0  1]
 [ 2 18  1  2  0  0]
 [ 3  0  3  0  0  0]
 [ 0  0  0  4  0  0]
 [ 0  1  0  0  2  0]
 [ 0  2  0  0  0  7]]
```

7.5.2 クラス不均衡への対応

すでに述べたとおり，ガラスの分類のコードは機雷の検出のコードと似ているが，いくつかの点で重要な違いがある．プログラムでは，もとのデータセットを Python パッケージのランダムフォレストの関数に適用させるために，ガラスの種類に対して整数の番号を付与している．ガラスによって，データ数は多かったり（70 個），非常に少なかったり（9 個）する．

このようにクラスのデータ数が不均衡である場合，データ数が少ないクラスは，ランダムサンプリングでデータの比率がもとのデータセットから大きく変わってしまい，学習器の構築の段階で問題を引き起こす可能性がある．この問題を回避するために，コード 7.8 では**層化抽出法**と呼ばれる操作を行っている．層化抽出法とは，データをそれぞれのラベルに従って分離しておき，学習用データと検証用データを取得する段階で，それぞれのグループからサンプリングを行う方法である．その後，クラスの比率を再現した状態で，学習用データセットに統合され，学習が行われる．

コード 7.8 はランダムフォレストモデルを生成し，学習の進捗状況と各変数の重要度をプロットする．また，各クラスの分類がしっかり行えているかについて，混同行列を生成する．混同行列は，分類が完全に行われている場合，対角行列となる．

図 7.22 は，アンサンブル学習において多くの決定木を導入した場合の，精度の変化を示している．決定木を増やせば，一般に誤分類率は低下していくが，この図の場合はむしろ悪化している．

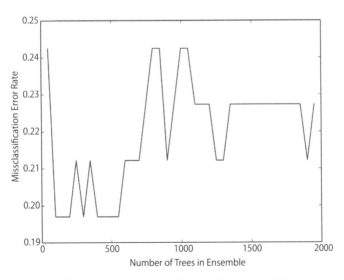

図 7.22 ガラスの分類問題において，決定木を増やした場合のランダムフォレストの精度変化

第7章 アンサンブル学習のモデル構築

図 7.23 は，ランダムフォレストで使用される各変数の相対的な重要性を棒グラフで示している．グラフは，各変数の影響が大きくは変わらないことを示しており，これは異常なケースと言える．多くの場合，変数の重要度は上位のいくつかが高く，それ以下は急速に落ちていく．図は，この問題ではほとんどの変数が重要であることを示している．

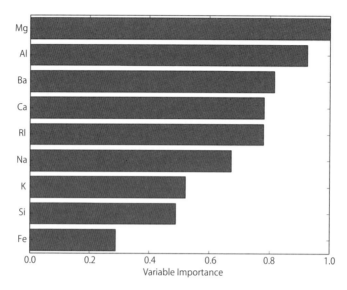

図 7.23　ガラスの分類問題にランダムフォレストを適用したときの変数の重要度

▶ 7.5.3　勾配ブースティングによるガラスの分類

コード 7.9 は，勾配ブースティングを用いたガラスの分類問題のためのプログラムである．このコードはほとんどランダムフォレストと同一であるが，いくつかの点で違いが見られる．

コード 7.9　勾配ブースティングを用いたガラスの分類（glassGbm.py）

```
__author__ = 'mike_bowles'
import urllib2
from math import sqrt, fabs, exp
import matplotlib.pyplot as plot
from sklearn.linear_model import enet_path
from sklearn.metrics import roc_auc_score, roc_curve, confusion_matrix
from sklearn.cross_validation import train_test_split
from sklearn import ensemble
import numpy


target_url = "https://archive.ics.uci.edu/ml/machine-learning-"
```

```
                    "databases/glass/glass.data"
data = urllib2.urlopen(target_url)

#データの整形
xList = []
for line in data:
  #カンマでデータを分割
  row = line.strip().split(",")
  xList.append(row)

glassNames = numpy.array(['RI', 'Na', 'Mg', 'Al', 'Si', 'K', 'Ca',
                         'Ba', 'Fe', 'Type'])

xNum = []
labels = []

for row in xList:
  labels.append(row.pop())
  l = len(row)
  #データのIDを除去
  attrRow = [float(row[i]) for i in range(1, l)]
  xNum.append(attrRow)

#データのレコード数および列数を確認
nrows = len(xNum)
ncols = len(xNum[1])

#ラベルはそれぞれ1～7の整数データであり，4についてはデータがない
#勾配ブースティングでは，連続する整数は0からスタートする必要がある
newLabels = []
labelSet = set(labels)
labelList = list(labelSet)
labelList.sort()
nlabels = len(labelList)
for l in labels:
  index = labelList.index(l)
  newLabels.append(index)

#それぞれのクラスとサンプルサイズ
#old label    new label    num of examples
#    1            0             70
#    2            1             76
#    3            2             17
#    5            3             13
#    6            4              9
#    7            5             29
#30%のデータを検証用データとすると，集団の割合が維持されない可能性がある
```

```python
#ラベルによる層別のサンプリング
xTemp = [xNum[i] for i in range(nrows) if newLabels[i] == 0]
yTemp = [newLabels[i] for i in range(nrows) if newLabels[i] == 0]
xTrain, xTest, yTrain, yTest = train_test_split(xTemp, yTemp,
                                test_size=0.30, random_state=531)
for iLabel in range(1, len(labelList)):
    #ラベルに従ってxとyを分離する
    xTemp = [xNum[i] for i in range(nrows) if newLabels[i] == iLabel]
    yTemp = [newLabels[i] for i in range(nrows) if newLabels[i] == iLabel]

    #学習用データと検証用データに分割
    xTrainTemp, xTestTemp, yTrainTemp, yTestTemp = train_test_split(
        xTemp, yTemp, test_size=0.30, random_state=531)

    xTrain = numpy.append(xTrain, xTrainTemp, axis=0)
    xTest = numpy.append(xTest, xTestTemp, axis=0)
    yTrain = numpy.append(yTrain, yTrainTemp, axis=0)
    yTest = numpy.append(yTest, yTestTemp, axis=0)

#インスタンス化モデルの構成
nEst = 500
depth = 3
learnRate = 0.003
maxFeatures = 3
subSamp = 0.5
glassGBMModel = ensemble.GradientBoostingClassifier(n_estimators=nEst,
              max_depth=depth, learning_rate=learnRate,
              max_features=maxFeatures, subsample=subSamp)

#学習の実施
glassGBMModel.fit(xTrain, yTrain)

#AUCの比較
misClassError = []
misClassBest = 1.0
predictions = glassGBMModel.staged_decision_function(xTest)
for p in predictions:
    misClass = 0
    for i in range(len(p)):
        listP = p[i].tolist()
        if listP.index(max(listP)) != yTest[i]:
            misClass += 1
    misClass = float(misClass)/len(p)

    misClassError.append(misClass)

    #最も良い学習効率となるケースを抽出
    if misClass < misClassBest:
```

```
        misClassBest = misClass
        pBest = p

idxBest = misClassError.index(min(misClassError))

#最高値を表示
print("Best Misclassification Error" )
print(misClassBest)
print("Number of Trees for Best Misclassification Error")
print(idxBest)

#AUCと決定木数の関係の表示
misClassError = [100*mce for mce in misClassError]
plot.figure()
plot.plot(range(1, nEst + 1), glassGBMModel.train_score_,
          label='Training Set Deviance', linestyle=":")
plot.plot(range(1, nEst + 1), misClassError, label='Test Set Error')
plot.legend(loc='upper right')
plot.xlabel('Number of Trees in Ensemble')
plot.ylabel('Deviance / Classification Error')
plot.show()

#各変数の重要度の計算
featureImportance = glassGBMModel.feature_importances_

#最大重要度の変数で基準化
featureImportance = featureImportance / featureImportance.max()

#各変数の重要度の表示
idxSorted = numpy.argsort(featureImportance)
barPos = numpy.arange(idxSorted.shape[0]) + .5
plot.barh(barPos, featureImportance[idxSorted], align='center')
plot.yticks(barPos, glassNames[idxSorted])
plot.xlabel('Variable Importance')
plot.show()

#最も良い予測精度の混同行列を表示
pBestList = pBest.tolist()
bestPrediction = [r.index(max(r)) for r in pBestList]
confusionMat = confusion_matrix(yTest, bestPrediction)
print('')
print("Confusion Matrix")
print(confusionMat)
```

出力

```
Printed Output（計算結果）
nEst = 500
```

```
depth = 3
learnRate = 0.003
maxFeatures = None
subSamp = 0.5

Best Misclassification Error（最低誤分類率）
0.242424242424
Number of Trees for Best Misclassification Error（誤分類率が最も低くなるとき
の決定木数）
113

Confusion Matrix（混同行列）
[[19  1  0  0  0  1]
 [ 3 19  0  1  0  0]
 [ 4  1  0  0  1  0]
 [ 0  3  0  1  0  0]
 [ 0  0  0  0  3  0]
 [ 0  1  0  1  0  7]]
```

勾配ブースティングの基本学習器にランダムフォレストを使用した場合の結果
```
nEst = 500
depth = 3
learnRate = 0.003
maxFeatures = 3
subSamp = 0.5

Best Misclassification Error（最低誤分類率）
0.227272727273
Number of Trees for Best Misclassification Error（誤分類率が最も低くなるとき
の決定木数）
267

Confusion Matrix（混同行列）
[[20  1  0  0  0  0]
 [ 3 20  0  0  0  0]
 [ 3  3  0  0  0  0]
 [ 0  4  0  0  0  0]
 [ 0  0  0  0  3  0]
 [ 0  2  0  0  0  7]]
```

前述のように，勾配ブースティングにおけるGradientBoostingClassifierクラスで使用できるメソッドは，学習時の各段階において予測を生成するために，段階的な予測モデルを使用している．

7.5.4 勾配ブースティングの基本学習器にランダムフォレストを使用する場合の利点

コード 7.9 の最後には，パラメータ maxFeatures を None にした場合と 3 にした場合の結果が示されている．前者は勾配ブースティングのみで識別を行った場合であり，後者は勾配ブースティングの基本学習器にランダムフォレストを使用した場合である．すでに説明したとおり，maxFeatures の指定を変更することによって，勾配ブースティングとランダムフォレストのハイブリッドモデルを提供することが可能になる．

図 7.24 は，学習用データと検証用データの誤分類数の推移を示している．検証用データの誤分類率は，モデルが過学習しているかどうかを確認するために測定される．図より，アルゴリズムは過学習を起こしておらず，決定木の数は 200 あたりが適切であることが読み取れる．

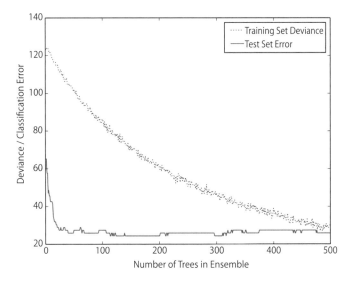

図 7.24 ガラスの分類問題に勾配ブースティングを適用したときの誤分類数の変動

図 7.25 は，勾配ブースティングを適用したときの変数の重要度を示している．グラフから，各変数の影響が大きくは変わらないことがわかる．多くの場合，変数の重要度は上位のいくつかが高く，それ以下は急速に落ちていくという特性を持っている．

図 7.26 は，基本学習器にランダムフォレストを使用（max_features = 20）したときの，誤分類数の推移を示している．数値としては誤分類率は約 10% 向上しているが，図からそれを読み取ることは難しい．

図 7.27 は，基本学習器にランダムフォレストを使用したときの，変数の重要度を示している．図 7.25 と比べると変数の順序が多少変化している．上位 5 番目までに現れる

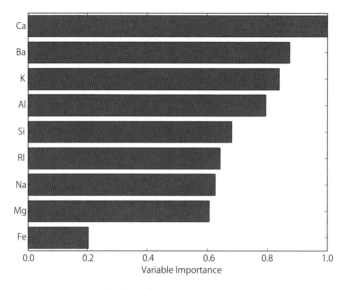

図 7.25　ガラスの分類問題に勾配ブースティングを適用したときの変数の重要度

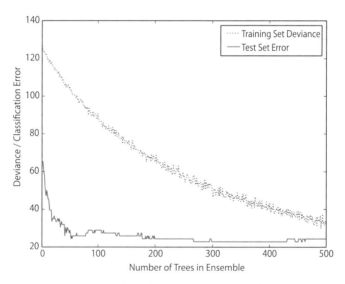

図 7.26　ガラスの分類問題に勾配ブースティングとランダムフォレストを適用したときの誤分類数の変動

変数は，いくつかが共通している一方で，下位に動いたものもある．これらのプロットは両方とも変数の重要度に大きな差はなく，それは順序の不安定さの原因となっている可能性もある．

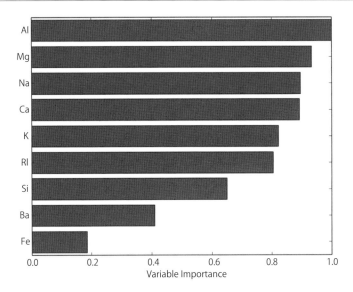

図 7.27　ガラスの分類問題に勾配ブースティングとランダムフォレストを適用したときの変数の重要度

7.6　アルゴリズムの比較

　表 7.1 は，本書に記載したアルゴリズムの精度と計算時間をまとめたものである．ここでの計算時間は，学習がすべて終了するのに要する時間を表している．いくつかのランダムフォレストモデルは，サイズが異なる複数のモデルを学習する．その場合は，最後に行われていた，最も長い学習時間を要したものが計算時間とされている．他のものについては，決定木の数を関数として計算時間の振る舞いを表している．罰則付き回帰分析については，その実行の多くは 10 分割交差検証を適用した．単一の交差検証では学習プロセスは一度でよいのに対して，10 分割交差検証では 10 回の学習が必要になる．これは単純に，単一の交差検証に比べて 10 倍の時間がかかる．

　多クラス分類問題に当たるガラスの分類問題を除き，罰則付き回帰分析モデルは，ランダムフォレストや勾配ブースティングに比べて高速な計算時間を実現している．予測精度については，罰則付き線形回帰モデルよりランダムフォレストや勾配ブースティングが優れている．原因としては，罰則付き線形回帰モデルが一部のデータを近似していることが挙げられる．罰則付き線形回帰モデルは，ワインデータでは基底展開が行われており，これは他のデータセットでは行われていないため，さらなる精度の改善に繋がる可能性がある．

　ランダムフォレストと勾配ブースティングは非常に近い精度を持っており，計算時間も一部のデータを除きほぼ同等である．例えば，アワビのデータセットでは，誤差は決

表 7.1　計算時間と精度の比較

データセット	アルゴリズム	計算時間	精度	評価法
glass	ランダムフォレスト（決定木数 = 2000）	2.354401	0.227272727273	誤分類率
glass	勾配ブースティング（決定木数 = 500）	3.879308	0.227272727273	誤分類率
glass	LASSO	12.296948	0.373831775701	誤分類率
rvmines	ランダムフォレスト（決定木数 = 2000）	2.760755	0.950304259635	AUC
rvmines	勾配ブースティング（決定木数 = 2000）	4.201122	0.956389452333	AUC
rvmines	enet	0.519870*	0.868672796508	AUC
abalone	ランダムフォレスト（決定木数 = 500）	8.060850	4.30971555911	MSE
abalone	勾配ブースティング（決定木数 = 2000）	22.726849	4.22969363284	MSE
wine	ランダムフォレスト（決定木数 = 500）	2.665874	0.314125711509	MSE
wine	勾配ブースティング（決定木数 = 2000）	13.081342	0.313361215728	MSE
wine	拡張 LASSO	0.646788*	0.434528740430	MSE

* アスタリスクがついている時間は，1 回当たりの交差検証の時間である．これらは N 分割交差検証法に従って何度も学習されたのに対し，他の手法は単一の検証用データで学習された．1 回当たりの交差検証の時間を用いることで，他の手法と同様の基準で比較できるようになる．

定木が 1000 本で安定したが，学習には 2000 本まで続いた．このパラメータを変更すると，勾配ブースティングの学習時間は，おおよそ半分になり，データセットにおける学習時間を大幅に短縮することが可能である．これはワインの品質データなどの他のデータセットでも同様である．

7.7　本章のまとめ

　この章では，Python のパッケージを使ってアンサンブル学習を行う方法について示してきた．例題を使い，同じ問題に対してさまざまなモデルを用い，その効果を検証した．また，この章では，回帰，2 クラス分類，多クラス分類といった問題について説明し，このような問題に対する Python パッケージを用いたアンサンブル学習の方法と，層化抽出法について解説した．これらの例は，実際の問題でも遭遇する可能性が高い．

　アンサンブル学習のアルゴリズムを実データに適用する際の調整法について，例題を利用して議論を行った．データサイエンティストにとっては，これはモデルを改善するにあたっておそらく最初に取り組む作業である．アンサンブル学習を使用するのは比較的簡単である．というのは，調整するパラメータが多くないからである．また，変数の重要度に関する出力は，モデルを開発する初期段階において有用であり，ほとんどの場合，最高の精度を実現できるようになる．

　第 6 章で得た知識は，本章で取り上げたパッケージのパラメータの調整に非常に役立

つだろう．本書の例は，これらのパッケージの使用方法について，多くの助けを与えると考えられる．

章の最後に示したアルゴリズムの比較によると，アンサンブル学習は頻繁に最高の精度を提供する．一方，罰則付き線形回帰モデルは，疑う余地なくアンサンブル学習よりもはるかに高速であり，いくつかのケースでは同レベルの精度を発揮する．

参考文献

[1] sklearn documentation for Random Forest Regressor, http://scikit-learn.org/stable/modules/generated/sklearn.ensemble.RandomForestRegressor.html

[2] Leo Breiman (2001). "Random Forests". *Machine Learning*, 45(1): 5–32. doi:10.1023/A:1010933404324

[3] J. H. Friedman. "Greedy Function Approximation: A Gradient Boosting Machine", https://statweb.stanford.edu/~jhf/ftp/trebst.pdf

[4] sklearn documentation for Random Forest Regressor, http://scikit-learn.org/stable/modules/generated/sklearn.ensemble.RandomForestRegressor.html

[5] L. Breiman, "Bagging predictors", http://statistics.berkeley.edu/sites/default/files/tech-reports/421.pdf

[6] Tin Ho (1998). "The Random Subspace Method for Constructing Decision Forests". *IEEE Transactions on Pattern Analysis and Machine Intelligence*, 20(8): 832–844. doi:10.1109/34.709601

[7] J. H. Friedman. "Greedy Function Approximation: A Gradient Boosting Machine", https://statweb.stanford.edu/~jhf/ftp/trebst.pdf

[8] J. H. Friedman. "Stochastic Gradient Boosting", https://statweb.stanford.edu/~jhf/ftp/stobst.pdf

[9] sklearn documentation for Gradient Boosting Regressor http://scikit-learn.org/stable/modules/generated/sklearn.ensemble.GradientBoostingRegressor.html

[10] J. H. Friedman. "Greedy Function Approximation: A Gradient Boosting Machine", https://statweb.stanford.edu/~jhf/ftp/trebst.pdf

[11] J. H. Friedman. "Stochastic Gradient Boosting", https://statweb.stanford.edu/~jhf/ftp/stobst.pdf

[12] J. H. Friedman. "Stochastic Gradient Boosting", https://statweb.stanford.edu/~jhf/ftp/stobst.pdf

[13] sklearn documentation for Random Forest Classifier, http://scikit-learn.org/stable/modules/generated/sklearn.ensemble.RandomForestClassifier.html

[14] sklearn documentation for Gradient Boosting Classifier, http://scikit-learn.org/stable/modules/generated/sklearn.ensemble.GradientBoostingClassifier.html

索引

■数字
2クラス決定木　8, 9
2クラス分類問題　74, 176, 280
2クラスラベルへの数値の割り当て　146

■A
argmin　104
AUC　82, 178, 179

■E
ElasticNet パッケージ　176
ElasticNet 罰則　125
ensemble パッケージ　251

■G
glmnet　138
　　——と LARS の比較　139
　　——の繰り返し計算　140
　　——の初期化　140
GradientBoostingRegressor　259

■K
k 近傍法　4

■L
L1 ノルム　122
LARS　125
Lasso 罰則　122
Lasso モデルの学習　167

■M
MACD　15
MAE　74, 83
MSE　74, 83

■N
N 分割交差検証　93

■O
OLS　95, 115, 121

■P
Pandas パッケージ　35
pred 関数　74

■Q
QQ プロット　32

■R
RandomForestRegressor　252
RMSE　83
ROC　82, 178
　　——曲線下面積　178
RSI　15

■S
Scikit-learn パッケージ　160
sklearn.linear_model　160

■あ
アルゴリズムの決め方　10
アルゴリズムの比較　3, 5, 309
アワビの年齢　47, 153, 271
アンサンブル学習　1, 3, 207, 280, 297
　　——モデル　271
アンサンブル法　8, 10, 118

■い
移動平均収束拡散手法　15
岩と機雷　26, 37, 86, 109, 145, 177, 187, 193, 281
因子　23

■お
応答変数　23

■か
回帰のための交差検証　177
回帰モデル　263
回帰問題　24, 52, 56
過学習　97, 104, 217
学習　23
　　——したモデルの精度　16
　　——の高速性　116
　　——用データ　72
可視化　37, 39, 45, 52, 56
カテゴリ　73
カテゴリカルデータ　221
ガラスの分類　64, 199, 298, 302
関数近似　1, 71, 118
観測結果　22

■き
偽陰性　86
基底展開　18, 150, 172
基本学習器　8, 207

313

索引

教師あり学習　1
行数　26
偽陽性　86

■く
クラス不均衡　301

■け
結果　23, 72
決定木　208
　　——による予測　210
　　——の学習　213
　　——の構築　211

■こ
交差検証法　136, 162
　　——における累積誤差　136
構成比　32
勾配ブースティング　232, 259, 275, 288, 302, 307
　　——学習器　294
　　——のパラメータ　235
五分位数　32
誤分類率　90
混合モデル　76
混同行列　85

■さ
最小二乗法　6, 95, 115, 121
サポートベクトルマシン　4
残差　130
散布図　39
サンプリング誤差　75
サンプル外誤差　163

■し
事象　22
実行の高速性　117
実数　73
　　——の予測　58
　　——を持つ属性　58
質的データ　47
質的変数　18, 23
　　——の統計的特徴　34
四分位数　32, 37
従属変数　23
自由度　81
十分位数　32
重要度　132
人工ニューラルネットワーク　4
信頼性の高い精度　117

■す
数値　73
　　——入力を伴う線形回帰　145
ステップワイズ回帰　115

■せ
精度　74
　　——を測る指標　13
説明変数　23
　　——と残差の積　192
　　——の2乗　192
線形回帰　1
線形モデル　82, 118, 152
　　——の学習　120
前進ステップワイズ回帰　95, 97, 125

■そ
総当たり　96
層化抽出　34
　　——法　301
相関関係　56
相関係数　56
相対力指数　15
属性　3, 4, 23, 39, 72
　　——とラベルの関係　39
疎な解　117

■た
多クラス分類問題　64, 74, 199, 297
多変数回帰　161

■ち
チャープ信号　26, 146

■て
データセットから読み取るべき特徴　25
データフレーム　35
デプロイ　167

■と
特徴　23, 72
　　——エンジニアリング　6, 15, 72
　　——選択　6
　　——抽出　15
独立変数　23

■に
入力データ　23

■は
バイアス　225
バギング　3, 9, 208, 222, 266
箱ひげ図　50
外れ値　32
罰則付き回帰　145
　　——の係数　104
罰則付き線形回帰　1, 6, 10, 115, 118, 176, 199
　　——のパッケージ　160
バリアンス　225

■ひ
ピアソンの相関係数　44
ヒートマップ　45, 56
非数値説明変数　152

非数値変数　271
非線形モデル　82
非線形問題に対する線形手法　150
標準化　52

■ ふ

ファクター　73
ブースティング　3, 208
ブートストラップ集約　222
複雑さ　75
　　　——のバランス　96
複雑度　103
分割点の設定　213
分割表　85
分散　37
分類問題　2, 24, 145, 221
　　　——の回帰問題への変換　146

■ へ

平均絶対誤差　74, 83
平均値　37
平均二乗誤差　74, 83
平行座標プロット　37, 52, 60
変数関係　52
変数の重要度　116

■ ま

マンハッタン距離　122

■ も

目的変数　23, 72
　　　二つ以上の——　149
　　　——と属性の関係　41
モデル選択　132, 137

問題の定式化　14

■ ゆ

ユーザーID　22
ユニークID　22

■ よ

要約統計量　29
予測　3
　　　——因子　23, 72
　　　——モデルの構築　12, 162
　　　——モデルの精度評価　162

■ ら

ラベル　22, 39, 72
ランダムフォレスト　3, 208, 243, 298, 307
　　　——回帰　271
　　　——学習器　286
　　　——モデル　252

■ り

リグレッサー　72
リッジ回帰　95, 104, 115
量的変数　24

■ れ

例　22
列数　26

■ ろ

ロジスティック回帰　1, 3, 149

■ わ

ワインの味　58, 98, 104, 127, 150, 161, 208,
　　　227, 239, 246, 255, 263, 266

著者と技術編集者について

著者について

　Dr. Michael Bowles（Mike）は，機械工学の学士号・修士号，計装学の理学博士，MBAを取得している．学術，技術，ビジネスなどさまざまな分野に関わっており，現在は機械学習に関するスタートアップ企業を成功に導くために，経営者，コンサルタント，顧問として活躍している．また，カリフォルニア州マウンテンビューにあるコワーキングスペース・起業インキュベータであるHacker Dojoで，機械学習のコースを教えている．

　Mikeはオクラホマ州に生まれ，そこで学士号と修士号を取得した．その後，東南アジアで過ごした後，ケンブリッジ大学で理学博士を取得し，卒業後にMITのチャールズ・スターク・ドレイパー研究所に勤めた．その後ボストンを去り，南カリフォルニアのヒューズ航空機会社で通信衛星の開発に取り組んだ後，UCLAでMBAを修了した．サンフランシスコのベイエリアへ移り，二つのベンチャー企業の創業者およびCEOとして成功を収めた．

　Mikeは技術と企業のスタートアップに積極的に関わっており，最近では，自動取引における機械学習の活用や，遺伝情報に基づく病気などの予測，ラボデータや人口統計学に基づく患者の病状予測，機械学習やビッグデータ関連企業のデューデリジェンスなどを行っている．彼の最近の仕事については，www.mbowles.comから確認することができる．

技術編集者について

　Daniel Posnerは，ボストン大学で経済学の学士号・修士号，そして生物統計学の博士号を取得している．現在，彼はパロアルトのVA病院で，研究者としてだけではなく，医薬品やバイオテクノロジーに関する統計相談も請け負っている．

　Danielは，この本で取り上げられているトピックについて，著者に幅広く協力しており，過去に彼らはウェブスケールの勾配ブースティングアルゴリズム開発を行うための助成についても提案している．最近では，二人はランダムフォレストとスプライン基底展開についてのコンサルティング契約を結び，薬物試験における重要な変数の特定や，治験の被験者数の減少に取り組んでいる．

【訳者紹介】

露崎 博之（つゆざき ひろゆき）
2014 年 中央大学理工学部経営システム工学科卒業
現　在 株式会社マクロミル 所属
　　　 学士（工学）

山本 康平（やまもと こうへい）
2014 年 中央大学大学院理工学研究科博士前期課程修了
現　在 沖電気工業株式会社 所属
　　　 修士（工学）

大草 孝介（おおくさ こうすけ）
2012 年 中央大学大学院理工学研究科博士後期課程修了
現　在 九州大学大学院芸術工学研究院 助教
　　　 博士（工学）
専　攻 計算機統計学，センサデータ解析

Pythonによる機械学習
── 予測解析の必須テクニック

原題：*Machine Learning in Python: Essential Techniques for Predictive Analysis*

2019 年 4 月 30 日　初版 1 刷発行

検印廃止
NDC 007.13, 007.6
ISBN 978-4-320-12438-7

著　者　Michael Bowles（マイケル・ボウルズ）
訳　者　露崎博之
　　　　山本康平
　　　　大草孝介　© 2019
発　行　共立出版株式会社／南條光章
　　　　東京都文京区小日向 4-6-19
　　　　電話 03-3947-2511（代表）
　　　　〒112-0006／振替口座 00110-2-57035
　　　　www.kyoritsu-pub.co.jp

組　版　㈱グラベルロード
印　刷
製　本　錦明印刷

一般社団法人
自然科学書協会
会員

Printed in Japan

―――――――――――――――――――――――

JCOPY ＜出版者著作権管理機構委託出版物＞
本書の無断複製は著作権法上での例外を除き禁じられています．複製される場合は，そのつど事前に，出版者著作権管理機構（TEL：03-5244-5088，FAX：03-5244-5089，e-mail：info@jcopy.or.jp）の許諾を得てください．

統計学 One Point

鎌倉稔成（委員長）・江口真透・大草孝介・酒折文武・瀬尾　隆・椿　広計
西井龍映・松田安昌・森　裕一・宿久　洋・渡辺美智子［編集委員］

統計学で注目すべき概念や手法，つまずきやすいポイントを取り上げて，第一線で活躍している経験豊かな著者が明快に解説するシリーズ。統計学を学ぶ学生の理解を助け，統計的分析を行う研究者や現役のデータサイエンティストの実践にも役立つ，統計学に携わるすべての人へ送る解説書。

各巻：A5判・並製
税別本体価格

❶ ゲノムデータ解析
冨田　誠・植木優夫著
目次：ゲノムデータ解析／ハプロタイプ解析／遺伝疫学手法／他
116頁・2200円・ISBN978-4-320-11252-0

❷ カルマンフィルタ
Rを使った時系列予測と状態空間モデル
野村俊一著
目次：ローカルレベルモデル／他
166頁・2200円・ISBN978-4-320-11253-7

❸ 最小二乗法・交互最小二乗法
森　裕一・黒田正博・足立浩平著
目次：最小二乗法／交互最小二乗法／関連する研究と計算環境／他
120頁・2200円・ISBN978-4-320-11254-4

❹ 時系列解析
柴田里程著
目次：時系列／弱定常時系列の分解と予測／時系列モデル／多変量時系列／他
134頁・2200円・ISBN978-4-320-11255-1

❺ 欠測データ処理
Rによる単一代入法と多重代入法
高橋将宜・渡辺美智子著
目次：Rによるデータ解析／単一代入法／他
208頁・2200円・ISBN978-4-320-11256-8

❻ スパース推定法による統計モデリング
川野秀一・松井秀俊・廣瀬　慧著
目次：線形回帰モデルとlasso／他
168頁・2200円・ISBN978-4-320-11257-5

❼ 暗号と乱数 乱数の統計的検定
藤井光昭著
目次：2進法の世界における確率法則／暗号化送信に用いる乱数の統計的検定／他
116頁・2200円・ISBN978-4-320-11258-2

❽ ファジィ時系列解析
渡辺則生著
目次：ファジィ理論と統計／ファジィ集合／ファジィシステム／時系列モデル／他
112頁・2200円・ISBN978-4-320-11259-9

❾ 計算代数統計
グレブナー基底と実験計画法
青木　敏著
目次：グレブナー基底と実験計画法／他
180頁・2200円・ISBN978-4-320-11260-5

❿ テキストアナリティクス
金　明哲著
目次：テキストアナリティクス／テキストアナリシスのための前処理／他
224頁・2300円・ISBN978-4-320-11261-2

⓫ 高次元の統計学
青嶋　誠・矢田和善著
目次：高次元データ／高次元データの幾何学的表現／高次元主成分分析／他
120頁・2200円・ISBN978-4-320-11263-6

⓬ カプラン・マイヤー法
生存時間解析の基本手法
西川正子著
目次：生存時間解析と生存関数の推定／他
200頁・2300円・ISBN978-4-320-11262-9

https://www.kyoritsu-pub.co.jp/　共立出版　（価格は変更される場合がございます）

理論統計学教程

吉田朋広・栗木 哲 [編]

★統計理論を深く学ぶ際に必携の新シリーズ！

理論統計学は，統計推測の方法の根源にある原理を体系化するものである．論理は普遍的でありながら，近年統計学の領域の飛躍的な拡大とともに変貌しつつある．本教程はその基礎を明瞭な言語で正確に提示し，最前線に至る道筋を明らかにしていく．数学的な記述は厳密かつ最短を心がけ，統計科学の研究や応用を試みている方への教科書ならびに独習書として役立つよう編集する．各トピックの位置づけを常に意識し統計学に携わる方のハンドブックとしても利用しやすいものを目指す．　【各巻】A5判・上製本・税別本体価格

保険数理と統計的方法

[従属性の統計理論]

清水泰隆 著

保険数理の理論を古典論から現代的リスク理論までの学術的な変遷と共に概観する．実学の面もおろそかにせず，それらの統計的問題と対処法に対しても保険数理という文脈で一定の方法論を与えることにより，より実践に近いところまで到達できるように解説する．

目次：確率論の基本事項／リスクモデルと保険料／ソルベンシー・リスク評価／保険リスクの統計的推測／確率過程／他

384頁・定価(本体4,600円＋税)・ISBN978-4-320-11351-0

●数理統計学を俯瞰

数理統計の枠組み

- 代数的統計モデル‥‥2019年7月発売予定
- 確率分布
- 統計的多変量解析
- 多変量解析における漸近的方法
- 統計的機械学習の数理
- 統計的学習理論
- 統計的決定理論
- ノン・セミパラメトリック統計
- ベイズ統計学
- 情報幾何，量子推定
- 極値統計学

●確率過程にまつわる統計学の系統的な教程を提示

従属性の統計理論

- 時空間統計解析‥‥‥‥2019年5月発売予定
- 時系列解析
- 確率過程論と極限定理
- 確率過程の統計推測
- レビ過程と統計推測
- ファイナンス統計学
- マルコフチェイン・モンテカルロ法，統計計算
- 保険数理と統計的方法
- 経験分布関数・生存解析

※続刊のテーマ，価格は予告なく変更される場合がございます

共立出版

https://www.kyoritsu-pub.co.jp/
https://www.facebook.com/kyoritsu.pub

統計的学習の基礎
データマイニング・推論・予測

Trevor Hastie・Robert Tibshirani・Jerome Friedman 著
杉山　将・井手　剛・神嶌敏弘・栗田多喜夫・前田英作 監訳

発展著しい統計的学習分野の世界的に著名な教科書である『The Elements of Statistical Learning』の全訳。回帰や分類などの教師あり学習の入門的な話題から，ニューラルネットワーク，サポートベクトルマシンなどのより洗練された学習器，ブースティングやアンサンブル学習などの学習手法の高度化技術，さらにグラフィカルモデルや高次元学習問題に対するスパース学習法などの最新の話題まで幅広く網羅。計算機科学などの情報技術を専門とする大学生・大学院生，および機械学習技術を基礎科学や産業に応用しようとしている大学院生・研究者・技術者に最適な教科書である。

≪訳者≫
井尻善久・井手　剛・岩田具治
金森敬文・兼村厚範・烏山昌幸
河原吉伸・木村昭悟・小西嘉典
酒井智弥・鈴木大慈・竹内一郎
玉木　徹・出口大輔・冨岡亮太
波部　斉・前田新一・持橋大地
山田　誠　　　　　（五十音順）

第1章	序　章
第2章	教師あり学習の概要
第3章	回帰のための線形手法
第4章	分類のための線形手法
第5章	基底展開と正則化
第6章	カーネル平滑化法
第7章	モデルの評価と選択
第8章	モデル推論と平均化
第9章	加法的モデル，木，および関連手法
第10章	ブースティングと加法的木
第11章	ニューラルネットワーク
第12章	サポートベクトルマシンと適応型判別
第13章	プロトタイプ法と最近傍探索
第14章	教師なし学習
第15章	ランダムフォレスト
第16章	アンサンブル学習
第17章	無向グラフィカルモデル
第18章	高次元の問題：$p \gg N$

参考文献／欧文索引／和文索引

【A5判・上製・888頁・本体14,000円(税別)】

https://www.kyoritsu-pub.co.jp/

共立出版

（価格は変更される場合がございます）